HUMANITIES AND SOCIETY

荒原

一部文化史

Vittoria Di Palma

[英国] 维多利亚·迪·帕尔玛 著 梅雪芹 刘黛军 颜蕾 译

译林出版社

图书在版编目（CIP）数据

荒原：一部文化史／（美）维多利亚·迪·帕尔马著；梅雪芹，刘黛军，颜蕾译．—南京：译林出版社，2024.5
（人文与社会译丛／刘东主编）
书名原文：Wasteland: A History
ISBN 978-7-5753-0067-4

Ⅰ.①荒… Ⅱ.①维… ②梅… ③刘… ④颜… Ⅲ.①景观学－研究 Ⅳ.①P901

中国国家版本馆 CIP 数据核字（2024）第 047827 号

Wasteland: A History
By Vittoria Di Palma

Originally published by Yale University Press
This edition arranged with Yale Representation Limited through Bardon-Chinese Media Agency

著作权合同登记号 图字：10-2018-366 号

荒原：一部文化史 ［美国］维多利亚·迪·帕尔玛／著 梅雪芹 刘黛军 颜 蕾／译

责任编辑 张海波
装帧设计 胡 苨
校 对 梅 娟 仇振武
责任印制 董 虎

原文出版 Yale University Press, 2014
出版发行 译林出版社
地 址 南京市湖南路 1 号 A 楼
邮 箱 yilin@yilin.com
网 址 www.yilin.com
市场热线 025-86633278
排 版 南京展望文化发展有限公司
印 刷 江苏凤凰通达印刷有限公司
开 本 890毫米 ×1240毫米 1/32
印 张 12.25
插 页 2
版 次 2024 年 5 月第 1 版
印 次 2024 年 5 月第 1 次印刷
书 号 ISBN 978-7-5753-0067-4
定 价 88.00 元

主编的话

刘　东

总算不负几年来的苦心——该为这套书写篇短序了。

此项翻译工程的缘起，先要追溯到自己内心的某些变化。虽说越来越惯于乡间的生活，每天只打一两通电话，但这种离群索居并不意味着我已修炼到了出家遁世的地步。毋宁说，坚守沉默少语的状态，倒是为了咬定问题不放，而且在当下的世道中，若还有哪路学说能引我出神，就不能只是玄妙得叫人着魔，还要有助于思入所属的社群。如此嘈嘈切切鼓荡难平的心气，或不免受了世事的恶刺激，不过也恰是这道底线，帮我部分摆脱了中西"精神分裂症"——至少我可以倚仗着中国文化的本根，去参验外缘的社会学说了，既然儒学作为一种本真的心向，正是要从对现世生活的终极肯定出发，把人间问题当成全部灵感的源头。

不宁惟是，这种从人文思入社会的诉求，还同国际学界的发展不期相合。擅长把捉非确定性问题的哲学，看来有点走出自我囿闭的低潮，而这又跟它把焦点对准了社会不无关系。现行通则的加速崩解和相互证伪，使得就算今后仍有普适的基准可言，也要有待于更加透辟的思力，正是在文明的此一根基处，批判的事业又有了用武之地。由此就决定了，尽管同在关注世俗的事务与规则，但跟既定框架内的策论不同，真正体现出人文关怀的社会学说，决不会是医头医脚式的小修小补，而必须以激进亢奋的姿态，去怀疑、颠覆和重估全部的价值预设。有意思的是，也许再没有哪个时代，会有这么多书生想要焕发制度智慧，这既凸显了文明的深层危机，又表达了超越的不竭潜力。

于是自然就想到翻译——把这些制度智慧引进汉语世界来。需要说明的是，尽管此类翻译向称严肃的学业，无论编者、译者还是读者，都会因其理论色彩和语言风格而备尝艰涩，但该工程却绝非寻常意义上的“纯学术”。此中辩谈的话题和学理，将会贴近我们的伦常日用，渗入我们的表象世界，改铸我们的公民文化，根本不容任何学院人垄断。同样，尽管这些选题大多分量厚重，且多为国外学府指定的必读书，也不必将其标榜为“新经典”。此类方生方成的思想实验，仍要应付尖刻的批判围攻，保持着知识创化时的紧张度，尚没有资格被当成享受保护的“老残遗产”。所以说白了：除非来此对话者早已功力尽失，这里就只有激活思想的马刺。

主持此类工程之烦难，足以让任何聪明人望而却步，大约也惟有愚钝如我者，才会在十年苦熬之余再作冯妇。然则晨钟暮鼓黄卷青灯中，毕竟尚有历代的高僧暗中相伴，他们和我声应气求，不甘心被宿命贬低为人类的亚种，遂把移译工作当成了日常功课，要以艰难的咀嚼咬穿文化的篱笆。师法着这些先烈，当初酝酿这套丛书时，我曾在哈佛费正清中心放胆讲道：“在作者、编者和读者间初步形成的这种‘良性循环’景象，作为整个社会多元分化进程的缩影，偏巧正跟我们的国运连在一起，如果我们至少眼下尚无理由否认，今后中国历史的主要变因之一，仍然在于大陆知识阶层的一念之中，那么我们就总还有权想象，在孔老夫子的故乡，中华民族其实就靠这么写着读着，而默默修持着自己的心念，而默默挑战着自身的极限！”惟愿认同此道者日众，则华夏一族虽历经劫难，终不致因我辈而沦为文化小国。

一九九九年六月于京郊溪翁庄

献给我的父母

弗朗辛·巴尔班（Francine Barban）和

贝佩·迪·帕尔玛（Beppe Di Palma）

这些片段我用来支撑着我的断垣残壁。

——T.S. 艾略特:《荒原》

我爱一切荒原

和孤独之地;在那里我们品味着

相信我们之所见是无垠的

快乐,正如我们希望我们的灵魂亦如此……

——珀西·比希·雪莱:《朱利安和马达洛:对话(1818—1819)》

目　录

文明的对立面和产物

——论《荒原》对“荒原”二重性的彰显及其意义

梅雪芹

诸君眼前的这部著作是一部着重梳理、分析17世纪中叶到19世纪初年英格兰荒原观念变化的史书，2014年由耶鲁大学出版社出版，作者系美国南加州大学建筑历史与理论副教授维多利亚·迪·帕尔玛。[1]该书出版后多次荣获奖项[2]，其中尤为重要的，是2015年获得了美国18世纪研究学会（the American Society for Eighteenth-Century Studies）设立的路易斯·戈特沙克奖（Louis Gottschalk Prize）。这一奖项明确规定旨在奖励相关领域的杰出作品，《荒原》获得此奖也即反映了它的学术价值和影响力。对此，国外学界有一些比较简要的评论。它们突出强调了该书的文学与艺术史的意蕴和特色，包括其基于审美取向对人们的

1　关于作者的受教育和工作经历，参见http://dornsife.usc.edu/cf/faculty-and-staff/faculty.cfm?pid=1097463（2022年1月17日登录）。

2　关于该书所获奖项的具体名称，参见https://dornsife.usc.edu/society-of-fellows/vittoria-di-palma（2021年3月2日登录）。

景观认知和喜好所做的分析。[3]

也有评论直言不讳，说这部著作存在不小的问题，尤其是书名会误导人。由于这部著作未设定其主题所属的时空范围，文本则聚焦于近代早期的英格兰，不涉及其他地区譬如亚洲的有关内容，因此，它未能如书名所示而实现它的学术目标。[4]那么，如何认识《荒原》一书的贡献？从现有的评论来看，这一问题并没有得到充分的讨论。在翻译这部著作的过程中，该问题也一直萦绕于我们的脑际，驱使我们想要进行一番思索并加以辨析。

总的来看，《荒原》以"荒原"为主题，梳理、讨论了英国历史上荒原观念的变化，也即各时期英国人对它的认知与态度的差异，进而思考与解析了一个核心问题："荒原怎么会既是文明的对立面，又是文明的产物？"[5]作者借此明辨了"荒原"与"荒野"的区别，探寻了英格兰农业发展的来路与结果，并在一定程度上反思了技术与工业发展的成就与问题。我们认为，这一核心问题的提出和解析以及它可能引发的思考，即是该书的重要贡献所在。为理解这一点，就需要了解和认识作者如何提出这一问题并做了怎样的解析？如此讨论"荒原"有什么特别的

---

3 已查阅到的书评有5篇，分别是：Alan Tate，"Wasteland：A History"，*Journal of Landscape Architecture*，Vol. 10，No. 2，(Jun.2015)，pp. 94—96；Izabel Gass，"Wasteland：A History by Vittoria Di Palma (review)"，*Eighteenth-Century Studies*，Vol. 49，No. 2 (Winter 2016)，pp. 311—313；Louis P. Nelson，"Wasteland：A History by Vittoria Di Palma (review)"，*Buildings & Landscapes：Journal of the Vernacular Architecture Forum*，Vol. 23，No. 1 (Spring 2016)，pp. 102—103；Philip Mills Herrington，"Wasteland：A History by Vittoria Di Palma (review)"，*Agricultural History*，Vol. 89，No. 4 (Fall 2015)，pp. 591—593；Kelly Presutti，"Wasteland：A History"，*CAA. Reviews*，(Oct 27，2017)，p. 155。

4 Louis P. Nelson，"Wasteland：A History by Vittoria Di Palma (review)"，*Buildings & Landscapes：Journal of the Vernacular Architecture Forum*，Vol. 23，No. 1 (Spring 2016)，p. 103.

5 Vittoria Di Palma，*Wasteland：A History*，New Haven & London：Yale University Press，2014，p. 3.

价值和启发性？其文字中渗透的批判精神又具有怎样的意义？在此拟对这些问题加以探究，进而领悟《荒原》一书的方法论价值，以飨学界。

一、荒原二重性问题的提出与解析

《荒原》作者帕尔玛，于1999年在哥伦比亚大学获建筑史专业博士学位，其研究领域和主题涉及近代建筑历史与理论、景观、土地利用及环境人文问题的理论与历史、近代早期科学、医学和美学的交叉点、知觉和表征问题等。从与她进行的电子邮件交流中我们了解到，她是在撰写博士学位论文期间接触到"荒原"这一主题的。她说，为准备题为"花园中的流派：1640—1740年关于英格兰景观的科学、美学和感　知"(The School in the Garden: Science, Aesthetics, and Perceptions of Landscape in England, 1640—1740)的博士论文研究，她阅读了17—18世纪早期英格兰出版的所有园艺书和农业书籍。在这一过程中，她注意到其中很多书里都出现了"荒原"一词。她觉得，这是一个很有趣的现象。于是，毕业之初她在伦敦的建筑联盟学院(Architectural Association)任教时决定开设一门课，其内容涉及从近代早期到现在的荒原的含义，《荒原》这本书的构思即是这样开始的。从该书的内容可以读出她有关这一主题的思考与撰述的心路历程，并理解其写作的初衷与旨趣。

帕尔玛在书中说到，西方的哲学、文学与艺术中存在关于荒野(wilderness)与荒原的二分法，也即认为，荒野是未经开发的自然，荒原是被荒废或被污染的自然；这种二分法是在19世纪初开始出现的。[6]对于荒野，西方尤其是美国史学界有着诸多的研究，帕尔玛特别提及影响了她的三位学者的开拓性成果，它们分别是罗德里克·弗雷泽·纳

6　Vittoria Di Palma, *Wasteland: A History*, p. 3.

什(Roderick Frazier Nash)的《荒野与美国思想》、马克斯·奥尔施莱格(Max Oelschlaeger)的《从史前到生态学时代的荒野观念》以及威廉·克罗农(William Cronon)的《荒野所生的麻烦抑或回归那邪恶的自然》。[7]但她强调,她自己的著作想要着力探讨的并非荒野而是荒原,这与上文提及的她在博士论文研究时接触荒原一词并产生进一步予以解读与研究的兴趣有关。

对于荒原,帕尔玛追问道,人们所说的荒原到底是什么意思?她指出:"这个词让人联想到荒漠、山脉、草原和冰盖等荒无而偏僻的景观,同时也让人联想到前军事基地、封闭的矿山和关闭的工厂等破败而废弃的景观。"[8]她进而认识到,由该词生发的联想存在明显的矛盾,"即'荒原'一词既用来指代一片荒漠这样的地区,它还没有经过文明的洗礼;也用来指代一座废弃化工厂厂址这样的地区,它已经由于工业开发过度而被消耗殆尽"。[9]基于对这一事实或矛盾联想的了解与认识,她提出了上文提及的"荒原怎么会既是文明的对立面,又是文明的产物?"[10]也即荒原的二重性问题。正是对这一问题的思考与求索,将她带回19世纪初荒野与荒原的区分开始出现之前的英国历史文化之中,进而从多方面对上述问题做出了较为系统的梳理和解答。

---

7 Roderick Frazier Nash, *Wilderness and the American Mind*, New Haven: Yale University Press, 1967. 该书有中译本,参见罗德里克·弗雷泽·纳什:《荒野与美国思想》,侯文蕙、侯钧译,中国环境科学出版社2012年版。Max Oelschlaeger, *The Idea of Wilderness from Prehistory to the Age of Ecology*, New Haven: Yale University Press, 1991; William Cronon, "The Trouble with Wilderness, or, Getting Back to the Wrong Nature", in *Uncommon Ground: Rethinking the Human Place in Nature*, ed. William Cronon, New York: W. W. Norton, 1995, pp. 69—90.

8 Vittoria Di Palma, *Wasteland: A History*, p. 3.

9 Vittoria Di Palma, *Wasteland: A History*, p. 3.

10 Vittoria Di Palma, *Wasteland: A History*, p. 3.

(一)词源上的追根

从词源上仔细追溯"荒原"一词的来龙去脉及其内涵变迁,是该书的一大特色。对此,可做如下的梳理和归纳:

第一,荒原的古英语(Old English)前身是荒地(weste londe或westen)。这个词最初在《圣经》中被发现,很早的时候就有了宗教蕴意。在《旧约》和《新约》的早期版本中,荒地是一个"荒凉、气候恶劣、缺少食物"的充满危险和艰辛的地方,其险恶生灵对人类有害;人们在"荒地"既要接受审判并遭受磨难,也能获得救赎。[11]

第二,大约在13世纪初,荒地一词的古英语词根"west-"开始被盎格鲁-诺曼语(Anglo-Norman)也即诺曼人征服英格兰之后在英格兰流行的法语方言里的"wast-"所取代。同时,其用法也开始转变,即从名词变为形容词和动词。也就是说,尽管在古英语中"westen"用来指一个物体,但从中古英语(Middle English)早期开始,"waste"越来越多地用来修饰一个名词或表示一种行为。而"中古英语中的动词'waste'来自古法语(Old French)'gaster',意思是摧毁、损害、破坏、毁掉;消耗或浪费"。[12]

第三,也是大约13世纪初,"荒原"(wasteland)一词开始在中古英语中出现,它综合了"waste"和"land"的含义。"waste"出自古法语的"gast"和拉丁语的"vatus",意思是荒凉的或空闲的,而"land"出自古英语的"land"、古挪威语的"laan"和哥特语的"llan",意思是圈地。这时出现的"荒原"取代了古英语的"荒地"。而"取代'荒地'的新名词'荒原'(wasteland,即wast-与land的结合)虽保留了空旷、荒凉之地的古老含义,但有了新的变化,即表明空旷是由于某种巨大的破坏或毁灭

11 Vittoria Di Palma, *Wasteland: A History*, p. 16.

12 Vittoria Di Palma, *Wasteland: A History*, p. 17.

造成的。这样，‘荒地’曾被用来指土地的现有状态，而‘荒原’指的是由于先前的一些行为而变成荒地的土地”。[13]

第四，由于荒原一词开始有了消耗和浪费的含义，将一片土地称为荒原也就含有了道德评价的意味。“因此，‘荒原’现在也被用来指以某种方式被不当使用的土地。”[14]因为这种转变，英语中还出现了两个新词，即“荒漠”(desert)和“荒野”(wilderness)，它们取代了古英语中的“荒地”，象征着一片空旷的无人居住的土地，但不一定会传达破坏和道德谴责的联想，这种联想则已被赋予“荒原”。[15]

《荒原》对“荒原”所做的词源追溯显然说明了该词本身的天然特性。由于它是“waste”和“land”的综合体，而“wast-”在13世纪开始取代“west-”，并新增了修饰名词的形容词和表示行为的动词的用法，因此，“wasteland”自13世纪初出现伊始既保留了荒地一词因空旷、荒凉而对人类有害的含义，也新增了因人为破坏、毁灭或不当使用而造成空旷的含义。由此可见，在英语文化中，荒原一词与生俱来便具有作为文明的对立面和产物的二重意象。

（二）文献上的溯源

上述英语文化中的荒原意象在17世纪初产生了空前的共鸣，对此，作者从文献方面给予了溯源、考订。其书所引的相关文献十分丰富，从《圣经》、政论著述、农业书籍到诗歌、游记、旅行指南、编年史、诗歌、信函、专著、散文等，它们无不涉及荒原认知与观念，包括总体观念的分析和具体类别的讨论。

从总体的荒原观念分析来看，首先需要提及的是作为英格兰文化

13　Vittoria Di Palma, *Wasteland: A History*, p. 17.

14　Vittoria Di Palma, *Wasteland: A History*, p. 17.

15　Vittoria Di Palma, *Wasteland: A History*, p. 17.

基础的《圣经》里的“荒原”。《荒原》一书谈到,1611年的钦定版《圣经》中出现“荒原”一词,它将一套特定的联想内涵巩固下来,传给了英语世界的世世代代。虽然钦定版《圣经》有时会交替使用“荒原”和“荒野”,但是在《圣经》文本中“荒野”往往表示自然的初始状态。由于“荒原”与人类的破坏行为有关,它常常就与“后堕落时代景观”(postlapsarian landscape)联系在一起。《圣经》也教导说,只有将荒原变成花园才能实现拯救,这样,荒原便是通过景观的转变而实现集体救赎的地方。[16]

后来,《圣经》里的荒原联想在英国历史和英语文化中得到了更大的共鸣,这在一定程度上得益于英格兰作家、布道家约翰·班扬的《天路历程》的出版。该书主要讲述一位基督徒及其妻儿和同伴先后寻找天国的经历,首版于1678年,到1688年班扬去世时已出11版,1695年出了第20版,1938年出了第1 300版。[17]班扬将《圣经》中的荒原移入《天路历程》的救赎之路。这样,朝圣者经过的“绝望潭”“艰难山”“死荫谷”等荒原,都成了可以发挥救赎作用的景观。

《圣经》荒原观念的影响广泛且久远。譬如在17世纪的政论文献里,《圣经》荒原观念的痕迹十分明显。对于17世纪的政论文献,《荒原》正文开篇即有涉及,主要是杰腊德·温斯坦莱的许多作品,它们在本书第一章里得到了重点关注。

温斯坦莱是17世纪英国掘地派(Digger)运动的领导人,该书第一章开篇述及温斯坦莱及其领导的掘地派,介绍了他们在萨里郡圣乔治山的掘地活动与耕作行为。温斯坦莱也被视为17世纪的英国杰出思想家,他于17世纪40年代末和50年代初出版了一系列小册子和印刷品,其中阐述了他的各种思想主张,对此《荒原》做了清晰的梳理和分析。

---

16 Vittoria Di Palma, *Wasteland: A History*, pp. 17—19.

17 Vittoria Di Palma, *Wasteland: A History*, p. 19.

就“荒原”主题而言，温斯坦莱的作品中也有相关的看法和主张。譬如在《新正义法》(*The New Law of Righteousness*)中，温斯坦莱基于“不存在私有财产”这一主张而认为，荒原也即“公地、高山和丘陵”，它是属于穷人的；“温斯坦莱和他的掘地派实验团体宣称，英格兰的荒原是穷人的‘共同财富’”。[18]而在《荒原》作者看来，温斯坦莱选择将英格兰荒原作为其活动领域，“这意味着他不仅致力于彻底的社会改革，也致力于神性的制裁和精神的救赎”。[19]因此，温斯坦莱将更高的意义赋予了荒原，“开垦荒原即是开启赎罪的过程”，这是《圣经》里的荒原观念的显现。[20]

与温斯坦莱的荒原主张相对立，17世纪英国哲学家和政治思想家约翰·洛克在《政府论》里明确提出，“荒原”是财产权的基础，这是基于他对荒原的双重内涵的阐述而立论的。据《荒原》作者分析，在洛克看来，“荒原是原始的、没有被标记的、未被开垦的土地，也是没有得到正确利用的土地”。[21]洛克的这一主张在《政府论》下篇得到了突出反映。[22]他认为，“被理解为荒原的原始地球，实质上是一种等待改良的原材料”。[23]而对荒原的改良正是洛克的劳动价值论的基础——“劳动所创造的占我们在世界上所享受的东西的价值中的绝大部分：人类通过劳动驯服了荒野，使荒原变得富有生产力，驯化了原始的地球并使地球变得文明。”[24]因此，在《荒原》作者眼里，“荒原概念是洛克为私有财产

18 Vittoria Di Palma, *Wasteland: A History*, p. 12.

19 Vittoria Di Palma, *Wasteland: A History*, p. 16.

20 Vittoria Di Palma, *Wasteland: A History*, p. 16.

21 Vittoria Di Palma, *Wasteland: A History*, p. 16.

22 John Locke, *Two Treatises of Government* [1690], *Cambridge Texts in the History of Political Thought*, ed. Peter Laslett, Cambridge: Cambridge University Press, 1988, pp. 290—295.

23 Vittoria Di Palma, *Wasteland: A History*, p. 37.

24 Vittoria Di Palma, *Wasteland: A History*, pp. 37—38.

辩护的核心”。[25]

从《荒原》的有关内容来看，像洛克那样，将荒原视作问题并要求改良，在17世纪英格兰关注农业发展的许多人那里是基本共识。他们因此留下了大量的农业书籍，成为后人了解其时荒原观念的一大来源，而农业书籍里的荒原认知尤其有助于从总体上把握英国历史上的荒原观念。

《荒原》所涉及的英格兰历史上的农业书籍十分丰富，譬如沃尔特·布莱斯的《英格兰土地改良增订版》(*The English Improver Improved*, 1652)、西尔维纳斯·泰勒的《公共利益，或通过圈地改良公地、森林和狩猎场》(*Common-Good, or the Improvement of Commons, Forrests, and Chases, by Inclosure*, 1652)、匿名小册子《荒地改良》(*Wast Land's Improvement*, 1653)等。而作者对塞缪尔·哈特利布的农业出版物的详实介绍，令人印象最为深刻，这在本书第二章的“土壤与灵魂：塞缪尔·哈特利布与农业改革”一节中得到了集中论述。借此，《荒原》充分挖掘和剖析了其时农业书籍里的荒原内涵，由此让人们了解到，荒原不仅是一种观念，而且是一类土地。

具体而言，在中世纪和近代早期，人们通常将土地分为耕地和荒原两部分。荒原是除了可开垦的土地和和牧场也即耕地之外的其他一切土地。譬如1651年，医生和炼金术士罗伯特·蔡尔德指出：“英格兰的荒原由六种不同的地形组成——草本沼泽(marsh)和泥炭沼泽(fen)、森林和狩猎地、‘干燥的石南公地’、猎园、‘灯芯草多的土地’，以及石南荒地(heath)——这些荒原因生产力低下而被统合在一起。”[26]因此，《荒原》作者总结道，荒原“是一个容纳着各种生态的类别，主要因为它们的野性、对驯化的抵抗，以及缺乏诸如村庄、村舍、农场动物或耕地等

25 Vittoria Di Palma, *Wasteland: A History*, p. 39.

26 Vittoria Di Palma, *Wasteland: A History*, p. 24.

传统的文明标志而被统合在一起”。[27]

在那个时代的某些英国人看来，“荒原”是难题所在，“是国家面临的最紧迫的问题之一”，解决这一问题的办法则是改良。[28]改良作为“17世纪中期英格兰一系列非常特别的活动，主要是通过圈地、耕作、施肥和种植将土地转化为农业用地”。[29]时人认为，这种改良具有很多益处，那部匿名小册子《荒地改良》的作者还从五个方面做了总结，包括作物种植的收益、森林树木的保护和增加、荒原居民所受的文明化影响、穷人就业救济的提供以及政府收入的增加等。[30]这种认识颇具代表性。因此在英国农业历史上，对各种荒原之地加以改良，就成为农业改革和发展的必由之路，社会也由此产生了改良具有可能性和某种力量的信念；《荒原》第二章即以“改良”为题，对此做了比较深入、系统的讨论。

如果说上述文献皆从总体上涉及荒原及其观念，那么《荒原》一书还通过多种文献，涉及包括沼泽、山脉和森林等在内的具体类别的荒原以及相关认知和态度，我们将逐一讨论。

首先是沼泽类荒原，这在《荒原》第三章得到了集中论述。该章开篇提及18世纪20年代早期英国作家丹尼尔·笛福在去往曼彻斯特的路上经过了大片泥沼；接着又提及1772年英国牧师和艺术家威廉·吉尔平在去英格兰北部的旅途中也遇到了特征相似的景观，而“笛福和吉尔平在描述他们所遇到的泥沼时，用了让人想起一片荒原的字眼”。[31]作者在记述笛福和吉尔平的遭遇和认知时，分别引用了他们两人的游记和旅行指南中的有关内容，从而使这些文献中所涉及的英国许多地

27 Vittoria Di Palma, *Wasteland: A History*, p. 22.

28 Vittoria Di Palma, *Wasteland: A History*, p. 43.

29 Vittoria Di Palma, *Wasteland: A History*, p. 44.

30 Vittoria Di Palma, *Wasteland: A History*, pp. 44—45.

31 Vittoria Di Palma, *Wasteland: A History*, p. 85.

方的沼泽类荒原及其观念得到了重视。[32]

该章引用的有类似内容的文献[33]还有不少，它们涉及了分布于英格兰、苏格兰和威尔士的很多沼泽，尤其是英格兰面积最大的沼泽——东部的芬斯沼地（the Fens）。人们最早对芬斯沼地的描述，即认为"沼地就是荒原，生活在沼地的居民因为环境的局限而处于隔绝与无知的状态"。[34]而将芬斯沼地污名化，认为它不健康，则是一个在有关文献中反复出现的主题。[35]于是，对包括芬斯沼地在内的许多沼泽加以排水，也即是17世纪斯图亚特王朝和英国上层社会所重视的改良行为。[36]它旨在将所谓腐烂的沼泽改造成肥沃的田地，并被视为"人类技术战胜自然的光辉典范"。[37]当然，在多数人认为芬斯沼地是荒原的同时，也有宗教人士认为它是天堂，并对它产生了向往。[38]

接下来的第四章主要论述了山脉类荒原，开篇便是英国诗人迈克尔·德雷顿的长诗《多福之国》（*Poly-Olbion*）的相关内容。该诗于1622年问世，其中以比喻方式描绘了英格兰中北部的峰区（the Pick

---

32 Daniel Defoe, *A Tour Thro' the Whole Island of Great Britain*, 2 vols., London: Frank Cass, 1968; William Gilpin, *Observations on Several Parts of England, particularly the Mountains and Lakes of Cumberland and Westmoreland, relative chiefly to Picturesque Beauty, made in the year 1772*, London, 1786, vol. 2.

33 William Camden, *William Camden's Britannia, Newly Translated into English: With Large Additions and Improvements*, ed. and trans. Edmund Gibson, London, 1695; Celia Fiennes, *The Journeys of Celia Fiennes*, ed. Christopher Morris, London: Cresset, 1949; H. C., *A Discourse Concerning the Drayning of Fennes and Surrounded Grounds in the sixe Counteys of Norfolke, Suffolke, Cambridge with the Isle of Ely, Huntington, Northampton, and Lincolne*, London, 1629.

34 Vittoria Di Palma, *Wasteland: A History*, p. 89.

35 Vittoria Di Palma, *Wasteland: A History*, p. 92.

36 Vittoria Di Palma, *Wasteland: A History*, pp. 95—111.

37 Vittoria Di Palma, *Wasteland: A History*, p. 106.

38 Vittoria Di Palma, *Wasteland: A History*, p. 89.

District）及其奇观；作为峰区化身的是一个握着棍棒的驼背老妪，她令人厌恶也很可怕。[39]德雷顿还把德比郡以“峰区奇观”著称的自然特征比作老妪的后代，他的诗运用了既能引起厌恶又能引起恐惧的词汇，目的是将峰区的自然特征，尤其是那些深埋在地下的洞穴和裂缝生动地表现出来。[40]除《多福之国》外，与“峰区奇观”相关的其他诗作也得到了引用，包括英国哲学家托马斯·霍布斯于1636年发表的拉丁文诗歌《峰区七奇观》（*De Mirabilibus Pecci*）和英国诗人查尔斯·科顿写于1681年的诗作《峰区奇观》（*The Wonders of the Peake*）。它们像《多福之国》一样，所描述的也是“令人厌恶的、地狱般的峰区景观”。[41]

该章除了重点描述峰区外，还论及英国其他地区的山丘以及欧洲的阿尔比斯山，为此引用了诗歌之外的不少文献，计有前文提及的信函、游记、编年史、专著、版画、散文等多种。它们记载了17—18世纪先后游历过那些山脉的人士对山景的看法和态度，由此反映了英国人的山脉观念自17世纪以来所经历的复杂变化。其中，作者特别重视英国神学家托马斯·伯内特（Thomas Burnet）在《地球神圣理论》（*Telluris Theoria Sacra*，或*The Sacred theory of the Earth*）中阐释的“现在的地球其实是一片荒原”的主张[42]，认为“伯内特为新一代人重新定义了荒原概念”。[43]在她看来，虽然山脉对伯内特和农业改革者来说都是荒原，但后者对荒原的分类是基于效用的问题，“而对伯内特而言，这是美学问题”。[44]因此，她认为，伯内特的著作“在将英国人对山的态度从恐惧和

39 Vittoria Di Palma, *Wasteland: A History*, p. 128.

40 Vittoria Di Palma, *Wasteland: A History*, pp. 128—129.

41 Vittoria Di Palma, *Wasteland: A History*, p. 149.

42 Vittoria Di Palma, *Wasteland: A History*, p. 144.

43 Vittoria Di Palma, *Wasteland: A History*, p. 149.

44 Vittoria Di Palma, *Wasteland: A History*, p. 150.

害怕转变为敬畏和仰慕中发挥了关键作用”。[45]

《荒原》第五章涉及的是森林类荒原。该章开篇提到17世纪的英国牧师和艺术家亨利·皮查姆(Henry Peacham)于1612年发表在其著作中的一幅寓意画,《密不透风》(*Nulli penetrabilis*),以星空下一片树从的图案和十四行诗为特征。[46]作者认为它参考了埃德蒙·斯宾塞(Edmund Spenser)的史诗《仙后》(*The Faerie Queene*)里关于森林的措辞,如“遮天蔽日”“可怕、肮脏”等。进而指出,“森林黑暗,光线无法穿透,像迷宫一样且居住着凶猛的动物,这些特点都在斯宾塞的诗歌中和皮查姆的寓意画中有所体现,而且这些特点也是近代早期英国人对森林的主要观念之一”。[47]像这样,以画作、诗歌还有法律文本和其他出版物等文献为基础,从中梳理近代早期英国人有关森林的看法,也即是《荒原》第五章的基本内容。其中,对荒原与荒野之区别的论述尤为突出,这在有关“森林”术语及其复杂的历史内涵的分析中得到了反映。

该章明确指出,在近代早期,树木绝不是英国森林的主要特征。“更确切地说,‘森林’是一个法律术语,一个可以强加在任何一片土地上的术语,不论它是否树木密布,其主要目的是严格界定在一定范围内被允许和禁止的各种活动。”[48]为证明这一点,作者特别援引了16世纪英国律师约翰·曼伍德(John Manwood)写于1598年的著作《论森林法》(*A Treatise and Discourse of the Laws of the Forrest*)中的定义,说森林特指“由树木繁茂的土地和肥沃的牧场组成的特定领地”[49],是专门用于王室狩猎的最高等级的土地。作者还指出,“就森林而言,原始的荒芜和

45 Vittoria Di Palma, *Wasteland: A History*, p. 144.
46 Vittoria Di Palma, *Wasteland: A History*, p. 177.
47 Vittoria Di Palma, *Wasteland: A History*, p. 177.
48 Vittoria Di Palma, *Wasteland: A History*, p. 178.
49 Vittoria Di Palma, *Wasteland: A History*, p. 178.

后来因人类占领、使用而造成的荒废状态是不同的”。[50]因此她认为，由于“森林”这一类别，在荒原概念史上可以追踪到一条不同的轨迹，“在这条轨迹上，人类的工业被定义为有害而非有益的活动”。[51]作者在该章所做的结论是：“正是在森林类型学的历史中，我们看到了道德层面上的厌恶如何导致了荒野和荒原这两个术语之间的差异：荒野被理解为脆弱的、未受影响的、荒无人迹的景观，荒原则被理解为因肆无忌惮的文化的有害活动而遭蹂躏和破坏的景观。”[52]

这样，《荒原》从总体观念和具体类别对“荒原”所做的种种文献溯源无不表明，该词在多个领域均表现出了作为文明的对立面和产物的二重性特征。

（三）艺术上的再现

对于荒原的二重性特征，《荒原》一书还做了艺术上的再现。就“艺术”（art）本身而言，作者认为，艺术与自然相对应，“广义上也包括工业和技术”。[53]因此，《荒原》中可归于“艺术”的类别有不少，包括造园技艺、工业遗迹等，尤其是一般都会受到重视的各种画作等艺术品。它们分散于该书各章，其中第六章表现得最为集中。在此我将以第六章为主体，并结合其他章节的有关内容予以分析。

第六章题为“荒野、荒原和花园”，是全书的点题、总结之章。其写作手法像前面各章一样，也是从某人和某物切入的；这里选用的，是英国建筑师威廉・钱伯斯（William Chambers）及其1772年出版的《东方

---

50 Vittoria Di Palma, *Wasteland: A History*, p. 185.

51 Vittoria Di Palma, *Wasteland: A History*, p. 185.

52 Vittoria Di Palma, *Wasteland: A History*, p. 229.

53 Vittoria Di Palma, *Wasteland: A History*, p. 239. 关于艾迪生及其有关“想象的乐趣”的主张，可参加《荒原》第四章的分析（Vittoria Di Palma, *Wasteland: A History*, pp. 152—156）。

造园论》(*A Dissertation on Oriental Gardening*)。据作者介绍,钱伯斯在其中对中国园林做了带有浪漫想象的描述,他这么做的目的在于批评18世纪中叶极为成功的景观设计师能人布朗(Capability Brown)及其追随者的作品,认为他们是"虚假品味"(false taste)的倡导者,并在"改良"的号召下摧毁了英国的林地花园。[54]作者进而说明了钱伯斯的批评及其著作的主旨,"是展示如何设计花园才能激发艾迪生式'想象的乐趣'"。[55]她还认为,钱伯斯是第一位以花园为主题,阐述工业荒原美学(an aesthetics of the industrial wasteland)的理论家。"在他的笔下,采石场、白垩矿坑、砾石坑、矿山、锻造厂、煤矿、煤田、玻璃厂或砖窑和石灰窑不再是进步和改良的标志;相反,它们成为'可怕的东西',产生了排斥和诱惑的综合反应……"[56]

当然,第六章对艺术品的利用以画作最为直接。其实,这在《荒原》其他章节中早有体现,该书所用的百余幅插图中就有不少画作,包括油画、水彩画、版画以及一些著作中的卷首插图等。这些画作的题材十分丰富,涉及公地、森林、沼泽、山脉、峭壁、湖泊、花园等,几乎包括了书中提及的所有荒野和荒原。而在第六章,作者为阐释荒原二重性问题,集中运用了不少画作,包括英国画家约瑟夫·赖特(Joseph Wright)的作品、英国景观设计师汉弗莱·雷普顿(Humphry Repton)的插画以及英裔美国画家托马斯·科尔(Thomas Cole)的讽喻画。作者以它们为依据,分析了时人有关荒原的认知尤其是态度的变化。

赖特,通常被称为"德比郡的赖特"(Wright of Derby),这主要是因为他活跃于家乡德比郡的缘故。德比郡是英国工业革命的一个中心,也是其工业和技术发展的缩影,而工业和技术的力量在赖特手上有充

54 Vittoria Di Palma, *Wasteland: A History*, p. 230.

55 Vittoria Di Palma, *Wasteland: A History*, p. 230.

56 Vittoria Di Palma, *Wasteland: A History*, p. 234.

分的展现。这突出地表现为“德比郡的赖特”善于运用明暗对比的手法，描绘自然之光和人造之光等火光照亮的场景，他也因此被称为“光画家”（Painter of Light）。[57]赖特的两幅画作在《荒原》中得到了引用，分别是图100的《波蒂奇的维苏威火山》和图101的《罗马圣安杰洛城堡的烟花表演》。对此，作者转引赖特本人的看法，认为前者展示了“自然的最大效果”，后者“可能是艺术的效果”。[58]在她看来，像赖特还有卢戴尔布格（Loutherbourg）这样的画家，“认为对烟花和工厂的描绘具有同样崇高的审美效果”[59]；“光”这样的主题，则体现了“以力量为中心的崇高可以将自然和技术统一”的作用。[60]

《荒原》作者在此引用赖特两幅画作的目的，一方面在于印证崇高美学的发展如何“使得钱伯斯在工业厂房和火山喷发之间建立联系成为可能”[61]，另一方面在于引申说明技术的破坏性——“技术不再只是预示进步的工具，现在也可以被看作能产生它原本想要救赎的东西：它不仅可以将荒原变成花园，而且可以将花园变成荒原。”[62]而技术等人类活动的这种负面效应，在作者引用的雷普顿的插画中得到了进一步的展示。

雷普顿，系英国历史上著名的景观设计师，也被认为是“将英国如画风景园林推向巅峰的重要代表人物”。[63]他生活于18世纪中后期和

---

57 Benedict Nicolson, *Joseph Wright of Derby: Painter of Light*, 2 vols, London: Routledge, 1968.

58 Wright to his sister, Derby, January 15, 1776, 引自 Benedict Nicolson, *Joseph Wright of Derby: Painter of Light*, vol. 1, London: Routledge, 1968, p. 279, note 2。参见 Vittoria Di Palma, *Wasteland: A History*, p. 232。

59 Vittoria Di Palma, *Wasteland: A History*, p. 232.

60 Vittoria Di Palma, *Wasteland: A History*, p. 232.

61 Vittoria Di Palma, *Wasteland: A History*, p. 232.

62 Vittoria Di Palma, *Wasteland: A History*, p. 232.

63 刘一凡：《作为浪漫主义时期文化象征的汉弗莱·雷普顿造园观》，《美术大观》2020年第12期，第129页。

19世纪初,不仅见证了英国工业革命和随之而来的城市化进程,而且目睹了人们开始逃离城市、回归田园的情景。[64]因此,其景观设计和造园的实践与理论思考都带有时代的烙印。雷普顿惯于采用水彩绘画和著述形式表达造园设计理念,因此留下了不少著作,其中的《风景园林理论与实践片段》作为他生前的最后出版物,集中体现了其晚年思想观念的转变。[65]书中的水彩绘画运用了将两幅图对比的叠图法绘制而成,《荒原》中的图102即是引自该书的一幅叠合图画,描绘的是圈地前后英格兰景观所受影响的情形。[66]

《荒原》作者认为,这幅画中的"改良"题字具有讽刺性,并照此思路对这幅画做了分析。她说道:"正如雷普顿尖刻地评论的那样,这位新主人肯定'改良了[他的庄园];因为他砍倒了树木,在获得一项圈地法案的支持后,还把所有的租金翻了一番',与此同时他放弃了'优美的景色,希望借助田产发家致富。这是对财富的渴望所追求的唯一改良。'"[67]作者引用这幅画并如此解释,目的在于促使人们反省农业改良所造成的问题。因此,即便我们未必完全认同她的解释,也无法否认她借此揭示的问题;这不仅表现在社会关系方面,而且表现在自然景观的改变方面。对于后一方面的问题,在《荒原》所引用的科尔的画作中有着更突出的反映。

科尔,系英裔美国画家,哈德逊河画派(Hudson River School)的创始人之一。科尔酷爱画风景,也画过一些讽喻画,《帝国兴衰》(*The*

64 有关雷普顿的生平事迹,参见Dorothy Stroud, *Humphry Repton*, London: Country Life Limited, 1962。

65 Humphry Repton, *Fragments on the Theory and Practice of Landscape Gardening*, London: Bolt Court, Fleet Street, 1816.

66 Humphry Repton, *Fragments on the theory and Practice of Landscape Gardening*, p. 195; Vittoria Di Palma, *Wasteland: A History*, p. 237.

67 Vittoria Di Palma, *Wasteland: A History*, p. 236.

Course of Empire）即是其中之一。科尔的这组画创作于1834—1836年间，共有五幅，分别是《蛮荒状态》（*The Savage Stat*）、《田园生活》（*The Pastoral State*）、《帝国之巅》（*The Consummation of Empire*）、《毁灭》（*Destruction*）和《荒芜》（*Desolation*）。《荒原》作者选用科尔的该组画直陈"荒野与荒原"主题，借此诠释了组画的基本寓意。她说道："《帝国兴衰》描绘了文明进程的负面轨迹，与启蒙运动的幻想，即对自然的控制可能促使伊甸园再生这一想法背道而驰。"[68]

为说明这一旨趣，《荒原》还特别选取该组画的头、尾两幅也即《蛮荒状态》和《荒芜》予以佐证（图103和104），认为前者描绘了早期人类狩猎和捕鱼的情景，反映的是最初"人类与原始自然和谐相处"的荒野；后者见证了一个过度扩张的社会惨遭毁灭的命运，留下的是作为"文明进程的直接且不可避免的结果"的荒原。[69]因此，她明确指出："《帝国兴衰》生动地描述了荒野和荒原的对立……"[70]当然，她也认识到，《帝国兴衰》中的"荒野和荒原"并非简单的线性对立，而是有着一种更为复杂的关系，"因为科尔的衰败主义情节本身也包含着对历史的周期性理解。那片荒原可能是古代社会的命运，也可能是科尔自己的命运"。[71]而她引用和诠释科尔这组画作的根本目的，是为了说明18世纪90年代关于如画风景的争论所体现的一种怀疑某个进步叙事版本的征候。"这种怀疑导致人们对艺术和自然各自角色的态度发生了变化，从而对荒原观念产生了深远的影响。"[72]

这样，《荒原》以艺术形式再现荒野与荒原主题，就更为直观地反映了它们各自的存在状态，同时也更形象地凸显了荒原的二重性。

---

68 Vittoria Di Palma, *Wasteland: A History*, p. 239.

69 Vittoria Di Palma, *Wasteland: A History*, p. 240.

70 Vittoria Di Palma, *Wasteland: A History*, p. 239—240.

71 Vittoria Di Palma, *Wasteland: A History*, p. 240.

72 Vittoria Di Palma, *Wasteland: A History*, p. 239.

总体来看，《荒原》较为全面地辨析了英国历史中的荒原及其文化，从语词到实体，从自然的赐予到人为的创造，无不涉及。由此我们看到，荒原作为一个概念，其所关乎的也不仅仅是思想观念本身，还兼容了宗教、法律、政治、经济、社会、文学、艺术等多重内涵。因此，虽然从从历史学角度来看，《荒原》的很多论述过于跳跃，难以构成一部实证意义上的荒原历史或一部荒原史，但说它是一部以英国人的荒原观念及其表现形式为核心的文化史，也即荒原文化史著作，还是合适的。作者借此细致梳理了种类繁多的相关文献，提供了供人们了解这一具体历史的丰富的线索，有助于进一步学习并研究英国的相关历史文化。

二、一份反观历史上人与自然的复杂关联的文本

《荒原》作者如此讨论荒原主题，并凸显其二重性，可能会引发疑问：这样讨论“荒原”有什么特别的意义？这显然是一个见仁见智的问题。观念史学者可能会注重它梳理和剖析众多观念的意义，景观史学者可能会关注它展示并讨论各类景观的意义，农史学者可能会留意它挖掘并运用丰富的农业文献的意义，甚至哲学史学者都可能会惊异于它论及美学问题的意义。当然，其意义远不止于此。我们则认为，《荒原》提供了一份反观历史上人与自然的复杂关联的文本，因此可以在环境史范畴内理解《荒原》凸显荒原二重性的意义。为什么这么说？我们不妨基于作者所明辨的“荒原”与“荒野”的区别，加以深入的思考。

关于“荒原”与“荒野”的区别问题，作者在书中一些地方有所分析和说明[73]，并在第六章最后一段做了总结性诠释；她说道：

73 Vittoria Di Palma, *Wasteland: A History*, pp. 18—19.

> 与荒野概念不同，荒原提供了一种更负责任地理解我们在环境中所处位置的可能性。荒原概念并没有将“自然”局限在无人存在的区域，而是将人类视为自然的一部分，它假定我们的行为只是一系列活动，以及一系列反应和回应，与环绕在我们周围并与我们互动的岩石、植物、动物和大气层的活动、反应和回应相互关联。荒原“那边”没有留下未被人类触及的地方，它设想所有的地方、所有的类别都相互联系着：无论驯化的还是野生的，城市的还是乡村的，地方的还是全球的，莫不如此。[74]

作者在此特别强调的是，从概念本身来看，荒原与荒野不同，因为荒野“表达了一种人类完全脱离自然的二元对立的观点”[75]；荒原作为一种空间或场所（space），则是人与各种自然要素互动且各方面相互联系的景观范式（landscape paradigm）。这样，荒原的存在，不管它是文明的对立面还是文明的产物，让人们可以通过它而把握历史上人与自然的复杂关系的生成和发展，借此反思各色人等的种种作为及其影响，这正是环境史研究的宗旨所在。

按照美国环境史学家J.唐纳德·休斯（J. Donald Hughes）的界定，环境史“是一门通过研究不同时代人类与自然关系的变化来理解人类行为和思想的历史”。[76]休斯的定义表达了两层意思。第一层意思旨在说明环境史研究的对象，即聚焦于人类与自然其余部分关系的变化；第二层意思旨在说明环境史研究的目的，即从与自然其余部分相关联的新角度理解人类，包括人类的生存劳作及所思所想。[77]反过来，也可以

---

74 Vittoria Di Palma, *Wasteland: A History*, p. 244.

75 Vittoria Di Palma, *Wasteland: A History*, p. 243.

76 参见J.唐纳德·休斯：《什么是环境史？》（修订版），梅雪芹译，上海人民出版社2021年版，第3页。

77 参见J.唐纳德·休斯：《什么是环境史？》（修订版），“译者导读”，第3页。

通过人类的生存劳作及所思所想来认知和把握人类与自然之关联的生成和发展。据此通读《荒原》就会发现，其聚焦的"荒原"不啻是历史上形形色色的英国人以他们自己的方式与自然打交道的空间或场所。因此，据他们与荒原的关联，一定程度上可以了解特定时空下的自然是什么、自然存在的意义为何、人们如何认识和对待自然等历史面相，进而把握各色人等与自然的关系及其变化的历史情形。

具体来看，《荒原》对英国历史上特定人群与荒原的关联做了比较详尽的梳理和剖析，其中至少有三类人群与荒原的关联值得重点解读。首先映入眼帘的，是英格兰穷人或平民与荒原的关联，这突出表现为"生计所在"（a livelihood）。也就是说，英格兰穷人或平民是因生存所需而与荒原紧紧联系在一起的。他们赖以维生的荒原在时人眼里包括"公地、高山和丘陵"[78]，甚至在英国历史上还一度有专门作为"公地"的荒原存在，这在《荒原》第一章尤其是其中的"作为公地的荒原"部分得到了明确的讨论。

上文谈到，该书第一章开篇述及17世纪40年代英国内战时期温斯坦莱及其领导的掘地派的行为，他们宣称"英格兰的荒原是穷人的'共同财富'"[79]，而在温斯坦莱那里，"荒原"、"公地"和"荒地"等术语几乎可以互换。作者认为："这种现象说明：此时，'荒原'不仅指荒无人烟的未开垦的地区，外在于文明并妨碍文明的土地，也指英格兰庄园体系内的一种精确的土地类别。"[80]她进而提出并讨论了有可能作为公地的荒原具体是什么的问题。为此，她援引1652年的一部著作对该问题做了回答，从中确定了其时存在的六类公地："位于城镇或村庄附近的共有土地，它们主要用于耕作（比如，敞田）；适于放牧的草地和草本沼

78 Vittoria Di Palma, *Wasteland: A History*, p. 14.

79 Vittoria Di Palma, *Wasteland: A History*, p. 12.

80 Vittoria Di Palma, *Wasteland: A History*, p. 25.

泽；干燥的丘陵地，主要用于牧羊；适于放牛养马的灌木丛生的土地；遍布荆豆和苔藓的荒地，绵羊和牛在这里繁衍；最后，森林和狩猎场用来保护红鹿和黇鹿，它们‘损害了附近居民的利益’。”[81]由此她认识到，公地不是由其生态特征而是由它们与使用观念之间的关系来定义的土地。[82]

这就提醒我们，对于英格兰穷人或平民来说，他们与之产生关联的，是草地、丘陵、森林、土壤等自然要素及其中的牛、马、羊、鹿等物种；而这类自然要素和物种存在的意义，需要从如何使用的角度加以认识或定位。质言之，公地类荒原的存在，对于穷人或平民来说，是与其生计和劳作联系在一起的。他们深知“公地和共有的森林是我们的生计所在”[83]，因为他们不得不依赖公地荒原获取各类生活物资，这是通过共用权得到保障的。共用权“是‘一个人或多个人取得或使用他人的土地所产生的价值的一部分的权利’——换句话说，它是使用权而不是财产权——主要变体包括牧场共用权、果实饲料共用权、木材等必需品共用权、泥炭采掘权、土壤共用权和鱼场共用权”。[84]由于荒原给那些没有财产权只有共用权的穷人或平民“提供了食物、燃料和原材料”[85]，因此在英格兰的穷人或平民眼里，草地、丘陵、森林、土壤等各种自然要素及其中的物种也就是他们的“食物、燃料和原材料”的来源，他们与它们的关系大抵上也就是利用与被利用的关系。

---

81 Silvanus Taylor, *Common-Good, or, the Improvement of Commons, Forrests, and Chases, by Inclosure*（London, 1652）, Thomason Tract E. 663［6］. 转引自 Vittoria Di Palma, *Wasteland: A History*, p. 25。

82 Vittoria Di Palma, *Wasteland: A History*, p. 25.

83 Winstanley, *A Declaration from the Poor Oppressed People of England*［June 1, 1649］, *Works of Gerrard Winstanley*, 273. 转引自 Vittoria Di Palma, *Wasteland: A History*, p. 15。

84 Vittoria Di Palma, *Wasteland: A History*, p. 30.

85 Vittoria Di Palma, *Wasteland: A History*, p. 34.

到18世纪末，与英格兰穷人或平民生计相关的荒原从众多的英格兰村庄中消失殆尽。由此，可以联系到17世纪中期以来有些英国人针对荒原或公地所做的改良的努力，这涉及英格兰富人或土地贵族与荒原的关联，也即需要重点解读的第二类人群与荒原的关联。英格兰富人或土地贵族是"少数有钱有势"[86]的群体，对他们来说，荒原"是国家面临的最紧迫的问题之一"[87]——这在上文已经提及。因此，包括公地在内的各类荒原恰恰是这些英国人致力于改良的对象，《荒原》第二章即以"改良"为题专门阐释了这方面的历史，借此可以了解英国历史上这类人对自然的认识和态度；这以弗朗西斯·培根爵士（Sir Francis Bacon）的有关思想为代表。

在第二章，作者在追溯"改良"的哲学基础时提到了培根。她明确指出："'改良'一词的意义体现在很多层面上。其哲学基础可以追溯到弗朗西斯·培根爵士的著作，他的核心观点是让自然服从人类的需要。"[88]她就此以"模仿与改良"为题梳理了培根的遗产，即他的系列著述的有关思想。培根作为近代早期英国的哲学家，其著述丰硕，《荒原》第二章里提及的有《学术的进展》（*The Advancement of Learning*）、《新工具》（*Novum Organum*）、《论知识的尊严与进展》（*De Dignitate et Augmentis Scientiarum*）、《木林集》[*Sylva Sylvarum*，包括作为其中一部分的《新大西岛》（*New Atlantis*）]以及未完成的《学术的伟大复兴》（*Instauratio Magna*，或*Great Instauration*）。书中甚至还说到，在《学术的伟大复兴》里培根的整个思想体系都得到了阐述；"培根优先考虑的是可以运用的知识：他的目的是理解自然，因为他想控制自然"。[89]经过一番介绍和诠释，《荒原》作者总结道，培根呼吁控制自然的核心诉

86 Vittoria Di Palma, *Wasteland: A History*, p. 56.

87 Vittoria Di Palma, *Wasteland: A History*, p. 43.

88 Vittoria Di Palma, *Wasteland: A History*, p. 46.

89 Vittoria Di Palma, *Wasteland: A History*, p. 46.

求，是“渴望塑造一个完全符合人类欲望和需求的世界”。[90]

培根是英格兰“少数有钱有势”群体中的一员，他对自然的认知和态度在历史上曾产生了很大的影响，这从《荒原》第二章的有关主张中可见一斑。它说到，培根的“让自然屈从于人类的目标”引发了共鸣，而且这种共鸣远远超出了仅仅提供物质的范畴。这是因为“培根梦想的自然慷慨大方、宽宏大量，而非反复无常、桀骜不驯；他梦想着第二个天堂。根据这一愿景，技术可以使英格兰成为一个新的伊甸园，一个沐浴在永恒春天的极乐世界，它的树上不断结满果实，它的河流因鱼而涨水，它的森林充满了猎物。这些通过运用聪明才智和技术将英格兰变为伊甸园的幻想，是内战结束后激增的荒原改良计划的基础”。[91]借助《荒原》第二章所做的梳理和分析，可以了解到，17世纪以培根哲学为基础的荒原改良计划出现在很多地方，包括与哈特利布相关的农业改革项目和出版物、英国皇家学会的农业委员会的调查问卷、约翰·奥格尔比（John Ogilby）的《不列颠志》（*Britannia*）里的带状地图以及格雷戈里·金（Gregory King）关于英格兰和威尔士的各类土地的统计等。这些人及相关力量积极推动农业改革，其主要方法是圈地，其目标是运用各种技术手段“征服难以驾驭的贫瘠的荒原”，以改良“土壤和灵魂”，从而提高经济生产力，并将贫瘠的荒原变为肥沃的花园。因此，在他们看来，荒原是“退化的自然”[92]，“它既是最难改良的土地，也是最需要改良的土地”，甚至还是“救赎之地”。[93]

然而，在《荒原》作者看来，对改良的信念，“往往会模糊改良的非常真实的负面结果”，而这种结果始终伴随着改良。[94]这即是说，在英

90 Vittoria Di Palma, *Wasteland: A History*, p. 49.

91 Vittoria Di Palma, *Wasteland: A History*, pp. 49—50.

92 Vittoria Di Palma, *Wasteland: A History*, p. 58.

93 Vittoria Di Palma, *Wasteland: A History*, p. 62.

94 Vittoria Di Palma, *Wasteland: A History*, p. 45.

国农业发展历程中，通过改良将贫瘠的荒原改造为农业用地以提高生产力，从而“让自然服从人类的需要”的同时，又带来了一些的新问题。这包括“以‘改良’的名义对公地和荒原的圈围”对那些以公地为生的人所造成的毁灭性影响[95]；对于这一问题，现代学者的许多研究予以了充分的揭示。[96]同时，以提高生产力为宗旨的荒原改良还造成了道德和精神上的问题，这正如18世纪20年代的许多评论家所认为的，“对经济利益的追求已使得道德和精神上的改良愿望黯然失色”。[97]

不仅如此，《荒原》作者还提到了“改良”在将荒原变成良田的过程中对自然本身所造成的危害，由此可以把握“荒原”何以成为“文明的产物”的一个缘由。例如作者在第三章中提到，一些对沼泽地进行排水的方案不仅没有达到预期效果，反而使大片土地遭到遗弃，徒留“风车的废墟”[98]，这象征着人类“利用和征服环境”或“征服自然”的尝试的失败。[99]在第四章关于山脉类荒原的论述中，作者尽管着墨不多，但字里行间也流露出对人类将山脉乃至整个地球视作矿场从而将其掏空的做法的不满。不过，与沼泽和山脉相比，对森林的破坏似乎更加引人注目，这是作者在第五章论述的重点。尽管英国王室出于各种目的将英格兰的森林列为禁地，但随着国家对木材的工业用途——如建造海军军舰和冶炼钢铁等——需求的提升，皇家森林亦不断遭受破坏，譬如

95 Vittoria Di Palma, *Wasteland: A History*, p. 57.

96 参见J. M. Neeson, *Commoners: Common Right, Enclosure, and Social Change in England, 1700—1820*, Cambridge: Cambridge University Press, 1993; Jane Humphries, *Childhood and Child Labour in the British Industrial Revolution*, Cambridge: Cambridge University Press, 2010; Graham Rogers, “Custom and Common Right: Waste Land Enclosure and Social Change in West Lancashire”, *Agricultural History Review*, Vo. 41, No. 2(1993), pp. 137—154。

97 Vittoria Di Palma, *Wasteland: A History*, p. 82.

98 Vittoria Di Palma, *Wasteland: A History*, p. 122.

99 Vittoria Di Palma, *Wasteland: A History*, p. 127.

查理一世等英王还将森林出售给“改良者”，后者加速了“皇家森林向圈围草地和耕地的转化”，最终导致大片古老森林的消失。[100]由此，以往茂密葳蕤的森林变成了稀疏破败的林地，造就了新的荒原。

废弃的沼泽、疮痍的山脉、破败的林地，这些景观不啻是荒原的另一重化身：它们都是人类改造和破坏自然的结果。这样，我们不禁要问，在近代早期，英格兰知识阶层是怎样认识荒原的？他们又如何理解荒原改良的意义与结果？因此，需要进一步讨论的，是英格兰知识阶层与荒原的关联。这个阶层的构成很广泛，包括神学家、农学家、哲学家、美学家、艺术家、园艺家等，他们眼中的荒原也各不相同，借此可以了解他们针对荒原的所思所想及其差别。

由于英语里的“荒原”概念最早出现在《旧约》、《新约》和《圣徒传》等《圣经》文本中，因此神学家或基督教作家对于荒原的看法首先值得注意。荒原在英格兰至少有沼泽、山脉及森林三重化身，在班扬的《天路历程》中，基督徒从毁灭城到天国之城的旅程甚至对应着实实在在的英格兰景观。如前文所述，在班扬那里，荒原是一种“惩罚和救赎”的工具；这即是说，荒原既是对身体和精神的双重考验，也是进入天国、获得拯救的必经之路。《圣经》文本对荒原的阐释也影响了温斯坦莱及其领导的掘地派，促使他们将社会改革和宗教救赎的双重愿景同时寄托在荒原之上。

与神学家或基督教作家相比，农学家对待荒原的态度更实际一些。在布莱斯等农业专家看来，荒原具有潜在的经济价值，可以通过改良发掘出来。而对哈特利布来说，对荒原的改良还在于精神的改善，因此是一项关乎“土壤与灵魂”的事业。[101]不过，农学家们的改良思想既得到了培根哲学的指导，也同样传承了《圣经》文本中对荒原的想象。哈特

100 Vittoria Di Palma, *Wasteland: A History*, p. 187.

101 Vittoria Di Palma, *Wasteland: A History*, p. 52.

利布及其同道中人认为，农业改良如同宗教救赎，其目的是将英格兰改造成人类堕落之前的伊甸园。荒原的改良——以及圈地——在此意义上具有了强大的道德维度。类似地，哲学家洛克也将荒原改良与其关于私有财产的辩论结合在一起，以此巩固了荒原改良的道德基础。依作者分析，洛克眼中的荒原乃是未能得到正确利用或被浪费的土地。在洛克看来，荒原乃是地球的原始状态，只有通过劳动对土地进行改良，并将公地转化为私有财产，才能提高土地的生产力。

当然，对于知识阶层而言，荒原不仅仅是一种观念或一种土地，同样也可以是一种审美对象。荒原进入审美领域经历了一个复杂的过程。起初，沼泽类荒原常常以一种令人厌恶的、不健康的姿态出现，这在威廉·卡姆登（William Camden）、西莉亚·法因斯（Celia Fiennes）、笛福以及吉尔平的文学或游记作品中都可见到。诗人德雷顿倒是特别欣赏沼泽的独特生态价值，他在长诗《多福之国》中赞扬了沼地丰富的物种多样性。[102]尽管如此，德雷顿对于荒原的另一重化身——山脉，或英格兰峰区——仍多有厌恶之感。事实上，近代早期英格兰知识阶层对待峰区的态度也相当复杂。在霍布斯的《峰区七奇观》一诗中，厌恶与优美形成了鲜明的对比；科顿则进一步将峰区令人厌恶的、地狱般的特点展现得淋漓尽致。然而，也有人用功利主义的眼光看待山脉，将其视为蕴藏矿产资源的宝库，这一点在笛福1724年的作品《大不列颠全岛纪游》中有所体现。而随着伯内特的著作《地球神圣理论》的出版，英国人对于山脉的态度继续发生变化，即从恐惧和害怕转变为敬畏和仰慕。在伯内特作品的忠实读者约瑟夫·艾迪生（Joseph Addison）那里，恐惧成为一种愉悦情感的来源，作为荒原的峰区也因此通过视觉感官逐渐进入美学领域。1757年，哲学家埃德蒙·伯克（Edmund Birke）出版《论崇高与优美概念起源的哲学探究》（*A Philosophical*

102 Vittoria Di Palma, *Wasteland: A History*, p. 113.

Enquiry into the Origin of our Ideas of the Sublime and Beautiful）一书，进一步确立了英国人对群山态度的转变。对伯克而言，山脉类荒原是一种可以激发“崇高”的景观，因为崇高起源于恐惧或惊讶的感觉，而山峰具有让人产生恐惧和惊讶的力量。类似地，在德比郡艺术家托马斯·史密斯（Thomas Smith）的画笔下，荒原也被赋予了一种崇高的特征。可见英格兰知识阶层对山脉类荒原的态度处于不断的变化之中。

从厌恶和恐惧荒原，到欣赏荒原并为之感到兴奋，这种审美取向的变化也发生在园艺师的身上。在第五章中，作者论述了作为森林被破坏的结果而产生的林地荒原如何孕育并承载了园艺师建造森林花园的梦想。在18世纪初的园艺师斯蒂芬·斯维泽（Stephen Switzer）眼中，森林荒原给予的恐惧已然消逝，森林花园的设计旨在为一种安全的休闲方式增加刺激。[103]尽管作者未能言明其原因，但可以猜想，这种变化的根源可能在于人类对控制和战胜自然越发感到自信。无论如何，圈地与改良仍然是不可阻挡的时代潮流，这在艺术领域也有体现。在托马斯·庚斯博罗（Thomas Gainsborough）于18世纪中叶创作的风景画中，观众可以感受到彼时的英国风景已然被圈围起来。

与此同时，庚斯博罗的风景画“也展现出一幅正在迅速消失的社会图景”。[104]事实上，到18世纪末和19世纪初，知识阶层已经出现了对功利主义指导原则下的荒原改良及其结果的反思。例如，建筑师钱伯斯批评了那种一味改良而摧毁荒原自身审美情趣的做法。[105]在《论崇高与优美概念起源的哲学探究》中，伯克同样抨击了那种讲究效用和功能的审美活动。钱伯斯和伯克二人对于景观的不同理解，推动了“风景

103 Vittoria Di Palma, *Wasteland: A History*, p. 207.

104 Vittoria Di Palma, *Wasteland: A History*, p. 222.

105 Vittoria Di Palma, *Wasteland: A History*, p. 230.

如画美学”(the aesthetic of the picturesque)的发展。吉尔平也对改良的迹象感到厌恶,因此用脚投了票:他逃离了喧嚣、污染的伦敦,回到了萨里郡的乡村。设计师雷普顿所绘的插画,则形象地将改良前后的景观做了鲜明的对比,以说明在“粗鄙的经济利益动机”下的改良如何破坏了英国景观的“古老魅力”。[106]知识阶层内部的这些反思声音不啻揭示,人类的改良行为似乎正在朝着毁灭而非进步的方向发展,伊甸园之梦正在破裂,而一种新的工业化的荒原却在孕育之中。随着人们对进步主义叙事的怀疑和对艺术及自然态度的变化,新的声音在科尔的五幅组画《帝国兴衰》中得到了绝佳的体现:该组画所反映的文明的周期性变化说明了这样一个事实,即荒原“是文明进程的直接且不可避免的结果”。[107]尽管如此,科尔的组画也不乏乐观情绪:借助自然的力量,荒原可以成为周而复始的新的起点。

上述几个方面,不仅有助于认识自17世纪起英国荒原观念的历史变迁,而且有助于理解历史上人们对自然的不同认知及其时代特点或阶段性,从而可以丰富我们对环境历史本身的认识。就此而言,《荒原》一书因提供了启发我们如何认识历史上不同群体与自然打交道的方式范本,而具有较高的学术价值。

三、一个审思物质文明发展得失的坐标

《荒原》对荒原二重性的彰显,是与对文明的审思联系起来的。虽然作者在书中并未明确界定什么是文明,但通读全书,还是可以把握作者笔下文明的基本内涵,即人类按照自己的意愿改造荒野或荒原所取得的成就,可称之为物质文明。而《荒原》对荒原二重性的彰显,就好

106 Vittoria Di Palma, *Wasteland: A History*, p. 236.

107 Vittoria Di Palma, *Wasteland: A History*, p. 239.

比树立了一个审思物质文明发展得失的坐标。因此,《荒原》除学术价值外,还具有一定的现实意义。这也是作者本人的立意所在,从该书“序曲”开篇即能感受到这一点。

“序曲”以20世纪40年代初起成为美国海军重要的训练基地的别克斯岛(Vieques)最终成为废弃、荒凉之地开篇,由此引出“荒原”概念的解析问题;对此,作者的一番思考耐人寻味:

> 这个词让人联想到荒漠、山脉、草原和冰盖等荒无而偏僻的景观,同时也让人联想到前军事基地、封闭的矿山和关闭的工厂等破败而废弃的景观。我们如何解决这个明显的矛盾?如何理解这样一个事实,即“荒原”一词既用来指代一片荒漠这样的地区,它还没有经过文明的洗礼;也用来指代一座废弃化工厂厂址这样的地面,它已经由于工业开发过度而被消耗殆尽?换句话说,荒原怎么会既是文明的对立面,又是文明的产物?一个答案是,在这两种情况下,荒原是一种景观,它不受使用是否正确或适当的观念的影响。但这只是其故事的一部分。其实,最初这个术语是用来表示远离或外在于人类文化的景观的,现在它经常用于被工业破坏、被军方遗弃或被化学废弃物污染的场所,其内涵变得更加丰富了。[108]

这段话所涉及的核心问题,即对“荒原怎么会既是文明的对立面,又是文明的产物?”这一问题的思考贯穿全书。因此,作者在第六章也即全书的结语章引用了科尔的系列作品《帝国兴衰》并认为它们描绘了文明进程的负面轨迹之后,特别回应了“序曲”中谈及的别克斯岛问题,从而启发人们去认识和理解为何现在荒原“经常用于被工业破坏、被军方遗弃或被化学废弃物污染的场所”。这在某种意义上表明,伴随着人

108 Vittoria Di Palma, *Wasteland: A History*, p. 3.

类文明发展而来的是大量的新的荒原；它们的出现可以提醒并警示身处现代社会的人们，有必要反思文明发展中的某些负面影响。这正是作者本人的现实关怀所在。

由于有着这样的关怀，作者顺理成章地批判了“当代许多景观管理策略中”存在的某种对荒野的浪漫情怀——这一批判是耐人寻味的。她说道：“在当代许多景观管理策略中，都潜藏着这种对荒原和荒野关系的阐述，这些策略必须应对以前的垃圾填埋场，废弃的矿山和采石场，过时的城市基础设施，废弃的工厂、发电厂和军事设施所带来的挑战。当遇到像落基山阿森纳国家野生动物保护区，或别克斯岛‘荒野地区’那样有问题的地方时，人们希望它们能符合托马斯·科尔在绘画中生动呈现的故事。”[109]人们的这一“希望”显然是想要让他们所留下的上述各种“荒原”最终还能恢复如初，如同“最初是人类与原始自然和谐相处的荒野”。[110]而作者则毫不含糊地指出，“但是像这样的故事很少这么简单”，进而剖析了对“荒野”概念固有的假设所存在的问题。[111]

在此，她借用威廉·克罗农、罗德里克·纳什和马克斯·奥尔施莱格等荒野史学家的研究和主张，认为荒野并非自然创造物，而是人类的发明——人类为满足其特定文化需求也即渲染人与自然的对立而生造的一种概念。而经过深入系统的梳理，她自己认识到：“如果在最早期的形式中，荒野是一个可以和荒原互换的术语，用来特指野生且具有威胁性和攻击性的景观，那么到19世纪早期，荒野概念已经发生变化。荒野曾经是恐怖和混乱的地方，现在却是伊甸园的化身。”[112]“荒野”内涵的这一历史变化，反过来凸显了人类文明的一个悖论：“堕落的景观不

109 Vittoria Di Palma, *Wasteland: A History*, p. 241.

110 Vittoria Di Palma, *Wasteland: A History*, p. 240.

111 Vittoria Di Palma, *Wasteland: A History*, p. 242.

112 Vittoria Di Palma, *Wasteland: A History*, p. 243.

再是大自然赐予的，也不再是上帝创造的；相反，它是经过人类肮脏的手触碰后产生的。”[113]这即是作者借助科尔的组画想要直面的“与启蒙运动的幻想，即对自然的控制可能促使伊甸园再生这一想法背道而驰”的文明进程的负面轨迹。

因此，她清醒地认识到，“今天的挑战与过去不同。启蒙运动的进步信念的崩溃，让我们对人类在世界的地位有了完全不同的理解。正如乌尔里希·贝克（Ulrich Beck）令人信服地指出的，由环境引发的各种恐惧在结构上已经与过去不同了：它们现在是无形的，无处不在的，而且是由我们自己的技术制造出来的。如今，我们恐惧的根源是文化，而不是自然”。[114]作者在此提及的乌尔里希·贝克，系当代德国著名社会学家，提出了“风险社会”和“第二次现代化”等理论主张，在世界范围内产生了广泛影响。作者在此引证的即是其《风险社会》一书的观点。[115]在她看来，现代荒原的产生让人类能直面现代文明所带来的风险，更有责任感地理解我们在自然中所处的位置。

因此，《荒原》作者所梳理的人们对荒原态度的变化可以启发我们思考：或许荒原的出现，有助于我们更清晰地认识人类活动对自然环境的影响乃至破坏，更好地调整人类与自然之间的关系，从而促使我们转变“人类中心主义”的立场，尽可能采取有效措施挽救和改善我们留下的荒原。现如今，人类正处在因工业技术和现代文明发展而出现的生态危机十分严峻的时代，如何扭转生态危机造成的颓势，不仅是关乎全人类的生存问题，而且渗透到每个人的衣食住行之中。阅读《荒原》也能让我们对飞速发展的工业技术进行反思。

工业技术和现代文明的发展为我们创造更加便捷美好的生活，我

113 Vittoria Di Palma, *Wasteland: A History*, p. 243.

114 Vittoria Di Palma, *Wasteland: A History*, p. 244.

115 参见 Ulrich Beck, *Risk Society: Towards a New Modernity*, London: Sage, 1992。

们在迎接新事物、新技术的诞生时，也需要考虑被替代的旧事物该如何处理的问题。正如《荒原》中所言，后工业化时代面临的诸多环境问题场所即是新时代的“荒原”，譬如垃圾填埋场，废弃的矿山和采石场，过时的城市基础设施，废弃的工厂、发电厂和军事设施等。如何将这些令人厌恶的废旧场所变成赏心悦目的景观和休闲娱乐的空间，也就成了我们现在面临的另一挑战。值得庆幸的是，已有很多成功的案例可以借鉴，《荒原》对此做了一些提示。譬如它提及的高线公园（High Line）。[116]高线公园位于纽约的曼哈顿中城西侧，由废弃的高架铁路转变而来，不仅独具特色，而且为纽约赢得了不菲的社会经济效益。

今天的中国，正处于城市化发展的加速阶段。随着城市化的进一步发展，未来城市将会出现越来越多的废弃工厂、废弃钢铁厂和废弃工业园。如何妥善规划这些废弃场所，如何将它们改造成新的景观文化区，依然任重而道远。令人欣喜的是，近些年，国内对废旧工业区的改造已呈现出较好的态势。以北京的798艺术区为例，人们看到20世纪90年代没落的798厂在21世纪迎来了新生。依托艺术产业的发展，798艺术区后来成为国内艺术潮流的风向标。与之类似的还有上海的后滩公园和武汉的汉阳824艺术区等。这些旧物改造成就告诉人们，我们的一些“荒原”也正在得到拯救。因此可以说，只有深刻认识荒原的发展史，我们才能更好地应对这些问题所带来的的严峻挑战。在此背景下，《荒原》中译本的出版或许能为我们如何解决某些环境问题提供有益的启示。

综上，虽然《荒原》一书存在不少问题，不仅像有的评论指出的，其书名误导人，而且其结构安排不甚合理，甚至给人有头无尾的感觉；即便如此，这部有着较高学术价值和现实意义的著作，从内容、理念等

116　Vittoria Di Palma, *Wasteland: A History*, p. 243.

方面给予了我们很多启迪。从根本上说，荒原的贡献在于彰显了荒原的二重性。作者借此讨论了英国荒原文化的来龙去脉，进而反思和辨析了文明发展的悖论。该书不仅关乎如何认识自然在过去的存在及其与人类文化历史的关联，而且关乎如何认识文明发展的复杂影响及其困境，因此有助于我们认识人类文明的足迹及其多方面的影响。此外，《荒原》对诸多概念尤其是“荒原”本身所做的颇为透彻的解析还具有方法论价值，可以启发我们如何做好概念或观念本身的历史研究。当然，这里所阐述的看法仅仅是译者的一孔之见，是也，非也，有待读者诸君审读、评判。

2024年2月

荒原谜思

21世纪初年，我栖居在伦敦。有一天，我参观了大英图书馆的一个展览。虽然我不太记得那展览的陈列，也不太记得我是怎么拿到一份给媒体的文件夹的，但是我知道，文件夹里除了新闻稿，还有一些不同寻常的有趣之物的彩色照片。其中的一张照片，展现了下图所示的18世纪的拼图游戏（jigsaw puzzle）。

多年来，我一直随身带着这张照片。它伴随着我从伦敦到了休斯敦，从休斯敦到了纽约，最终从纽约到了洛杉矶。虽然我对拼图不太了解，但地图和拼图的结合引起了我的兴趣。我将这张照片放在一个文件夹里，文件夹里有我喜欢的各种各样的图片：有些显然与我感兴趣的研究或教学主题有关，另一些则以我无法理解的方式激发了我的想象力。拼图游戏属于第二类，直到我开始撰写本书的时候，我才明白它的意义。

当我开始研究“荒原”（waste land）一词的早期历史时，我发现它最早出现在《旧约》、《新约》和《圣徒传》的英文译本里。在这些作品中，荒原有时候有山脉、悬崖和洞穴，有时候则是一片广阔的沙地。有时候，它被描述得完全荒芜；有时候，它被描述得林木茂密，或荆棘缠绕。而逐渐清晰的是，在其整个历史中，荒原一直是土地的一个类别；

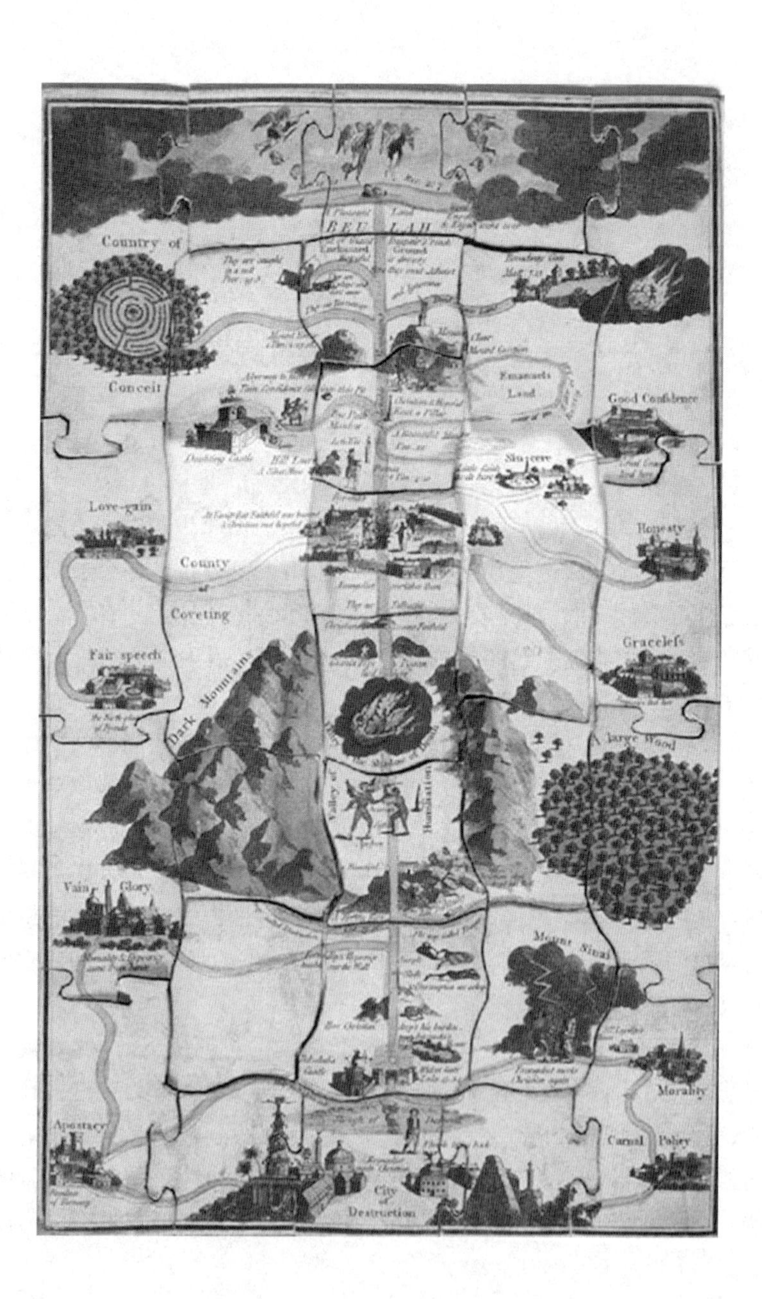

BEULAH
Country of
Conceit
Emanuels
Land
Good Confidence
Doubting Castle
Love-gain
Honesty
County
of
Coveting
Graceless
Fair speech
Dark Mountains
A large Wood
Valley of
Humiliation
Vain Glory
Mount Sinai
Morality
Apostacy
Carnal Policy
City
of
Destruction

将它整合起来的，不是始终如一的自然特征，而是其激发的各种情绪和行为。

当《圣经》里的荒原观念第一次被移用到英格兰景观中的时候，它出现了三大化身：沼泽、山脉和森林。我的书通过鉴别厌恶的作用，考察了历史上对这三种迥然有别的荒原类型的态度。英格兰东部的大沼泽区因其浑浊的水、腐烂的植物和黏糊糊的动物而备受谴责，所有这些都持续不断地让人感到本能的厌恶。另一方面，德比郡峰区（Peak District）的多山景观引发了一种对厌恶的艺术表达，这为后来的崇高[1]概念奠定了基础。最后，以森林为例，英格兰钢铁工业的发展和内战的剧变导致了严重的森林砍伐，这产生了道德上的厌恶，所针对的是人类的贪婪行为，而非景观本身。

同样有趣的是，在早期的那些《圣经》语境中，"荒原"一词常常或多或少与"荒野"（wilderness）一词交替使用。亚当和夏娃被逐出伊甸园，并被流放到荒原；以色列人在荒原或荒野中游荡了40年；基督在荒野度过40昼夜，禁食并抵挡魔鬼的诱惑。在《圣徒传》中，荒野或荒原是隐士圣徒追随基督足迹的地方：他们在那里斋戒，祈祷，发现上帝，证明他们的虔诚。虽然"荒原"和"荒野"二者在《圣经》中都用来指代荒凉不毛之地的场合，但"荒原"优先用来表示因自然灾害或天罚而遭到蹂躏的地方。这样一来，荒原就有了两种相关的含义：它是上帝之愤怒的一种象征，也是救赎的一个场所——其实，它就是那个可以赢得救赎的地方。因此，从一开始，作为一个术语和土地的一个类别，荒原就唤起了惩罚和救赎两种观念。

这种将景观作为惩罚和救赎二者工具的想法，是约翰·班扬的《天路历程》的中心思想。在朝圣者基督徒从毁灭城家乡到天国之城目

1　在西方哲学及美学思想中，"sublime"（崇高、壮美）通常是一个与"beautiful/beauty"（优美、秀美）相对应的概念。这两个词将在本书第四章中频繁出现。——译注

的地的旅途中，他遇到了绝望潭、拯救墙、艰难山、屈辱谷、死荫谷、财富山和死亡河，这些构成了他必须克服的困难、必须抵抗的诱惑以及必须从中逃生的致命威胁。这里的景观及其元素始终是对抗性的；基督徒所经受的自然的试炼和磨难，是为了考验和增强他的信仰，最终使他成功进入天国，确保他的得救。

《天路历程》是将《圣经》中的荒原概念转化为英国人将会熟悉的景观类型的关键环节。此外，大英图书馆的拼图游戏通过使用与17—18世纪旅行者在英格兰和威尔士旅行时使用的道路指南书相同的制图惯例，阐明了班扬的寓言景观。有一天，我突然明白，这个拼图游戏概括了我这本书的核心论点：当早期的现代英国人遇到沼泽、山脉和森林时，他们根据英语中最早出现的荒原概念所被嵌入的一系列想法来理解它们。对他们来说，景观是救赎过程的载体。改造荒原，将恶臭的沼泽变成良田谷地，或者让荒废的森林重新长出茂密的树木，被认为是通往精神救赎的必经之路。当我仔细观察时，我发现就在地图的正中央，死荫谷的周围，突出了我要考察的三种主要景观类型，它们是“绝望潭”、“黑暗山”和“大森林”，我也知道，我终于找到了我的书的封面。

维多利亚·迪·帕尔玛

2014年12月19日

致　谢

如果没有我的老师们的指导、学识与关怀，这本书是不会问世的。我亏欠罗宾·米德尔顿（Robin Middleton）太多。罗宾引领我进入18世纪，引导了我对这一世纪的看法，并让我深深爱上18世纪的书籍。从我成为他学生的那一刻起，他就是我的良师益友，是我坚定的支持者、慷慨的读者，也是我的朋友。我对罗宾的感激之情难以言表。同时，当我第一次在研究生院上课的时候，巴里·伯格多尔（Barry Bergdoll）就成为我的灵感源泉。巴里是我在哥伦比亚大学的同事，他一直是我的向导，我非常感谢这么多年来他给予我的建议和支持。理查德·布里连特（Richard Brilliant）从一开始就激发了我对英格兰景观的兴趣。他用源源不断的文章、评论和各种各样的剪报（其中一篇成了题词）促进了这本书的成长，并总是督促我要澄清自己的论点和想法。多年来，希拉里·巴伦（Hilary Ballon）在许多方面都是我的导师、拥护者与榜样。我非常感谢她对我的不断鼓励。玛丽·麦克劳德（Mary McLeod）对我工作的支持之多，我无法用语言表达。她的热情和质疑精神激励了我；她的友谊让我在最艰难的时候仍能继续前行。上述所有杰出的老师，他们不仅言传身教，而且都读过这本书早期的各种版本。感谢他们付出自己宝贵的时间，也感谢他们对本书的评论、批评和建议；这本书出现的任何疏忽或过错，都是我个人的责任。

我也在哥伦比亚大学的同事那里学到了很多。特别是伊丽莎白·哈钦森(Elizabeth Hutchinson)和马修·麦凯尔韦(Matthew McKelway)，他们都给予了我很多精神与物质上的帮助。霍尔格·克莱因(Holger Klein)、史蒂芬·默里(Stephen Murray)与埃丝特·帕斯托利(Esther Pasztory)都仔细阅读了拙作并提出了宝贵意见。特别感谢扎伊娜卜·巴赫拉尼(Zainab Bahrani)、弗朗切斯科·贝纳利(Francesco Benelli)、乔纳森·克雷(Jonathan Crary)、维迪亚·德赫加(Vidya Dehejia)、大卫·弗里伯格(David Freedberg)、科尔多拉·格雷韦(Cordula Grewe)、鲍勃·哈里斯特(Bob Harrist)、安妮·伊戈内(Anne Higonnet)和莱因霍尔德·马丁(Reinhold Martin)。已故的凯莱布·史密斯(Caleb Smith)与我一起勘探了纽约市的两片荒原，我们为这剩下的还没有开发为高线公园(High Line)的荒原拍摄了漂亮的照片。我也很荣幸能在哥伦比亚大学与一些优秀的学生一起工作，感谢瑞奇·安德森(Ricky Anderson)、查尔斯·康(Charles Kang)、艾尔莎·林(Elsa Lam)、耶茨·麦基(Yates McKee)、阿尔·纳拉特(Al Narath)、卡罗尔·桑托勒里(Carol Santoleri)、梅格·斯图德(Meg Studer)、丹尼尔·塔莱斯尼克(Daniel Talesnik)、罗伯特·维森伯格(Robert Wiesenberger)、阿伦娜·威廉姆斯(Alena Williams)和卡罗琳·耶克斯(Carolyn Yerkes)，感谢大家一起进行的精彩讨论。

ix

在南加州大学建筑学院(School of Architecture of the University of Southern California)的同事中，我要特别感谢马清运院长、黛安娜·吉拉尔多(Diane Ghirardo)、艾米·墨菲(Amy Murphy)、吉姆·斯蒂尔(Jim Steele)、马克·席勒(Marc Schiler)和维克多·琼斯(Victor Jones)，谢谢他们的支持。

非常感谢那些既是我的朋友又是我的同事的人。从我在哥伦比亚大学读研究生开始，我就要感谢戈汗·卡拉库斯(Gokhan Karakus)、维多利亚·桑格(Victoria Sanger)、沙林尼·斯通(Shaalini Stone)、爱德华·温特(Edward Wendt)和理查德·威特曼(Richard Wittman),感谢他们的同道情谊与持续的友谊。我第一次在建筑联盟学院(Architectural Association)任教时,戴安娜·佩里顿(Diana Periton)就是我的合作者,她一直是我的灵感来源。我在伦敦生活时,莎拉·杰克逊(Sarah Jackson)和苏珊·詹金斯(Susan Jenkins)在各方面都给予了我至关重要的帮助。特别是凯塔琳娜·博尔西(Katharina Borsi)、海伦·富尔扬(Helene Furján)和芭芭拉·彭纳(Barbara Penner),他们是我在伦敦工作时的同事,非常感谢他们。马里·赫瓦图姆(Mari Hvattum)和马里·雷丁(Mari Lending)曾邀请我去奥斯陆(Oslo),我在那里[带着小塔迪欧(Taddeo)]度过了兴奋与愉快的时光;凯特·本特兹(Kate Bentz)、朱丽叶·科斯(Juliet Koss)和詹妮克·坎普拉德·拉森(Janike Kampevold Larsen)也邀请了我去纽约,我们在纽约度过了开心的日子。我在敦巴顿橡树园(Dumbarton Oaks)期间,大卫·海斯(David Hays)、爱德华多·德·杰西·道格拉斯(Eduardo de Jesús Douglas)和维罗妮卡·卡拉斯(Veronica Kalas)提供了智识与其他方面的支持。此外,我与安娜·阿孔恰(Anna Acconcia)、劳拉·贝尔坎德(Lara Belkind)、让-加布里埃尔·亨利(Jean-Gabriel Henry)、莎拉·马丁(Sarah Martin)和安妮·海登·史蒂文斯(Anne Hayden Stevens)的友谊持续了几十年。

我也要特别感谢莫莉·艾特肯(Molly Aitken),因为她向我介绍了她在耶鲁大学的出色编辑——米歇尔·科米(Michelle Komie)。米歇尔从一开始就支持这本书,并且明智、出色地指导了本书手稿的修改。在很大程度上,这本书受益于编辑德博拉·布鲁斯-霍斯勒(Deborah Bruce-Hostler)敏锐、严谨的眼光,感谢她与耶鲁大学出版社的其他人,他们将我的思想文字化了。我还要感谢本书手稿的匿名读者,尤其要感谢杰迪戴亚·珀迪(Jedediah Purdy);感谢他们博学的建设性评论,感谢他们对这本书的支持。

我的研究得到了许多机构的慷慨支持。敦巴顿橡树园、耶鲁大学英国艺术中心(Yale Center for British Art)、威廉·安德鲁斯·克拉克纪念图书馆(William Andrews Clark Memorial Library)、亨廷顿图书馆(Huntington Library)、加拿大建筑中心(Canadian Centre for Architecture)、奥斯陆建筑学院形态、理论和历史研究所(Institute of Form, Theory, and History of the Oslo School of Architecture)、哥伦比亚大学艺术史和考古学系(Department of Art History and Archaeology of Columbia University)、哥伦比亚艺术与科学研究生院(Columbia's Graduate School of Arts and Sciences)的同伴在各个方面都慷慨地为这个项目做出了贡献。我也很高兴能在艾弗里图书馆(Avery Library)、牛津大学图书馆(Bodleian Library)、大英图书馆(British Library)、丘园国家档案馆(National Archives in Kew)、贝德福德郡档案室(Bedfordshire County Record Office)、莎士比亚出生地信托基金档案室(Shakespeare Birthplace Trust archives)和英国皇家学会档案室(Royal Society of London)查阅资料。

按照惯例，行文最后我们要感谢最亲近的人。这本书如果没有泰德·亚伯拉罕(Ted Abramczyk)的慷慨、力量与爱是不可能完成的。在漫长的写作过程中，他一直是我的靠山，我们与儿子塔迪欧的生活带给我莫大的幸福。塔迪欧的幼年与这本书的问世是两个并行的冒险经历。儿子是我的欢乐，我不变的光芒，我对未来的希望所在。

还有我的母亲弗朗辛·巴尔班、我的父亲贝佩·迪·帕尔玛，我要感谢他们，并向他们献上我第一次也是最深切的感谢。如果没有他们的关心、牺牲、鼓励、恒久的爱，就没有今天的我。这本书是献给他们的。

序　曲

别克斯小岛位于波多黎各以东约8英里处，它北接大西洋，南临加勒比海。20世纪40年代初，美国海军用160万美元购买了这里的26 000英亩（约占该岛四分之三）的土地，自此别克斯岛成为美国大西洋舰队的面积最大的训练区；其数英里未开发的海岸线成为美国军队训练、演习的场所，军队在这里可以施行船岸之间的炮击和空中轰炸。但是在2003年5月1日上午，当岛上居民看到美国海军准备离开时，他们开始欢呼雀跃。因为几十年来，岛民一直要忍受岛上巨大的爆炸声，这些爆炸的声波让客厅的窗户咯咯作响；他们也要忍受美国军舰停泊在离尚未开发的海滩很近的地方。而在1999年之后他们不再忍耐，因为这一年，一架海军飞机发射的两枚500磅重的炸弹没有击中预定的目标，却炸死了35岁的保安大卫·桑斯，同时还炸伤了另外四个人；从此，别克斯岛的岛民开始了抗议。起初，抗议是小规模和地方性的行为，仅仅是单独的公民抗议行为：像砍掉篱笆和非法侵入。但是随着大卫和哥利亚一案开始引起国际关注，并且由于知名政治家、演员和艺术家，包括阿尔·夏普顿牧师、贝尼西奥·德尔托罗和小罗伯特·肯尼迪的加入，社会各界呼吁海军离开别克斯岛的声音越来越大，也越来越强烈，人们的抗议活动扩大到静坐示威、游行和烛光守夜。2001年，经过美国国会内部的持久斗争，面对美国军方的强烈反对，乔治·布什总统最终宣布海军将于2003年5月离开别克斯岛，用于军事演习的土地的管理权移交给美国内政部。

在美国海军撤离的两年后，它曾控制的别克斯岛地区被指定为联邦的“超级基金场址”(superfund site)*，美国国家环境保护局在此执行清理工作。但清理工作也引发了争议。当地居民批评海军人士，因为他们为了找出剩余军火的位置而烧了大片土地，也喜欢在露天场地引爆其发现的炸弹。波多黎各卫生部已将岛上癌症、肝病和高血压的高发病率与该岛的土壤、地下水、空气和鱼类中的有毒化学物质相联系。除了三硝基甲苯(TNT)、凝固汽油、贫铀、汞、铅、多氯联苯(PCBs)以及前海军试验场留下的其他大量的有毒混合物，岛东部三分之一的土地里还隐藏着数千枚未爆炸的炸弹。为了避免居民或游客意外发现并意外引爆炸弹，内政部已经留出17 000多英亩的土地用作野生动物的避难所，这块土地被用来给棱皮龟、玳瑁(位列濒危物种名单)和其他野生动物筑巢，“这个地方曾被用于实弹演习……现在它被指定为荒野区，并且不对公众开放”。[1]尽管波多黎各大力宣传别克斯岛是主要的旅游地，但预计近期岛上的这一部分地区不会对游客开放。

一个地区如果曾被用于实弹演习并充斥着有害物质，那么它并不适合人类涉足，也可能不适合脆弱的野生动物在此栖息，而美国政府和海军似乎都没有意识到这一点。这种情况并不令人惊讶。到2003年，数十个有毒的、被污染的或有其他危险的禁止人类使用的地方，或因为偶然或因为设计而成为稀有鸟类、植物或其他野生动物的避难所。后来，其中的一些地方重新开放，它们成为野生动物观察和娱乐区——一

---

* “超级基金制度”针对受污染土地的监控和修复，被认定的区域也被称为“超级基金场址”。——译注

1 引自Dana Canedy，“Navy Leaves a Battered Island，and Puerto Ricans Cheer”，*New York Times*，May 2，2003。

个早期著名的(或者说臭名昭著的)例子是落基山阿森纳国家野生动物保护区,这个保护区被称为"国家最具讽刺意味的自然公园",因为它令人惊讶地从有毒的荒原变成了野生动物保护区,出现了与荒野地区相关的各种景观和活动。然而,这样一些保护场所造成了令人啼笑皆非的局面,与环境格格不入,因为它们表面上的转变与其说是自然的或生态的变化,不如说是概念上的变化,完全为人们观念中嵌入的假设所左右;假设人们如何看待不同类型的景观,假设当人们遇到和使用"荒野"(wilderness)与"荒原"(wasteland)术语时所唤起的联想是什么。

到19世纪初,出现了有关荒野与荒原的二分主张:荒野指的是未开发的自然,荒原指的是被荒废或被污染的自然,这种二分法在西方哲学、文学和艺术中得到了充分的体现。荒野,尤其是它在美国主体性形成中的地位,是一个被许多作者精心书写过的话题,包括罗德里克·弗雷泽·纳什(Roderick Frazier Nash)、马克斯·奥尔施莱格(Max Oelschlaeger)和威廉·克罗农(William Cronon),我的书在很大程度上得益于他们的开创性工作。[2]然而,我的书不是论述荒野而是论述荒原的。但人们所说的"荒原"到底是什么意思?这个词让人联想到荒漠、山脉、草原和冰盖等荒芜而偏僻的景观,同时也让人联想到前军事基地、封闭的矿山和关闭的工厂等破败而废弃的景观。我们如何解决这个明显的矛盾?如何理解这样一个事实,即"荒原"一词既用来指代一片荒漠这样的地区,它还没有经过文明的洗礼;也用来指代一座废弃化工厂厂址这样的地区,它已经由于工业开发过度而被消耗殆尽?换句话说,荒原怎么会既是文明的对立面,又是文明的产物?一个答案是,

2

2 Roderick Frazier Nash, *Wilderness and the American Mind*(New Haven: Yale University Press, 1967), Max Oelschlaeger, *The Idea of Wilderness from Prehistory to the Age of Ecology*(New Haven: Yale University Press, 1991), William Cronon, "The Trouble with Wilderness, or, Getting Back to the Wrong Nature", in *Uncommon Ground: Rethinking the Human Place in Nature*, ed. William Cronon(New York: W. W. Norton, 1995), 69—90.

在这两种情况下，荒原是一种景观，它不受使用是否正确或适当的观念的影响。但这只是其故事的一部分。其实，最初这个术语是用来表示远离或外在于人类文化的景观的，现在它经常用于指代被工业破坏、被军方遗弃或被化学废弃物污染的场所，其内涵变得更加丰富了。这是一个明显的迹象，表明人们对技术的态度以及对自己在自然界的地位的态度发生了转变。这本书旨在研究这种转变。

若转向词源学，人们会发现英语单词“wasteland”综合了“waste”和“land”的含义；“waste”出自古法语的“gast”和拉丁语的“vatus”，意思是荒凉的或空闲的，而“land”出自古英语的“land”、古挪威语的“laan”和哥特语的“llan”，意思是圈地。大约到13世纪初，“wasteland”开始出现在英语中，取代了古英语的“westen”，意味着一片荒凉的、未经开垦的、渺无人迹的土地。[3]“waste”最早的语义是指一个地方：人们去那里旅行，穿过那里，在那里居住，并逃离那里。[4]最初，在英文版《旧约》、《新约》以及《圣徒传》中会常常见到这个术语，它被用来解释拉丁语的“desertus”（或“terra deserta”）或“solitude”。这两个词都暗指一片荒无人烟之地；它们是以缺少什么为特征的地方。与此相似，荒原也一直被描述为荒凉、偏僻的地方。然而，荒原有时候有山脉、悬崖和洞穴，有时候它是一片广阔的沙地。人们有可能将它描述为绝对的不毛之地，也有可能将它描述为布满了密林或荆棘的地方。虽然有时候荒原里完全没有任何生命，但在其他的情况下它又被认为是野生而又危险的动物的栖息地，或者是妖魔鬼怪等神奇生物出没的场所。荒原是一个地方，但更是土地的一个类别，一类并非由一致的自然特质——无论是地形还是生态——而是由它们共同缺少什么而统合在一起的土

3　根据《牛津英语大词典》，“weste londe”大约于1200年出现在*Trinity College Homily*中。关于“waste”一词的起源和文学上的广泛用途，参见Ruth L. Harris，“The Meanings of Waste in Old and Middle English”（PhD diss.，University of Washington，1989）。

4　Harris，“Meanings of Waste”，16.

地。荒原的定义不在于它是什么或它有什么，而在于它缺少什么：它没有水、食物或人，没有城市、建筑、定居点或农场。荒原的核心特征是荒无人烟，这使得该词具有可塑性和抽象潜力；它是一个空壳，可以包括所有那些用负面词语定义的地方，主要是由它们不是什么来确定的。 3

荒原固有的抽象性使其适用于各种各样的景观——从最一般的意义上说，它代表了任何不利于人类生存的地方。尽管人们可能找不到一套一致的自然特征来定义荒原是什么，但它仍然扮演着一个一致的角色：它的定义取决于它产生了什么。荒原所缺少的东西（食物与水，城市与城镇）和非人类的创造物（野生的、危险的，或有毒的动物、魔鬼和恶灵）使它成为充满威胁、挑战和危险的地方。虽然荒原可能象征着许多东西，但它的作用在于提供一个空间，一个作为文明的对立面也即绝对的他者（Other）的空间。

书写荒原的文化史，书写荒原产生了什么，即是书写不断变化的观念和信念。这是假设自然观念有历史。这并不需要声明任何新的东西：自从雷蒙·威廉斯宣称“尽管自然的观念经常被忽视，但它包含了非常多的人类的历史”，此后三十多年里，关于自然是一种文化建构的说法已司空见惯。[5]这并不意味着自然——以人们看到、听到、闻到或触摸到的植物、动物、河流和云的形式——仅仅是人们想象的虚构，或者说在“自然外部”（out there）没有事物激发人们对自然的感觉。但是它的确假定了人们感知和理解周围环境的方式从来都不是中立的，而且视觉和感知是深刻的文化行为，它们受到了人们的假说和信仰的影响，这种影响不可避免地构建和粉饰着人们的经历。

在人类历史的许多阶段，在不同的文化中都可以找到有敌意或有威胁性的景观概念，这些概念在不同的时间、地点有不同的形式。出现

5　Raymond Williams, “Ideas of Nature”, in *Problems in Materialism and Culture* (London: Verso, 1980), 67.

此类景观甚至可能是普遍的现象，但是将此类景观标记为荒原，将它视为一个问题，并且进一步想象它可能是一个有解决方案的问题，并不普遍。因此，这本书不是在讲述一个众人皆知的故事，而是从一系列特定的历史事件中浮现出来的故事。本书认为，17—18世纪英格兰、苏格兰和威尔士（从1707年开始一同属于英国）特别的信仰、科技、组织和个人，使人们形成了对土地及其用途的态度，这种态度持续塑造着今天人们看待并评价景观的方式。尤其是在当下这一时刻，景观在个人和国家认同的形成中被赋予了前所未有的作用：一个国家及其公民的特征与其景观密切相关，这使得管理这些景观成为至关重要的问题。与此同时，一种不断发展的启蒙哲学开始从使用的角度评价自然，并认为根据人类明确的需求，技术塑造了景观。接下来的章节记录了这种方法的实施情况，并以编年史的形式，将农业革命出现、工业革命首次爆发以及海外殖民地建立这些关键时期的技术对景观概念发展的影响记录下来。本书用批判的眼光看待启蒙运动，旨在阐明有争议的荒原历史如何塑造了人们对待土地的态度——从土地的有用性和无用性两方面看，这在今天仍然是基本原则。

景观和厌恶情绪

使用的问题很重要，但它只是这个故事的一部分。因为，也正是在这一时期，现代美学概念得到了发展，在这一过程中景观发挥了重要的解释作用。18世纪，关注自然美和艺术美原则的哲学分支被人们重新阐述，使感官知觉和情绪反应问题具有了中心意义。可以说，荒原在西方文化想象中占据如此重要位置的一个原因，就是它有能力引起强烈的情绪反应，一种倾向于厌恶情绪的反应。害怕、憎恨、蔑视、厌恶：这些都是荒原唤起的情绪。然而，厌恶情绪很特别，它与荒原的关系尤其具有启发性。厌恶是六七种基本情绪之一，它的独特之处在于，它既是一种看似本能的反应，也是一种高度发达的、受文化和社会影响的歧视和道德判断工具。[6]厌恶是本能的、强烈的、直觉的；但它也是一种感觉，用威廉·伊恩·米勒的话来说，它"与想法、感知和认知，以及产生这些感觉和想法的社会和文化背景相关联"。[7]对于诺贝特·埃利亚斯(Nobert Elias)而言，厌恶是文明进步的关键动力；对于玛丽·道格拉斯(Mary Douglas)而言，厌恶是社会对待污染和禁忌观念的基础。[8]厌恶是一种情绪，在形成文化秩序系统方面具有强大的作用：它建立并维持了等级制度；它是道德准则建设的基础。这是一种复杂的、至今仍未被充分理解但至关重要的情绪。[9]近些年来，厌恶在强调心智具体化的研究中发挥了越来越重要的作用。[10]

现代，大多数有关"厌恶"调查的起点始于查尔斯·达尔文。达尔文在1872年首次出版的《人类和动物的表情》中，在论述鄙视(disdain)、轻蔑(scorn)和蔑视(contempt)的部分，用了不到八页的篇幅讨论了厌恶。[11]对达尔文来说，厌恶主要与味觉有关，"可以被实际 5

6 是否存在基本情绪一直是有争议的话题。参见A. Ortony and T. Turner, "What's Basic About Basic Emotions ?" *Psychological Review* 97(1990): 315—331; P. Ekman, "An Argument for Basic Emotions", *Cognition and Emotion* 6(1992): 169—200。

7 William Ian Miller, *The Anatomy of Disgust*(Cambridge, MA: Harvard University Press, 1997), 8.

8 Norbert Elias, *The Civilizing Process*, trans. Edmund Jephcott(Oxford: Blackwell, 1994); Mary Douglas, *Purity and Danger: An Analysis of Concepts of Pollution and Taboo*(London: Routledge, 1966).

9 最近对厌恶的促进发展之作用的评估，参见Valerie Curtis, "Why Disgust Matters", *Philosophical Transactions of the Royal Society* B 366(December 2011): 3478—3490。

10 参见George Lakoff and Mark Johnson, *Philosophy in the Flesh: The Embodied Mind and Its Challenge to Western Thought*(New York: Basic, 1999)。

11 Charles Darwin, *The Expression of the Emotions in Man and Animals. With Photographic and Other Illustrations*(London: John Murray, 1872), 253—261.达尔文用过的更多的照片，参见Phillip Prodger, *Darwin's Camera: Art and Photography in the Theory of Evolution*(Oxford: Oxford University Press, 2009)。

感知或生动地想象到；其次是通过嗅觉、触觉，甚至视觉产生的一种类似的感觉”。[12]厌恶的身体表达是直接的、本能的，它集中在嘴巴及其周围，意在尽可能快地远离令人讨厌的物体或物质，通常一开始是靠吐痰或作呕来做到这一点。达尔文用瑞典摄影师奥斯卡·雷兰德拍摄的照片来阐释他的论述，这些照片展示了从轻微厌恶到极度厌恶的过程（图1）。达尔文试图确立厌恶的普遍特性，以及与厌恶相关的表达和手势，然而他也意识到，文化在定义什么可以引起厌恶上发挥了重要作用。达尔文曾有过著名的考察火地岛（Tierra del Fuego）的经历，在那里，“一个当地人用手指触摸了一些冷藏肉，这是我在我们的露营地吃的，很明显，他对肉的柔软表现出极度的厌恶；同时，我对我的食物被一个裸体的野蛮人触摸感到极度厌恶，尽管他的手看上去并不脏”。达尔文指出“裸体的野蛮人”既是一个普通的人，也是一个不同（表面上是下等的）文化的成员。厌恶可能是一种普遍的情绪，但毫无疑问，它在细微之处会因文化背景的不同而有很大的差异。

6

这种普遍性和文化相对性的结合，让厌恶成为心理学领域研究人员的理想测试案例。但是，除了安德拉斯·安吉亚尔在1941年发表的一篇基础性文章，直到20世纪80年代实验心理学家保罗·罗津开始对那种情绪及其触发因素进行一系列系统的实验，才有了更多的研究案例。[13]罗津和他的同事们进行了大量的实验，其中最著名的一个实验是给志愿者提供装满粪便的盘子。当志愿者被要求吃掉呈现在他们面前的东西时，人们发现，厌恶的反应是直觉的、普遍的，即便志愿者被告知粪便实际上是软糖做的，情况也是如此。对这些主要来自北美的实验对象来说，厌恶感有一个成熟的核心，它以味觉为中心，主要位于口腔，

12 Darwin, *Expression of the Emotions*, 253.

13 Andras Angyal, “Disgust and Related Aversions”, *Journal of Abnormal and Social Psychology* 36, no. 3 (July 1941): 393—412.

图1. 奥斯卡·雷兰德:《鄙视、蔑视和厌恶》,收录于查尔斯·达尔文的《人类和动物的表情》(伦敦:约翰·默里,1872)。

并通过吐口水和呕吐等身体反应表现出来,以此试图摆脱令人讨厌的物体或物质。[14]然而,更为重要和有趣的是,志愿者是否知道"粪便"是

14　Paul Rozin, Jonathan Haidt, and Clark R. McCauley, "Disgust", in *Handbook of Emotions*, ed. Michael Lewis and Jeannette M. Haviland (New York: Guilford, 1993), 575—594.

不是软糖并不重要：在这两种情境中，人的厌恶反应都是相同的。

从这些研究中，罗津和他的同事得出了一些结论。最常见的让人厌恶的物质可分为三类：身体的废弃物（如粪便、唾液或黏液），被认为不适合食用的食物（如腐烂的肉、大多数无脊椎动物、爬行动物和两栖动物），还有令人厌恶的动物（特别是像老鼠、蟑螂或蝇蛆那类大量繁殖或黏糊糊的动物）。但令人厌恶的物质和类别还不止于此。除了这三种主要类列，罗津和他的同事们还发现了另外五个引起厌恶的领域，包括与性、卫生、死亡、身体侵犯以及社会道德侵犯相关的类别。因此，厌恶是一种比单纯的本能反应范围更广的现象。罗津的研究得出的一个最重要的结论是，本质上厌恶是对玷污（contamination）的恐惧，正是这种玷污问题，使厌恶——作为更广泛的对污染（pollution）的恐惧——能扩展到社会文化领域。对罗津及其同事而言，“我们区分厌恶与恐惧的理由是，恐惧主要是一种对身体有实际的或可能的伤害的反应，而厌恶主要是一种对灵魂有实际的或可能的伤害的反应”。[15]罗津后来的工作扩展了其研究的含义，认为厌恶逐步满足了一种让我们淡忘自己的动物起源的精神需求。因此，厌恶在我们人类身份的形成中至关重要。[16]

罗津所分析的厌恶与社会文化概念之间的相互联系也是威廉·伊恩·米勒的著作《厌恶剖析》的核心，但早在20世纪，奥雷尔·科尔奈已经在他的开创性论文《厌恶》中最先探讨了这些联系。[17]科尔奈广泛的现象学研究对于思考厌恶和美学之间的关系特别重要，因为它含有一个至关重要的见解，即“厌恶是一种明显的审美情绪，与它对非存在

7

15 Rozin et al.,“Disgust”,575.

16 Rozin et al.,“Disgust”,590；也参见Curtis,“Why Disgust Matters”。

17 科尔奈的《厌恶》最早于1929年发表在Edmund Husserl, *Jahrbuch für Philosophie und phänomenologisch Forschung*上。参见Aurel Kolnai, *On Disgust*, ed. Barry Smith and Carolyn Korsmeyer（Chicago：Open Court,2004）,vii。

性和知觉的强调相一致”。[18]换句话说，正如罗津的粪便/软糖实验所证明的那样，厌恶只关注令人厌恶的物体的外观，它的感官呈现，而不是它的存在状态，或者说它实际上可能是什么。一旦令人恶心的东西出现在我们的感官中，它就会压倒我们的理智，引起一种具有惊人的直觉性和力量的情绪。正是由于这种对一个物体的感知方式的固有排他性，使得厌恶从定义上来说就是审美。

但就厌恶似乎起作用的方式而言，还有一个更深层的且特别有趣的细微差别。如同卡罗琳·科斯迈耶在她的《品味厌恶：美学中的污秽与美好》中说到的，这个令人恶心的物体的独特之处在于，它“吸引了我们的注意力，即使与此同时它是令人厌恶的。这种厌恶感实际上找出了厌恶的对象。在科尔奈生动的比喻中，意向性箭头的尖端‘穿透了物体’，因此，厌恶是一种自相矛盾的抚慰和试探。这可能是厌恶有吸引力的根源，因为‘在它的内在逻辑中，无论是通过触摸、消耗抑或接受物体，它已经有了一种积极抓住物体的可能性’”。[19]因此，厌恶是一种矛盾的二元性情绪，是排斥和诱惑的混合体。在它的影响下，我们既感到厌恶，又束手无策，被一种想要尽快从讨厌的物体面前离开的冲动所征服，但奇怪的是又常常想要靠近它。

当我们更细致地思考厌恶和美学之间的关系时，重要的是首先需要注意到这一点，即英语单词“厌恶”源自法语的“恶心”（dégoût），因此它在词源上与味觉特别相关。在17世纪前25年，“厌恶”开始零星地出现在英语中——例如，我们在莎士比亚的作品中找不到它的痕迹；大约在1650年之后，它才开始日益频繁地出现。[20]直到16世纪末或17世

18　Aurel Kolnai, “The Standard Modes of Aversion: Fear, Disgust, and Hatred”, in Kolnai, *On Disgust*, 100.

19　Carolyn Korsmeyer, *Savoring Disgust: The Foul and the Fair in Aesthetics* (Oxford: Oxford University Press, 2011), 37.

20　Miller, *Anatomy of Disgust*, 1.

纪初，法语的"恶心"和德语的"厌恶"（Ekel）才成为通用术语，而直到18世纪，在所有这些语言中，"厌恶"不仅仅是在理论文本中孤立地出现的。[21]这个词的日益增多，与人们对品味这一概念以及关于其在审美判断中的作用的讨论越来越感兴趣相一致，这似乎并非巧合。

在温弗里德·门宁豪斯迷人而又全面的研究中，他证明了厌恶在美与丑的概念建构中起着核心作用，因此也在美学标准的形成中起着核心作用。对门宁豪斯来说（他的研究浓缩了丰富的德语美学传统，包括莱辛、温克尔曼、康德、尼采和卡夫卡，但他超越了严格的德语文本来源，进而包括了巴塔耶、萨特和克里斯蒂娃），厌恶实际上是美学本身发展的基础。特别是厌恶概念为美提供了陪衬，通过对立来界定其品质和特点，限制其边界，以防其陷入适得其反、厌恶过度的错误。这样，对门宁豪斯来说，就像对他之前的德里达一样，厌恶，通过既作为绝对的他者又作为艺术作品的附属品的运作，而确定了美学的界线。[22]虽然温克尔曼将光滑、肌肉发达、无毛的年轻男性古典雕像塑造为美的典范，以此确立了他的美学，但是门宁豪斯认为，要形成这种模式，其对立面是不可或缺的，即厌恶的典型化身——皱巴巴的、松弛的、长满疣的干瘪老妪的躯体（对温克尔曼和其他许多18世纪作家来说）。

然而，分析厌恶对我们理解荒原有什么重要意义？对"厌恶"（借用科尔奈的话，"一种非常显著的审美情感"）的日益高涨的意识，能否被视为促成了17—18世纪人们对英格兰景观的看法和评价的改变？我认为是可以的，而且确实会表明，英语中"厌恶"一词的出现与新的、具有美学意义的景观概念的发展是一致的，这并非巧合。事实上，更进一

21　Winfried Menninghaus, *Disgust: Theory and History of a Strong Sensation*, trans. Howard Eiland and Joel Golb（Albany: State University of New York Press, 2003）, 3—4.

22　参见 Jacques Derrida, "Economimesis", *Diacritics* 11, no. 2（June 1981）: 3—25；以及 *The Truth in Painting*, trans. Geoff Bennington and Ian McLeod（Chicago: University of Chicago Press, 1987）。

步说，我认为厌恶情绪从一开始就存在，与景观概念本身最早呈现出的我们今天所认识到的形式是同时出现的。

荒原是一种文化建构，一种想象的创造，一种涉及景观的范畴，而不是景观的固有特征。作为一种构造，它满足了某些文化、社会和心理需求，最重要的是，它为仁慈的、易于驾驭的或令人愉悦的景观观念提供了衬托。因此，荒原对于形成理想的景观是有帮助的，甚至是必不可少的。而且，厌恶情绪有助于将景观二分为天堂般的、美丽的或“好的”与堕落的、丑陋的或“坏的”，此外还有助于创造一种等级或价值尺度，这样就可以根据不同类型的景观离两种极端的远近来进行评判。

但是，一旦我们开始谈论景观是理想的或“好的”，抑或有缺陷的或“坏的”，我们就进入了道德判断的领域。针对荒原，我们发现道德以多种方式在起作用。在西方传统中，荒原最先是堕落的景观。荒原是对亚当的诅咒，是他被流放的地方。这是伊甸园的对立面，是一片布满荆棘和杂草的贫瘠之地，只有经过最艰苦的努力才能使它变得肥沃。荒原的存在被理解为是上帝愤怒的证据，是上帝审判人类的标志。正是这种与信仰的联系产生了一种信念，即荒芜、不毛之地的复兴——荒原再生——是一条通往再生的必由之路；这种信念在17世纪普遍流行。

9

但是景观不仅仅由于贫瘠而遭到谴责。如果它们产生或庇护了不好的生命，如杂草而不是庄稼；野生动物而不是家养动物；罪犯、社会弃儿，甚至穷人，而不是所谓土地社会的正派成员，那么，它们在道德上也是令人怀疑的。上层和中层阶级评论者在对待那些道德败坏的拦路强盗、逃犯、擅自占地者以及生活在荒原中的平民所表达出来的道德愤怒，证明了厌恶情绪在社会等级制度的形成中所起的作用，以及在当时，景观与个人品质是如何相互界定的。

然而，尽管人们用厌恶情绪作为透镜来解读对荒原的态度，但问题依然存在。许多评论家已指出，眼前的物体很少会引起厌恶——相反，厌恶往往与“更深的”或“更低俗的”的触觉、味觉和嗅觉有更多的关系。比如物体附着在皮肤上，或者，更令人不安地通过口腔等洞孔进入身体的可能性，最能引起厌恶的反应。然而，由于厌恶可以在本能、联想和道德层面上运作，人们发现，在实践中，它的适用范围比最初所怀疑的要广泛得多。正是由于这种抽象能力，也可以解释这样一个事实，虽然科尔奈断言“厌恶情绪从来都与无机或非生物物质无关”，但人们发现它是近代早期景观描述中一个反复出现的特征，有时由景观中的动植物引起，有时由土壤或岩石引起。也许仅仅是一块石头还不足以引起生理上的厌恶反应，但毫无疑问，它能引起许多17—18世纪观众的厌恶情绪。[23]

最后，我们来谈谈表征（representation）问题。门宁豪斯认为，美的极端对立面不是丑，而是恶心。然而，与丑相比，恶心会带来更大的问题，因为它不仅挑战表征，而且主动排斥表征。对公认的令人恶心的东西，如一堆粪便，或一具剥了皮的血淋淋的动物尸体，是否可以或应该在绘画中表现出来的争论可以追溯到古代，并且是整个现代早期学术辩论的主要内容，它激发了人们对一个矛盾事实的意识，即恶心有时有其独特的诱惑力，与越界的刺激有关。但是当我们谈到景观时，试图挖掘人们对边缘的或令人厌恶的景观的态度的任务就变得更加复杂了，因为在语言和视觉表征方面存在着巨大的空白。当目标是尽可能快地将自己和令人讨厌的环境隔开时，为展开描述或描绘一种观点而逗留是根本不可能的。但荒原对表征的抗拒至少在理论上是有趣的，同时也让研究人员感到沮丧。本书从两个方面考虑了这种抗拒的一些模式：首先，勾勒出构成和塑造现代早期荒原概念的一些历史环境，这将在本书第一章“荒原”和第二章“改良”中加以论述；其次，更深入地考察特定的生态选择。

23 Kolnai, “Disgust”, in Kolnai, On *Disgust*, 30.

当《圣经》里的荒原观念被移用到英格兰景观的时候，它出现了三大化身：沼泽、山脉和森林。每一种都是一章的主题。这本书旨在通过识别厌恶的核心作用，来挖掘历史上对这三种不同类型的荒原的态度。第三章“沼泽”关注英格兰东部的芬斯沼地（the Fens），评价有关该地区浑浊的水、腐烂的植物和黏糊糊的动物的描述，以分析一种发自内心的厌恶的作用。第四章“山脉”详细描述了德比郡峰区的景观，以便从美学的角度思考厌恶情绪，因为厌恶是对18世纪景观美学，尤其是形成崇高概念至关重要的“明显的审美情感”。第五章“森林”［有些集中在迪恩森林（Forest of Dean）和新森林（New Forest），但更多的是关于人工种植园的作用］，我们在这里遇到了道德上的厌恶，它针对人类的工作和行为，而不是景观本身。第六章“荒野、荒原与花园”倾向于将荒原表达为人类建造而非自然赋予的某种东西，并把园艺设定为一种旨在补偿文化的破坏性影响的活动。

荒原是一种景观，在其所有化身中都会引发强烈的使人厌恶的反应，本书追溯了这种反应的模式、轮廓和效果。这样做的目的是确立荒原在构建我们关于景观的一些最基本概念中的重要性。荒原概念——既有积极的一面，也有消极的一面——促成了一种理想景观的形成，影响了我们对自然资源的管理，改变了我们对新发现地区的态度，并指导了我们对污染和浪费的态度。与荒原概念相关的观点、态度和信仰可能有着深刻的历史根源，但它们仍在持续影响着我们的态度和观点。虽然，正如副标题所指出的，这本书是一部荒原的历史，而不是对其当代化身的深思，但只有认识了这段历史，我们才能负责任地应对今天后工业时代的荒原给我们带来的巨大挑战。 11

第一章
荒　原

1649年4月1日星期日，一小群人扛着铲子和其他农具，出现在萨里郡科巴姆地区附近的圣乔治山（St. George's Hill）公地，开始掘地。接下来几天，当他们准备在那片土地上种豆子、胡萝卜和欧洲萝卜（parsnip）时，领导者杰腊德·温斯坦莱鼓励了他们的劳动，并号召教区成员加入他们的行列。很快，这个团体的人数增加到三四十人，包括成年男女和孩子；草草搭建的简陋小屋构成擅自占地者的居所，竖立在公地边缘。通过这种非正式的耕作行为，杰腊德·温斯坦莱和他的掘地派（Digger）实验团体宣称，英格兰的荒原是穷人的“共同财富”。[1]

温斯坦莱曾经是伦敦的布商，1643年，英国内战造成的艰难时世使他被迫卖掉生意，搬到位于萨里郡科巴姆的岳父家附近居住。五年

1　对温斯坦莱的更多论述，参见David W. Petegorsky, *Left-wing Democracy and the English Civil War: A Study in the Social Philosophy of Gerrard Winstanley*（London：Victor Gollancz, 1940）; George W. Sabine, introduction, *The Works of Gerrard Winstanley, with an Appendix of Documents Relating to the Digger Movement*, ed. George W. Sabine（Ithaca, NY：Cornell University Press, 1941）; Christopher Hill, *The World Turned Upside Down: Radical Ideas During the English Revolution*（London：Temple Smith, 1972）; *Winstanley and the Diggers, 1649—1999*, ed. Andrew Bradstock（Portland, OR：Frank Cass, 2000）。

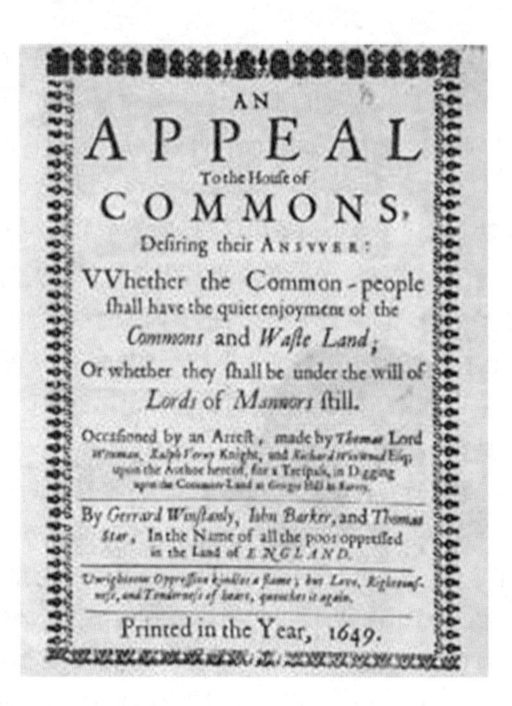

AN
APPEAL
To the Houſe of
COMMONS,
Deſiring their ANSVVER:
VVhether the Common-people ſhall have the quiet enjoyment of the *Commons* and *Waſte Land*;
Or whether they ſhall be under the will of *Lords* of *Mannors* ſtill.

Occaſioned by an Arreſt, made by *Thomas* Lord [illegible] [illegible] [illegible]

By *Gerrard Winſtanly*, *John Barker*, and *Thomas Star*, In the Name of all the poor oppreſſed in the Land of *ENGLAND*.

[illegible]

Printed in the Year, 1649.

图2. 掘地派宣言。请注意“common”和“commons”这两个词的反复出现。杰腊德·温斯坦莱:《向下议院申诉》(伦敦,1649)。

来,他靠喂养几头奶牛、收割冬季饲料勉强维持生计,但是在1648年,他的这些微薄的收入也化为泡影;这一年的干旱比往年持续了更长的时间,干旱导致庄稼和牧草枯萎,牲畜也饥饿致死。于是温斯坦莱再次陷入贫困之中,他感到极度的沮丧,精神上也遭受了严重的危机。也是在这一年,温斯坦莱开始得到神启并着手写作。他文思泉涌,很快写出了《神关爱世人之奥秘》(*The Mysterie of God Concerning the Whole Creation, Mankind*)、《上帝之日的破晓》(*The Breaking of the Day of God*)、《圣徒的天堂》(*The Saints' Paradise*)和《真理使他从流言蜚语中抬起了头》(*Truth Lifting up his Head above Scandals*),这些书相继出版。

在1648年底或1649年初，温斯坦莱在一次恍惚中听到一个声音给了他精确的指示，“一起工作，一起吃面包，公开宣布这一切”，它吟诵着，文字从空中向他闪过。[2]他决心服从命令，开始制订计划，将他得到的命令付诸实践。

12 《新正义法》概述了温斯坦莱的计划，这本小书出版于处死查理一世的四天前。在这本书里，温斯坦莱将其宗教信仰转变为激进的社会纲领，他主张整个地球应该是“每个人的共同财富”。[3]他认为“穷人是被践踏在尘土中的”，他告诫普通人要接受“新正义法”。在这个“公平的普遍法则”下，“没有人希望比别人拥有更多的东西，或是成为别人的主宰，或是宣称任何东西都属于他；**我的**（Mine）和**你的**（Thine）这种话将会消失”，普通人会说，“地球是我们的，不是我的，[将来]大家会一起劳动，一起在公地、高山和丘陵地带吃面包”。[4]温斯坦莱等待上帝明示去哪里实施计划等了几个月的时间，最终他被告知去圣乔治山，那里离他家只有几英里远，可以很方便地掘地、施肥、播种谷物。在4月下旬，温斯坦莱发表了掘地派的第一份宣言《真正平等派的先进标准》（*The True Levellers Standard Advanced*），在随后的几个月里，白金汉郡的艾弗、北安普敦郡的韦灵伯勒和埃塞克斯郡的科克斯霍尔成立了更多的掘地派团体。虽然很难计算精确的数字，但根据记录，从1649年初掘地派运动开始到一年多后运动崩溃，一共有超过90名成年男女和孩子参与其中。[5]

---

2 Winstanley, *The True Levellers Standard Advanced* [April 26, 1649], *Works of Gerrard Winstanley*, 261.

3 Winstanley, *The New Law of Righteousness* [January 26, 1648], *Works*, 147—244.

4 Winstanley, *The New Law of Righteousness* [January 26, 1648], *Works*, 183, 184, 194, 195—196.

5 J. C. Davis and J. D. Alsop, “Winstanley, Gerrard”, in *Dictionary of National Biography* online.

温斯坦莱的观点在1649—1652年间相继出版的一系列小册子和印刷品中逐渐完善，他认为所有人都有在地球上平等耕作的权利（图2）。最初上帝造人的时候，他是“土地、牲畜、鱼、家禽、草地和树木之神”，但上帝没有奴役任何人。私有财产是不存在的，没有“这是我的，那是你的”之说法，因为地球不属于任何人，它属于上帝。[6]然而，当平等社会堕落时：一些人变得自私，他们将土地圈起来（因此土地从公有财产变为私人财产）并且奴役别人为他们工作，这便孕育了不平等的社会。在英格兰，征服者威廉宣称所有的土地都属于自己，他剥夺了英格兰人与生俱来的权利，并将这种偷盗行为永久化，他把大地产分配给在战争中支持他的贵族。几个世纪后，为了实现克伦威尔对英格兰人民的承诺——他要把人民从君主制及其弊端中解放出来，议会不得不把原本属于平民的土地归还给他们。这样，政府创造了一个真正的共和国（Commonwealth），它不仅将英格兰从诺曼征服者的偷窃和专制中解放出来，也解决了平等社会堕落后遗留的问题。

13

温斯坦莱的实验开始于土地压力一触即发的时间和地点，这种压力已多次引爆反圈地骚乱。他目睹了圈地产生的影响，对公地转变为私有财产的方式感到不安，这种转变让最贫穷的社会成员疏离了他们祖传的生计。圈地造就了一群没有土地的劳动者，他们只能通过为地主工作来养活自己；对温斯坦莱而言，这就算是奴隶制。私有财产及其造成的不平等，即一个人属于另一个人，违背了自然法的戒律。对温斯坦莱来说，自然法确立的自由保障了每个人都拥有生存手段的权利，这可以理解为人们有权耕作土地以种粮食。因此，土地公有是确保真正平等的唯一途径。

温斯坦莱坚持认为英格兰的公地属于其公民。富人们可以保留他们的圈地——温斯坦莱认为只要他们有能力耕种自己的土地，那么他

6 Winstanley, *New Law of Righteousness*, 183—184.

们想有多少土地就有多少土地——但他要求荒原，也就是“公地、高山和丘陵”属于穷人。[7]据估计，当时英格兰只有三分之一的土地被用于耕种，他认为英格兰的荒地起码“足够养活所有的孩童”。[8]在《向所有英国人申诉》中，他对同胞说了鼓舞人心的话，鼓励他们：“来吧，内心自由的人，把你们的剑变成犁头，把你们的矛变成镰刀，用它们分割公地、盖房子、播种谷物，占有属于你们自己的土地，你们已从诺曼压迫者手中收回了它。”这些公地，这些荒原，“本应遍布谷物，但现在除了荒地、苔藓、荆豆和诅咒外，没有其他的东西，《圣经》有言：多产的土地是由不毛之地形成的，这里的统治者是不义的，他们不耕种土地而是奴役穷人耕种，他们以此维持自己的贵族权力，满足自己的贪婪”。“现在是什么妨碍了你？”温斯坦莱问，“当你是自由民，你还会是奴隶和乞丐吗？如果你住得舒服，你还会无家可归，死于贫穷吗？”现在是履行公正的法律的时候了。“来吧，”他吩咐同胞们，“拿起犁和锹，开发、种植，让荒地硕果累累，这样我们就不会有乞丐和懒汉了；如果英格兰的子民耕种其荒地，那么这些荒地在几年后将是世界上最富有、最强大、最繁荣的土地，所有的英格兰人都将生活在和平与舒适之中。”[9]

14

尽管温斯坦莱言辞激情澎湃并公开邀请同胞加入，但他与掘地派还是遭到了当地民众的强烈抵制。他们在圣乔治山上掘地、播种的最初几周，遭到了一百多名暴民的袭击。暴民们烧毁了掘地派的房子，偷走了他们的农具，并拖走了几名成员。几周后，更多的愤怒的教区居民拔掉了掘地派的庄稼，毁坏了他们的农具，拆毁了他们的房子，并想把他们永远赶出圣乔治山。但是掘地派很快就回来了。1649年6月1日，他们发表了第二份宣言《英格兰贫穷受压迫人民的宣言》，这份宣言宣

7 Winstanley, *New Law of Righteousness*, 196.

8 Winstanley, *New Law of Righteousness*, 200.

9 Winstanley, *An Appeale to All Englishmen* [March 26, 1650], *Works*, 407—408.

布:“公地和共有的森林是我们的生计所在。”[10]这份由45人签署的宣言宣告了掘地派在等待作物生长的同时,计划砍伐、收集和出售公地上的木材。几天后,一队士兵来到公地,他们攻击了四名劳作中的掘地派成员,其中一人被残酷地殴打致死。掘地派成员遇到的麻烦不断,但他们并没有气馁。7月,温斯坦莱和其他几人因擅自闯入公地而被捕并被罚款;8月,温斯坦莱再次被捕,被罚款。之后不久,掘地派便离开了圣乔治山,在科巴姆附近的小希斯荒地(Little Heath)上重建聚集地,但他们并没能改善生活。霍斯利的牧师帕森·普拉特和当地人对他们充满敌意。在随后的几个月里,他们骚扰掘地派成员,多次残忍地殴打他们,有一名妇女因此流产,这些人还焚烧掘地派的房屋和家具,将他们的财物扔在公地上。1650年春天,掘地派最终被赶出了公地,他们遭受了死亡的威胁——如果他们试图返回公地,那么他们必死无疑。普拉特甚至雇人24小时看守荒地。[11]由于掘地派被禁止返回家园,他们最终解散了,长达一年的平民反抗实验宣告结束。

两年无声无息地过去了。但是在1652年,温斯坦莱发表了最后也是最重要的一部作品《一个平台上的自由法》。这部作品是献给奥利弗·克伦威尔的,它吸纳了温斯坦莱掘地派宣言中的见解,并将其发展成更全面的体系,提出了关于公共所有权和社会平等的原始共产主义(protocommunist)愿景。尽管最终掘地派成员很少,他们的行动受到了地理上的限制,他们存在的时间也很短,但温斯坦莱对农业目标和精神目标的结合,他对个人自由的热情捍卫以及对圈地和贫困之间关系的令人信服的阐述,为当时有关土地及其价值的争论增添了有力的、不同的声音。特别是他将“公地、高山和丘陵”确定为他的新乌托

15

10 Winstanley, *A Declaration from the Poor Oppressed People of England* [June 1, 1649], *Works*, 273.

11 Winstanley, *An Humble Request to the Ministers of Both Universities and to All Lawyers in Every Inns-a-Court* [April 9, 1650], *Works*, 433—435.

邦社会的领地，这就将更高的意义赋予了荒原。温斯坦莱使用“荒原”（wasteland）或“荒地”（Wast land）两个词语，既不是随意的，也不是偶然的：这种语言本身就蕴含着将现世与精神联系起来的内涵，这不仅是可能的，而且是必然的。对温斯坦莱来说，就像对其同时代沉浸于《圣经》传统的人们一样，开垦荒原即是开启赎罪的过程。温斯坦莱选择将英格兰荒原作为其活动领域，这意味着他不仅致力于彻底的社会改革，也致力于神性的制裁和精神的救赎。

救赎的景观

“荒原”的古英语（Old English）前身是“weste londe”（荒地），或者更常见的写法是“westen”；人们最初在《圣经》文本中发现这个词，它在很早的时候就有了宗教内涵。[12]在《旧约》和《新约》的早期版本中，荒地是一个充满危险和艰辛的地方：它荒凉、气候恶劣、缺少食物；其险恶生灵对人类生命十分有害，对人类而言，仅仅活着离开荒地就是一个奇迹。荒地不仅检验人的肉体，也检验人的灵魂：人们在荒地上生存要依赖上帝，需要信仰并顺从神的意志。荒地是人接受审判和磨难的地方；更重要的是，荒地也是救赎的场所。在《旧约》中，荒地是以色列人被放逐的地方，是他们被迫受苦和赎罪的地方。在《新约》中，施洗约翰、基督和隐士圣徒心甘情愿进入荒地，到此来检验和证明他们自己。因此，尽管《旧约》将流放到荒地视为一种惩罚，但在基督教传统中，这被视为获得和证明圣洁的机会。荒地不仅仅是可以产生救赎的地方，事实上也是可以实现救赎的地方。

大约在13世纪初，该古英语词根“west-”开始被盎格鲁-诺曼语

12 Ruth L. Harris, “The Meanings of Waste in Old and Middle English”(PhD diss., University of Washington, 1989).

（Anglo-Norman）的"wast-"取代。同时，用法也开始转变，从名词变为形容词和动词——换言之，尽管在古英语中我们往往会发现"westen"被用来指一个物体，但从中古英语（Middle English）早期开始，我们却越来越多地发现"waste"被用来修饰一个名词或表示一种行为。[13]中古英语中的动词"waste"来自古法语（Old French）"gaster"，意思是摧毁、损害、破坏、毁掉；消耗或浪费。取代"荒地"的新名词"荒原"（wasteland，即wast-与land的结合）虽保留了空旷、荒凉之地的古老含义，但有了新的变化，即表明空旷是由于某种巨大的破坏或毁灭造成的。这样，"荒地"曾被用来指土地的现有状态，而"荒原"指的是由于先前的一些行为而变成荒地的土地。此外，由于这个词现在有了消耗和浪费的含义，将一片土地称为荒原也就含有一种道德评价的意味。因此，"荒原"现在也被用来指以某种方式被不当使用的土地。伴随着这种意义的微妙转变，毫无疑问也正是因为这种转变，英语中出现了两个新词，"荒漠"（desert）和"荒野"（wilderness），这两个词取代了古英语中的荒地，它们象征着一片空旷的无人居住的土地，但不一定传达了破坏和道德谴责的联想；而这种联想现在已被赋予了"荒原"。[14]

16

到17世纪初，"荒原"一词在用法和词义上都有了进一步的变化；它出现在1611年的英王钦定版《圣经》之中，将一套特定的联想和内涵巩固下来，传给了英语世界的世世代代。钦定版《圣经》的目的是取代早期《圣经》译本，包括主教版《圣经》、廷代尔版《圣经》、科弗代尔版《圣经》和日内瓦版《圣经》，它的目标是使《圣经》文本标准化，清除被

13 Harris，"Meanings of Waste"，93ff. 根据《牛津英语大词典》的解释，这些变化可以追溯到1200年左右，根据是在三一学院的《圣经》讲道（Trinity College Homilies）中有"荒野"（wilderness）一词的首个记录实例。

14 "荒漠"（desert）来自拉丁语的"deserto"，"荒野"（wilderness）来自日耳曼语的意为未驯化的"wild-"和意为岬或海角的"-ness"的结合。根据《牛津英语大词典》的解释，尽管"荒野"与"荒漠"都表示无人居住的地方，但"荒漠"意味着该地区缺乏植被。

认为有煽动可能的文本注释。它的语言倾向于古体化与拉丁化，构建了源远流长的英国国教传统，它推崇新文体的同质性，给英语语言及其文学留下了持久的印记。[15]没有哪本书比钦定版《圣经》对英语语言产生的影响更大了，毫无疑问，正是这本书使得荒原概念在英语文化想象中产生了空前的共鸣。

钦定版《圣经》倾向于使用更新的"荒野"一词来代替较老的"荒地"。像荒地一样，荒野是一个荒无人烟的地方；它贫瘠、干旱、荆棘丛生。荒野是"沙漠有深坑之地，……干旱死荫，……无人经过、无人居住之地"（《耶利米书》2：6—7）。荒野是一个容易迷路的地方，因为那里是"荒废无路之地"（《约伯记》12：24）。在此，迷路不仅具有字面意义，也有隐喻性，因为荒野是以色列人叛离上帝的地方。为了在荒野中生存，人们必须服从上帝，因为上帝展示了他"在旷野开道路"的力量（《以赛亚书》43：19—20），以及将他的选民带回文明之地的力量。因此，尽管一个人可能会在荒野中迷失，但他也可以在荒野中找回自己。

17

尽管钦定版《圣经》有时会交替使用"荒原"和"荒野"两种说法，比如当上帝在"旷野——荒凉野兽吼叫之地"（《申命记》32：10）发现雅各的时候即是如此，但这两个词语在那种语境下往往有着重要的区别。在《圣经》文本中，"荒野"往往表示的是一块贫瘠的土地，并且是一直贫瘠的土地，而"荒原"常常更多地用来指一个地方因破坏而贫瘠、荒凉的情况，就像上帝威胁的那样，"有居民的城邑必变为荒场，地也必变为荒废，你们就知道我是耶和华"（《以西结书》12：19—20）。上帝用摧毁城市和田地的方式来表明他的不悦与力量，一个被摧毁的地

15 参见 Robert Carroll and Stephen Prickett, introduction, *The Bible: Authorized King James Version*（Oxford：Oxford University Press，1997），xxvii—xxviii；以及 Christopher Hill, *The English Bible and the Seventeenth-Century English Revolution*（London：Allen Lane，1993）。

区显示了他的愤怒。因此,景观的状态暗示了上帝的态度。干旱、贫瘠、黑暗和荒凉的景观表现了上帝的责难,点缀着河流、草地和果实累累树木的翠绿景观则让人想起伊甸园,这预示着神的祝福。

然而,将一个破败的不毛之地变成青葱翠绿之所是有可能的,这种转变证明了救赎的存在,就像主说的:"我洁净你们,使你们脱离一切罪孽的日子,必使城邑有人居住,荒场再被建造。过路的人虽看为荒废之地,现今这荒废之地仍得耕种。他们必说:这先前为荒废之地,现在成如伊甸园;这荒废凄凉、毁坏的城邑现在坚固有人居住。"(《以西结书》36:33—38)救赎将荒原变为花园:"耶和华已经安慰锡安和锡安一切的荒场,使旷野像伊甸,使荒漠像耶和华的园囿;在其中必有欢喜、快乐、感谢和歌唱的声音。"(《以赛亚书》51:3)

于是,在这里,"荒原"、"荒野"和"荒漠"这些词可交替使用,不过其含义有微妙的不同。像荒漠和荒野一样,而荒原则是荒无人烟且贫瘠险恶的。荒野往往用来指代自然的原始状态或初始状态,但是由于荒原与人类的破坏行为有关,因此更常常与后堕落时代景观(postlapsarian landscape)联系在一起。不过,即便荒原明显证明了神的责难,《圣经》也教导说,只有把荒原变成花园才能实现救赎。这样,尽管荒野是个人可以得救的地方,但荒原却是通过景观的转变而实现集体救赎的地方。荒原与谴责、损坏、赎罪和救赎的道德循环之间的联 18 系,在17世纪的英格兰对于任何常去教堂的人来说都是相当熟悉的。随着17世纪最受欢迎的散文小说约翰·班扬的《天路历程》的出版,荒原概念得到了更大程度的文化共鸣。[16]

16 John Bunyan, *The Pilgrim's Progress from this World, to That which is to Come* [1678], ed. James Blanton Wharey and Roger Sharrock, 2nd ed.(Oxford: Clarendon, 1960).(相关中文翻译参考了约翰·班扬:《天路历程》,西海译,上海译文出版社1983年版。——译注)

令人恐惧的生态

《天路历程》是有史以来最受人们欢迎的书籍之一。它首版于1678年，到1688年班扬去世时已出11版，1695年出了第20版，1938年出了第1300版。它经历了这么长的时间，从未绝版。[17]班扬的寓言讲述了朝圣者，也即小说中的基督徒，从他在毁灭城的家到天国之城的旅程。途中，基督徒经过绝望潭、拯救墙、艰难山、屈辱谷、死荫谷、财富山、着魔之地和死亡河，这些是他必须抵抗的诱惑，必须克服的困难，必须从中逃生的危险。而他途经的景观的名称也富有寓意：泥潭孕育了绝望；山意味着艰难的攀登；一个山谷产生了屈辱，另一个山谷造成了致命的危险；狂喜的大地令人心醉；等等，还有很多（图3）。因此，基督徒的旅程既是空间的也是宗教的，既是外在的也是内在的：这样，其所经受的自然的试炼与磨难，是为了考验和增强他的信仰，最终使他成功进入天国，确保他的得救。

死荫谷是班扬版的《圣经》荒原。班扬转述先知耶利米的话，将它描述为荒凉的地方，"一片旷野，一片沙漠有深坑之地，一片干旱死荫之地，一片无人（除了基督徒）经过、无人居住之地"。死荫谷"黑得如同沥青"，被"无序的云块"以及死神展开的翅膀笼罩着。山谷里住着深坑里来的小鬼、妖怪和恶龙，充满着可怕、凄凉的号哭声和叫嚷声，令人畏惧的来回奔跑的噪声，以及"持续不断的咆哮和叫喊声，就像有人身处说不出的苦难之中"。穿过死荫谷的路很窄，右侧是无底的壕沟，左侧是危险的泥沼，山谷中间是地狱之口，一个燃烧的坑，喷出火焰和烟雾。地狱之口的另一边则是幽谷的第二个部分，这里更为

17　Richard L. Greaves, "Bunyan, John", in *Dictionary of National Biography* online.

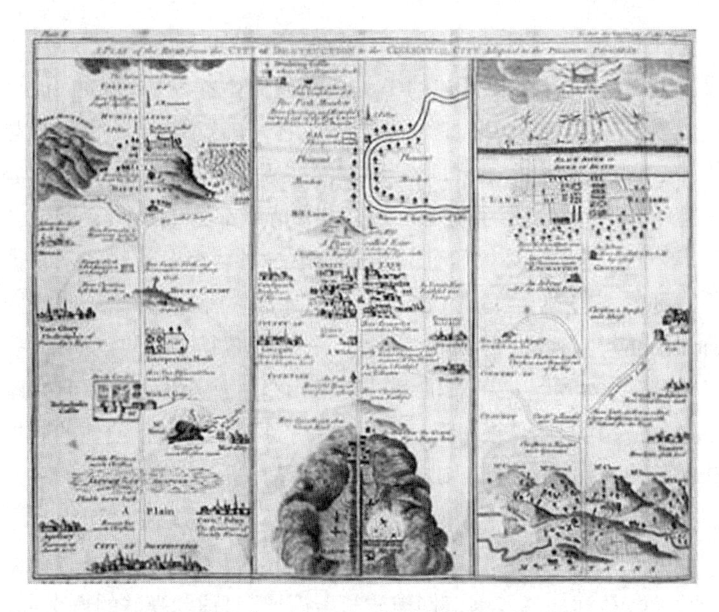

图3. 托马斯·康多:《天路历程地图》(伦敦:特拉普和霍格,1778)。

19

危险,到处都是“圈套、陷阱、罗网”,“坑、深洞和斜坡”。死荫谷是位于天国之城外面的花园一般的安息地的对立面,安息地不像死荫谷那样“每一处都令人恐惧”,且“完全没有秩序”。有威胁的暗藏危险的景观的缩影,以及《圣经》荒原的再现包含了班扬能够“说出”的每一种危险,也带来了最后的检验。基督徒与魔鬼战斗,他走在狭窄的道路上,避开壕沟、泥沼、深坑和陷阱,生存了下来,但只是有了神的干预才能如此:在最黑暗的时刻,他听到《诗篇》(23:4)的话,“我虽然行过死荫的幽谷,也不怕遭害,因为你与我同在”,这些话给了他前进的勇气。[18]

18 Bunyan, *Pilgrim's Progress*, 61—65.

但是其他的自然特征也构成了威胁——事实上,《天路历程》里的整个景观都是对身体和精神的考验。绝望潭是浑浊、泥泞的沼泽,基督徒出发后不久就陷入此地。班扬描述它,在这里“浮渣和污物与罪恶相伴,因此它被称为绝望谭:当罪人意识到自己迷失时,他的内心会产生害怕、疑问和失望不安,所有的这些情绪都会集聚并笼罩这个地方”。艰难山是一座必须攀登的陡峭的山。当然在山的底部基督徒有两条路可选,一条叫作危险(Danger),它通向大森林,另一条叫作毁灭(Destruction),它通向“广阔的黑山脉”——基督徒知道要走那条笔直、狭窄的路,当然这是最困难的路。财富山是一座小山丘,山上有座银矿,基督徒及其同伴被银矿诱惑。基督徒抵挡住了诱惑,但他的同伴们没有,“从山的边缘看,我不确定他们是不是掉进了深坑里,他们有没有下去掘地,他们有没有在山底因湿气而窒息”,叙述者说,“但是我注意到:再也没人见过他们的踪影”。[19]最后,抵达天国之城的最后一道障碍,死亡河,该河的深浅因信仰虔诚与否而异,对信仰虔诚的人来说,这条河只会显露出稳固的河底,而对信仰不虔诚的人来说,这里则是一条深不可测的河流。此处,景观是灵魂状态的反映。

尽管《天路历程》是班扬在贝德福德郡监狱时构思的(他因为不信奉国教而服刑),但当这本书出版时,他已获释并正享受着一段成功的巡回布道。20世纪的学者已注意到,基督徒从毁灭城到天国之城的旅程与从贝德福德郡南部到伦敦的主要道路有许多相似之处。[20]根据这些解释,他们已确定了《天路历程》中提到的至少二十一个地方。毁灭

---

19 Bunyan, *Pilgrim's Progress*, 15, 42, 108.

20 参见Albert J. Foster, *Bunyan's Country: Studies in the B shire Topography of The Pilgrim's Progress*(London: H. Virtue, 1901); Vera Brittain, *In the Steps of John Bunyan: An Excursion into Puritan England*(London: Rich and Cowan, 1950); 以及Cynthia Wall, *The Prose of Things: Transformations of Description in the Eighteenth Century*(Chicago: University of Chicago Press, 2006)。

城就是贝德福德郡；绝望潭与从贝德福德郡到安特希尔道路两侧的大量黏土沉积物有关［尽管它可能是位于霍尔的霍克利（Hockley in the Hole）附近的某个地方，古文物研究者威廉·卡姆登在《不列颠志》中将其描述为“一条泥泞的路（……）给旅行者造成了很大的麻烦”，还加上了语源学解释，“我们的祖先老英格兰人称之为极度泥泞的霍克和霍克斯（hock and hocks）”[21]］；拯救墙与从里奇蒙特（Ridgmont）到沃本路（Woburn Road）旁的贝德福德庄园四英里长的砖墙相似；艰难山与安特希尔山相似，这是这片国度最陡的山；死荫谷和米尔布鲁克峡谷相似，它就在安特希尔山西边；死亡河与泰晤士河相似；天国之城与伦敦相似。[22]

在《天路历程》中，班扬将他熟悉的环境变成寓言般的风景，给独特的自然特征赋予道德品质和情感性能，并将《圣经》中的荒原安置于贝德福德郡。此外，克里斯托弗·希尔认为，《天路历程》也起到了反圈地的寓言式作用；在这一寓言中，被绝望巨人封闭和保留的土地与以马内利的土地形成了对比，以马内利的土地是所有朝圣者共有的。[23]班扬将他熟悉的环境转化为普遍的道德景观，这表明荒原可以位于任何地方，因为它的所在地实际上是个人的灵魂所在。但是班扬利用当地特色来塑造他的具有讽喻意义的景观，也与其他传统联系在一起。特别是他将一些景观变为基督徒受考验的场所，以沼泽、山脉、深坑和森林为主角，并让它们作为极度困难和危险之地反复出现，这表明《圣经》

21

21 “我们不是从这里远远走开，而是来到了位于霍尔的霍克利，这里在冬季时是一条泥泞的路，给旅行者造成了很大的麻烦：因为我们的祖先老英格兰人称之为极度泥泞的霍克和霍克斯。”参见 William Camden, *Britain, or a Chorographicall Description of the most flourishing Kindgomes England, Scotland, and Ireland*, trans. Philemon Holland（London, 1610）, 402。

22 Foster, *Bunyan's Country*; Brittain, *In the Steps of John Bunyan*.

23 Christopher Hill, *Liberty Against the Law: Some Seventeenth-Century Controversies*（London: Penguin, 1996）, 39.

里的荒原概念已经影响了当时流行的景观概念。因为17世纪英格兰的男男女女都非常清楚，荒原不仅在《圣经》、文学和人类灵魂中出现，而且存在于英格兰的每一个郡。

无用地区和有潜在价值地带

在中世纪和近代早期，人们通常认为土地分为两部分：耕地和荒原。耕地包括可开垦的土地和牧场；荒原（wasteland，或者也被写成waste land）就是其他的一切。荒原包括森林和狩猎场、石南荒地和山地、草本沼泽（marsh）和泥炭沼泽（fen）*、悬崖、岩石和山脉。这是一个容纳着各种生态的类别，主要因为它们的野性、对驯化的抵抗，以及缺乏诸如村庄、村舍、农场动物或耕地等传统的文明标志而被统合在一起。直到英国内战前，大部分这种地带都是王室财产。但随着议会在执政期间没收了教堂、王室和保王党的土地，大片新土地落入政府手中，以前这只是偶尔的关注点，现在则变成了一个紧迫的问题。

1652年沃尔特·布莱斯的《英格兰土地改良增订版》（见图4）的卷首插图很好地捕捉了这一历史时刻。[24]在一面写有“共和国万岁”（VIVE LA RE PUBLICK）的旗帜下，是一个将英格兰圣乔治十字架和爱尔兰七弦琴结合在一起的盾牌，还有一个椭圆形的月桂树图框，其上有这本书的书名和作者名。在图框的两边，我们可以看到内战的对立力量：骑马的保王党人（Cavaliers）从左边前进，步行的圆颅党人（Roundheads）从右边迎向他们。当我们的目光沿着这页向下移动时，我们看到每一组

---

* 关于沼泽类型的翻译，参考了罗玲、王宗明等：《沼泽湿地主要类型英文词汇内涵及辨析》，刊载于《生态学杂志》，2016年第3期。——译注

24 Walter Blith, *The English Improver Improved, or the Survey of Husbandry Surveyed* (London, 1652).

图4. 沃尔特 · 布莱斯:《英格兰土地改良增订版》(伦敦,1652)。

人都转身后退。在更远的地方，当保王党人犁地和圆颅党人挖沟时，他们丢弃了武器和盔甲，并拾起农具使用。椭圆形图框周围的引文用作说明：他们要将“刀打成犁头/把枪打成镰刀”(《以赛亚书》2：4)。随着内战的结束，人们开始将注意力从内战转移到其他问题上。将荒原改造成农业用地的计划越来越多，这展现了千禧年信徒的热情，也影响了内战后许多其他的计划，开垦荒原的任务被认为是国家重建的核心工作。

22

根据医生和炼金术士罗伯特·蔡尔德的说法，人们普遍认为“考虑到土地的数量，英格兰比其他欧洲国家有更多的荒原……”[25]1651年，在蔡尔德写给农业改革家塞缪尔·哈特利布的一封长信中，他将荒原确定为困扰英格兰农业的二十一个问题之一，或者说“缺陷”。英格兰的荒原由六种不同的地形组成——草本沼泽和泥炭沼泽、森林和狩猎地、“干燥的石南公地”、猎园、“灯芯草多的土地”，以及石南荒地——这些荒原因生产力低下而被统合在一起。草本沼泽和泥炭沼泽对于庄稼来说太湿了；狩猎地、森林和猎园长满了荆棘、灌木丛和荆豆；灯芯草多的土地被坚韧的根茎堵塞；石南荒地布满了荆豆、金雀花和帚石楠。

23

然而，荒原的贫瘠并不是不可避免的结果。蔡尔德认为荒原具有双重内涵，它既是一些无用的东西，也是一些没有得到适当利用的东西，在他的讨论框架中，荒原既是疑难问题，也是潜在价值。因此，他的大部分讨论都是针对改良不同类型的荒原而提出的建议。沼泽中的水可以被排干，而狩猎场和森林中的荆棘和灌木丛可以被烧掉用来制造钾肥，这是一种很好的肥料。猎园是木材的储备地，猎园里受到保护的鹿是兽皮和鹿肉的来源。此外，猎园非常适合饲养牛崽，这些牛提供了

25 Robert Child, “A Large Letter Concerning the Defects and Remedies of English Husbandry”, in *Samuel Hartlib, Samuel Hartlib his Legacie* (London, 1651), 40.

黄油、奶酪、皮革和牛油等商品。灯芯草多的土地可以通过挖沟、割草、施肥和犁地转变成可耕地，在石南荒地上野生生长的荆豆和金雀花尽管不能彻底根除，但它们至少可以为栅栏和柴火提供树根和树枝。如果按照“佛兰德斯（Flanders）式农业”进行封闭和栽培，干燥的石南公地也可以种植好的作物，这种农业由小麦、亚麻、芜菁和三叶草轮流播种的作物轮作系统组成。最后，应该废除过时的土地使用权，如公地保有权和骑士服务——“我们诺曼奴隶制的标志”——并启用在佛兰德斯使用的奖励佃农改良土地的制度。[26]

在蔡尔德给哈特利布信中所列举的二十一个“缺陷”中，荒原改良问题是最紧迫的问题之一。这是因为荒原不仅仅在经济上重要。蔡尔德认为“我们知道，是上帝使贫瘠之地硕果累累，他同样也将肥沃的土地变成贫瘠之地”，他用《圣经》的话明确地描绘了肥沃的花园和荒凉的荒原之间的对比：繁荣富饶的土地的存在证明了上帝对英格兰及其居民的祝福。事实上，他的第二十一个缺陷，“由于我们的罪恶，我们没有得到上帝对我们劳动的祝福”，表明农民不仅必须劳动、实验新技术、交流知识，而且必须祷告：通过使贫瘠的土地变得富饶来改良荒原，这是为了寻求神的宽恕。蔡尔德说，他真的希望英格兰拥有比欧洲任何国家都多的荒原，因为如果是这样，那么荒原就有希望“被修复”；这时，他不仅仅把荒原问题视为一种困难，而且把它视为一个空前未有的机会。然而，通过预见圈地的改良力量，蔡尔德提出了一个与杰腊德·温斯坦莱完全不同的有关共和国的观点。正是在这场围绕圈地的价值，以及“改良”和“合理使用”的冲突中，荒原成了争论的焦点。[27]

24

26 Child,“Large Letter”,57—58.

27 Child,“Large Letter”,107.

作为公地的荒原

尽管在17世纪关于荒原的讨论中最常提及的景观是沼泽、森林、山脉和石南荒地，但另一个词语的出现频率也很高，该词与荒原所表达的意思十分接近，以至于人们经常在相同的语境下使用它们，这个词就是：公地。当我们审视17世纪的文献，无论是农业论文、政府文件，还是流行的小册子和宣传册，从中都会发现"公地"和"荒原"之间有着惊人的趋同。罗伯特·蔡尔德将公地包括在其荒原的六种主要类型中，温斯坦莱在其著作中使用的"荒原"、"公地"和"荒地"等术语几乎可以互换。这种现象说明：此时，"荒原"不仅指荒无人烟的未开垦的地区，外在于文明并妨碍文明的土地，也指英格兰庄园体系内的一种精确的土地类别。

那么，如果荒原也可能是一种公地，公地具体是什么？西尔维纳斯·泰勒在其1652年的著作《公共利益，或通过圈地改良公地、森林和狩猎场》中，确定了公地的六种主要类型：位于城镇或村庄附近的共有土地，它们主要用于耕作（比如，敞田）；适于放牧的草地和草本沼泽；干燥的丘陵地，主要用于牧羊；适于放牛养马的灌木丛生的土地；遍布荆豆和苔藓的荒地，绵羊和牛在这里繁衍；最后，森林和狩猎场用来保护红鹿和黇鹿，它们"损害了附近居民的利益"。[28]虽然这个定义有可能非但没有澄清什么反而还使问题复杂化了，但有一点是明确的：公地并非由其生态定义的土地，而是与荒原一样，是由它们与使用观念之间的关系来定义的土地（图5和图6）。

---

28 Silvanus Taylor, *Common-Good, or, the Improvement of Commons, Forrests, and Chases, by Inclosure*（London，1652），Thomason Tract E. 663［6］.

图5. 一块乡镇公地。匿名画家:《什鲁斯伯里与塞文河》(1720)。

图6. 一块村庄公地。阿瑟·纳尔逊的《肯特郡海斯的村庄和教堂的远景》(1767)。

正如历史学家J. L. 哈蒙德和芭芭拉·哈蒙德在1911年的经典著
25 作《乡村劳工》中说的那样："我们很难认识到，在18世纪从众多英格兰村庄中消失的公地属于一种非常精细、复杂、古老的经济体。我们会将公地想象成一片野生天然的帚石楠，美丽无比，自由不羁，保留它们只是为了享受那个坐落在戒备森严的猎园和禁止入内的草地当中的世界。"[29]这种经济体是诺曼征服的遗产。在诺曼征服后，威廉一世立即将英格兰的全部土地划归王室所有，有组织地剥夺了当地贵族的土地所有权，并将土地重新分配给在战争中支持过他的贵族。这种土地的大规模重组，后来被载入《末日审判书》中，它建立了一种直到圈地时代都一直占主导地位的土地所有制。虽然英格兰的所有土地都属于国王，但教会和贵族在封建的土地保有制度下持有和管理着大片土地。这个系统的基本单元是庄园，它由一组建筑——包括庄园宅邸、教堂和村庄及其房屋——以及与之相关的耕地组成。庄园的土地被分为三类：可耕地、牧草地和所谓公地或荒原。永久的可耕地和永久的牧草地组成了庄园的耕地部分，而普通的或废弃的土地组成了庄园土地里没有开垦的部分。因此，在早期英格兰土地保有制度中，荒原有两个相关的含义：它既是位于每个庄园领地之外的非耕地（最终是王室的财
26 产），也是庄园土地中的某些部分。

庄园主及其佃户陷入了相互的权利与义务的复杂体系之中，这个体系支配着庄园的土地耕种，占有村庄的一座房屋也意味着对庄园耕地、牧草地和荒原的权利。大面积的耕地是按照敞田制耕种的。每块田地被分成又长又细的长条，用犁沟一个接一个地分开，每个长条都与村子里的一座房子联系在一起（图7）。因此，每个租户都有权通过住宅来耕种一定数量的耕地。农作物是根据预先确定的三圃轮作制得到种

29 J. L. and Barbara Hammond, *The Village Labourer, 1760—1832: A Study in the Government of England Before the Reform Bill*（London: Longmans, Green, 1911）, 27.

植的，这一制度确保了庄园作为一个整体单位运作。庄园的耕地被分成三块，按照轮作制度，第一年种小麦，第二年种植“春季谷物”（大麦、燕麦、豌豆或蚕豆），第三年休耕。因此，在任何给定的时间，人们会耕种两块土地，另一块土地会休耕。每一个佃户都有权在这三块狭长的土地上耕种，尽管一些佃户耕种了许多土地，而另一些佃户只耕种少数土地，但狭长的耕地总是散布在全村的土地上。因为耕地需要牛和马，施肥需要羊和牛，所以为了耕种这些土地，佃户也有权在村庄的共有草地或干草地上放牧。

第三类土地，即公地或荒原，是与庄园和村庄相关的土地，它既不是耕地也不是牧场——在当时，这是没有耕种也没有用于特定生产的[27]土地。荒原首先属于王室，其次属于庄园主，但佃户对其拥有权利，即众所周知的对公地的权利。因此，荒原也被认为是公地，因为它是一种受公共权利支配的土地。这种公共权利是“一个人或多个人取得或使用他人的土地所产生的价值的一部分的权利”——换句话说，它是使用权而不是财产权——主要变体包括牧场共用权、果实饲料共用权、木材等必需品共用权、泥炭采掘权、土壤共用权和渔场共用权。

牧场共用权和果实饲料共用权都与动物牧养有关。牧场共用权是授予佃户在共有草地和干草地上、在敞田上以及在领主的荒地上牧养特定数量和特定种类动物的权利；在敞田上，这项权利是在休耕期间或田地经收割和拾穗而被开放后行使的。果实饲料共用权特别附属于森林教区，是在秋天让猪觅食山毛榉果实、橡树果和其他坚果的权利。[30]在托马斯·庚斯博罗的《有村舍和牧羊人的森林景观》（图8）中，我们看到一个年轻的牧羊人在行使他的牧场共用权，他和他的狗坐在树下，漫不经心地观察着几只在下面空地上吃草的羊。这幅画绘于1750年左右，当时圈地运动才刚开始获得真正的推动力，这幅作品把一种日渐受到威胁的生活方式理想化了。木材等必需品共用权是有权从森林和小树丛中砍伐或获取木材，用作燃料、围栏或建筑维修；泥炭采掘权是有

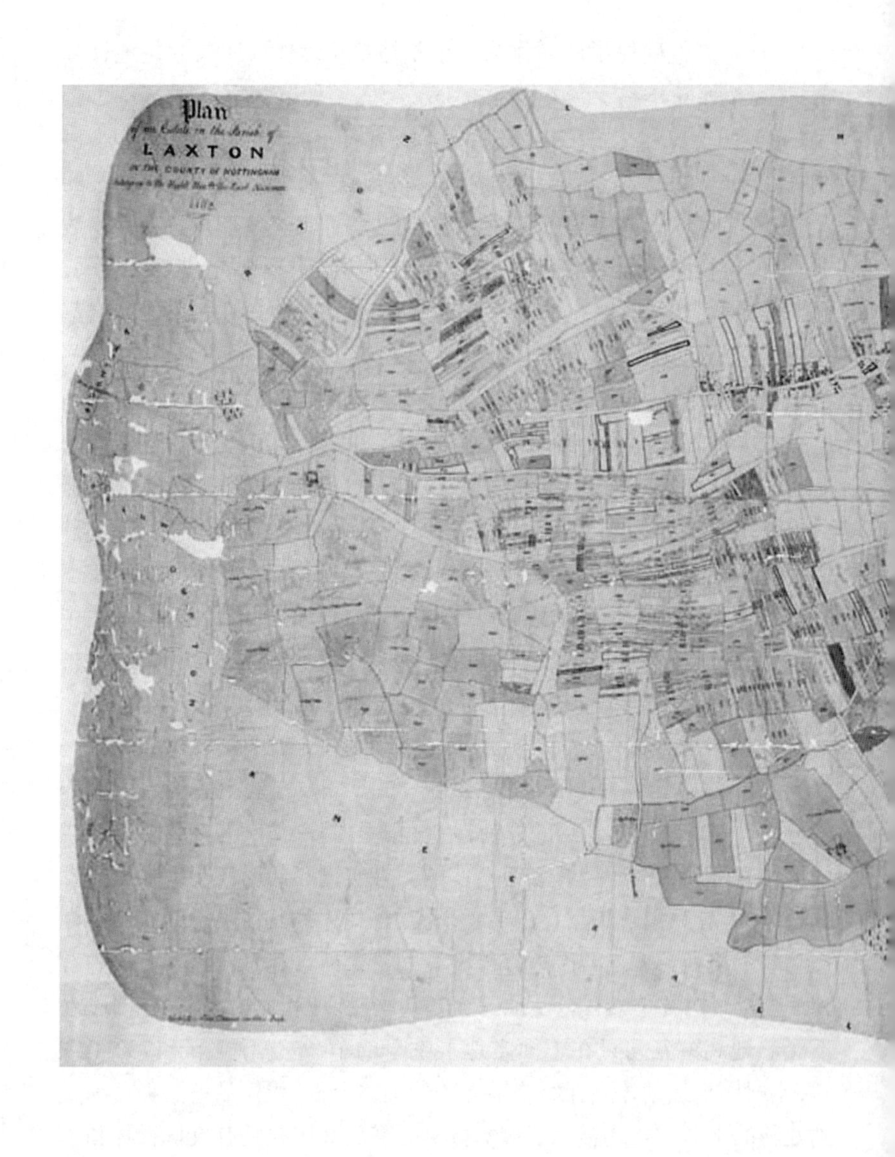
Plan
LAXTON
COUNTY

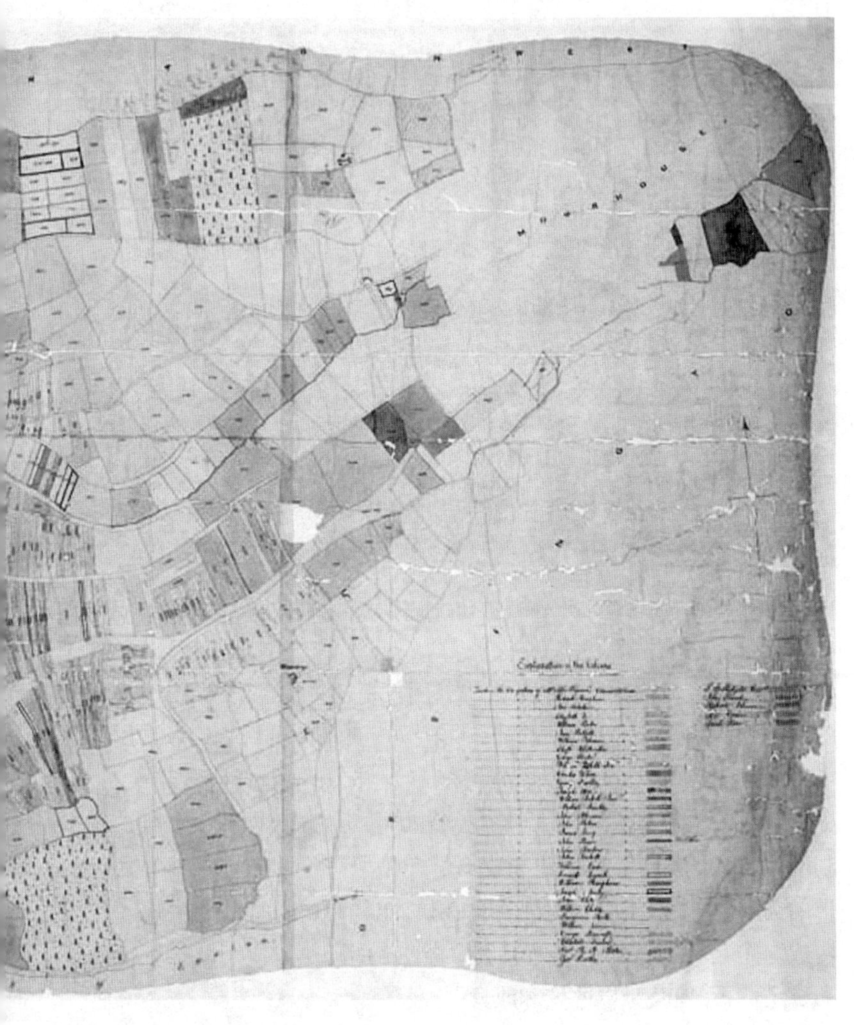

图7. 敞田制长条农业，诺丁汉郡的拉克斯顿。拉克斯顿是为数不多的敞田村庄。《曼弗斯伯爵在拉克斯顿和穆尔豪斯的庄园计划》(1862)。

图8. 牧场共用权。托马斯·庚斯博罗的《有村舍和牧羊人的森林景观》(1748—1750)。

权挖掘泥炭或草皮用作燃料；土壤共用权是从领主的财产中获取沙子、砾石、石头、煤或其他矿物(图9—11)。最后，不太流行的渔场共用权制定了在领主领地内的水域捕鱼的权利(图12)。根据圈地研究专家、历史学家E. C. K. 戈纳的说法，这些主要的共用权"共同提供了维持耕作制度的方法，满足了为耕地和牧场的产品所满足的佃户之外的其他佃户的需要，并在土地没有农作物种植时充分利用了荒地和耕地。它们构成一个错综复杂的公共特权与义务的网络，使耕作制度具有持久性和稳定性，并使其难以改变和改良"。[30]

31

30 E. C. K. Gonner, *Common Land and Inclosure*, 2nd ed.(London: Frank Cass, 1966),16.

图9. 木材等必需品共用权。托马斯·庚斯博罗的《樵夫归来》(1773)。

“公共”(common)一词来自法语的“公社”(commune)或市政当局，但归根结底来自拉丁语“公社”(communis)；它代表一个社区，或任何地方人民的共同社团，或更广泛地说，任何集体性实体。这个词经常被用于一些概念的表达中，如习惯法(common law)、共同财富(common wealth)和共同利益(common good)，这些概念都源于拉丁语的“公共事务”(res publica)概念(指人民所关心的)，我们的共和国概念也是由此派生的。因此，与荒原相关的公共权利被理解为给与社区的权利，于是这种权利通常由一个村庄的成员共同行使——我们在乔治·莫兰的《砾石挖掘者》(见图11)和透纳的《苏格兰的泥炭沼泽》(见图10)的插画中可以看到这种集体活动。这些权利的行使是以对景

图10. 泥炭采掘权。J.M.W.透纳的《苏格兰的泥炭沼泽》(1808)，来自《研究之书》(1807—1819)。

图11. 土壤共用权。乔治·莫兰的《砾石挖掘者》。

观以及人与景观之互动的独特看法为前提的，它强调集体高于个人，公有高于私有。作为一种模式，它将注意力集中在合理使用观念上，并提倡一种管理的态度，而不是积极的开发或远远的注视。但是，尽管与共用权相关的习俗被庄严地载入传统，且有助于维护一个社区的结构，但这些权利的价值并不容易衡量，这种不确定性导致了关于土地及其用途的激烈争论，这是英格兰历史进程中不可磨灭的印记。 32

拾落穗、搜寻和偷猎

对于几代研究英国农业史的历史学家来说，公地一直是存在争议的。在20世纪初，J. L. 哈蒙德和芭芭拉·哈蒙德将公地描述为英国村庄的“苗圃”，它的消失意味着传统英国生活的消亡。[31]对于他们的同时代人戈纳而言，公地的价值更具争议。到了20世纪60年代，在J.D.钱伯斯和G.E.明盖的引领下，大多数历史学家认为，共用权不过是一道“又薄又肮脏的帷幕”，将穷人与一贫如洗区分开来。但最近，一群修正主义历史学家质疑了这些结论。[32]尤其是J.M.尼森，她坚持强调共用权以各种各样的方式构成了农民经济的不可替代的组成部分。在其重要著作、1993年出版的《平民：英格兰的共用权、圈地和社会变革》一书中，尼森提供了一份引人注目的产品清单，这些产品可以从人们所共用的沼泽、森林和石南荒原中搜寻和拾取。她令人信服地证明了对于17—18世纪的平民来说，荒原绝不是无用的。[33]

33

荒原给那些享有共用权的人提供了食物、燃料和原材料。木材是一种特别有价值的资源，它被用作燃料、建造和修理建筑物和围栏，以及制造工具和家用物品。木材等必需品共用权规定了不许乱伐树木或砍掉大树枝，但保护了收集枯木或落木、“小树枝和树梢”、“容易从树上折断的木头”或任何可能被“牧羊人的曲柄杖或农夫的除

31 Hammond and Hammond, *Village Labourer*, 27.

32 J. D. Chambers and G. E. Mingay, *The Agricultural Revolution: 1750—1880* (London: B. T. Batsford, 1966); J. D. Chambers, “Enclosure and Labour Supply in the Industrial Revolution”, reprinted in *Agriculture and Economic Growth in England, 1650—1815*, ed. E. L. Jones (New York: Barnes and Noble, 1967), 117.

33 参见J. M. Neeson, *Commoners: Common Right, Enclosure, and Social Change in England, 1700—1820* (Cambridge: Cambridge University Press, 1993), 158—184。也参见Dorothy Hartley, *Food in England* (London: MacDonald and Jane’s, 1954); Richard Mabey, *Plants with a Purpose: A Guide to the Everyday Use of Wild Plants* (London: William Collins' Sons, 1977)。

草锄”采集到的东西的权利。[34]1772—1773年，托马斯·庚斯博罗画的《樵夫归来》(见图9)生动地表明这些木头可能对贫穷劳动者家庭大有帮助。在这幅画里，一个男人被他收集来的树枝压弯了腰，他艰难地走到自己简朴的小屋门前，而他的家人正在那里等他回家。这幅画的中心构图元素是那几乎从小屋中长出的树，它的位置暗示了树与建筑的平行关系，仿佛庇护所的两种类似的形式。现在，它的大多数树枝都变成了锯齿状的断枝(还有一根明显倾斜的树枝悬在男人背着的货物上方，它的位置表明它也会很快加入木材贮存之中)，这棵树的损毁状况证明了木材等必需品共用权对家庭有特别积极的作用，也证明了农夫家庭的拮据。从荒原中收集的其他类型的燃料，包括从石南荒地和山地收集的荆豆和蕨类植物以及泥炭和草皮，是有泥炭采掘权作为保证的，这通常是一项公共活动(见图10)。尽管荆豆产生的火焰足以为面包房和石灰窑提供燃料，但几乎任何干燥的植物材料都可以为壁炉提供燃料——干燥的树叶、细枝、木片、树皮，所有这些都可以收集起来并用来燃烧或烧烤鸟类，或者照明和温暖房屋。

可以采集或收集的食物包括浆果(有黑莓、覆盆子、醋栗、云莓、越橘、罗文浆果、接骨木莓和野草莓)；山楂、欧楂、黑刺李和绿梨等水果；茴香、薄荷、马郁兰和洋甘菊等草本植物；沙拉叶、琉璃苣、野生韭菜、蒲公英、山楂芽和其他可食用的绿色蔬菜；当然，还有橡子、核桃、榛子、栗子以及森林里各种可食用的蘑菇。开花植物如玫瑰、紫罗兰、黄花九轮草、金盏花、番红花和芥菜，它们都是野生的，具有多种烹饪和药物用途。[35]不受《御林法》(*Forest Law*)保护的鸟类、兔子和其他小动物可以被狩猎、捕捉，在渔场共用权的许可下，人们可以在湖泊和溪流中获取

34

34 Hartley, *Food in England*, 33.

35 Hartley, *Food in England*, 414—416.

图12. 渔场共用权。德比郡的托马斯·史密斯的《有河流与渔民的森林景观》(1749)。

鱼类。尽管惩罚很严厉,但还是有大型的捕猎活动。野生植物也可以用来喂养动物。除了让牛、羊、鹅、猪按照牧场共用权和果实饲料共用权放养外,荆豆通常被视为牛和马的好饲料。德比郡的托马斯·史密斯的《有河流与渔民的森林景观》(见图12)描绘了林地可以为人类和动物提供生存的多种方式:神秘的渔夫悄悄地行使他的渔场共用权,与他为伴的是正在享受牧场公用权的牛群而图中心的男人和男孩似乎在寻找猎物。

搜寻到的植物和其他材料也有许多家庭用途。灯芯草,尤其是在草本沼泽和泥炭沼泽区特别常见,也在许多小溪和池塘附近大量生长,它们可以被编织成茅草、垫子、椅子和篮子,点缀在村舍的地板上,也可以被制作成灯芯草蜡烛——一种经济且被广泛使用的人造

35

光源。灯芯草点燃后会燃烧大约一个小时，产生明亮的无烟光。[36]石南是高地沼泽的主要植物，它被制成茅草、扫帚、绳索、床垫填充物和刀柄，它的花被用来染布和给饮料调味。[37]蕨类或欧洲蕨是一种极好的床垫材料，灌木可以制作细绳，桦树树枝可制成好的扫帚和搅拌器。羽毛和散落的羊毛簇可以收集起来填在枕头和被子里，而从公地收集的沙子可以撒在农舍的地板上，或者用作清洗剂。这只是许多荒原财富中的一小部分，它们构成了近代早期经济的主要部分。

拾落穗和探索搜寻资源不仅是教区里最穷的人从事的活动，在不同程度上也是社会各阶层的人从事的活动。[38]它们特别为妇女、儿童和老人提供了为家庭做出极大贡献的方式（图13）。有些东西，像浆果或鲜花，可以在当地收集、售卖。猎物也可以出售，当然如果属于偷猎，交易就不得不秘密进行。但总的来说，因为它们是自由或非法获得的材料和产品，而且因为一旦获得，它们很可能会被交换、作为礼物赠送给他人或直接在自己家里使用，所以荒原的产品往往不属于人们通常所说的商业范畴。这使得人们无法计算它们在国内经济中的确切价值和作用。尽管对荒原的使用绝非微不足道，但直到今天，这种使用仍然难以被量化。这也确实令人苦恼，随着17世纪接近尾声，有关公地和共用权的争论越来越激烈，圈地支持者们在约翰·洛克的著作中为他们的信仰找到了新的假定，因为洛克为私有财产概念提供了有效的哲学上的正当理由。

36

36 Mabey, *Plants with a Purpose*, 134—138.

37 Mabey, *Plants with a Purpose*, 99.

38 Neeson, *Commoners*, 176.

图13. 约翰·瓦利的《女拾穗者》。

荒原与财产政治

全世界初期都像美洲。约翰·洛克的名言雄辩地唤起了荒原的多重含义。洛克在1690年的《政府论》中阐述了他对私有财产的有力辩护，这种辩护依赖于对"荒原"一词的复杂定义，该定义受到《圣经》传统以及17世纪英格兰特有的土地所有权条件的影响。[39]对洛克来说，

---

39 John Locke, *Two Treatises of Government* [1690], *Cambridge Texts in the History of Political Thought*, ed. Peter Laslett (Cambridge: Cambridge University Press, 1988), 301.（相关译文部分参考了约翰·洛克：《政府论》，翟菊农、叶启芳译，商务印书馆1982年版。——译注）

“荒原”是一个复杂的术语，它将模糊的起源和当代的情况混为一谈；将原始的和纯粹的相混同；将荒野和潜在的天堂重合在一起。在洛克的令人信服且极具影响力的论证中，经历了一个世纪发展的荒原概念呈现出精确而有力的样子。

洛克解释说，一开始，上帝创造了供人类使用和享受的世界。地球在原始状态给所有人提供了一些生存财富——橡子和苹果挂在树上；野兽无拘无束地漫步，它的肉可以吃，皮可以做衣服。但是原初地球的原始荒野时期并没有被视为黄金时代；而是“完全自然的土地，没有改良畜牧、耕作或种植的环境，所以它的确是荒原”；洛克写道，“我们会发现它的好处仅仅是微不足道的”。[40]因此，对洛克来说，自然状态是不理想的，公地所有权赋予的平等意味着仍未开发地球的潜力：被理解为荒原的原始地球，实质上是一种等待改良的原材料。

对洛克来说，改良荒原的最大原动力是人类的劳动：“面包的价值高于橡子，酒的价值高于水，布匹或丝绸的价值高于树叶、兽皮或苔藓，因为它们完全是由劳动和生产得来的。”尽管水、橡子和兽皮是“自然供给我们的衣食”，但人类只有通过劳动才能将这些原料转化为面包、葡萄酒和布料等高级产品。“劳动所创造的占我们在世界上所享受的东西的价值中的绝大部分”：人类通过劳动驯服了荒野，使荒原变得富有生产力，驯化了原始的地球并使地球变得文明。[41]劳动和工业创造了价值，并推动了改良的引擎。 37

如果劳动是改良的基础，那么改良就是私有财产的基础。洛克认为，“人类种植、改良、耕作和使用的土地，是他的财产”，可以说，“人类通过劳动把这片土地从公地中分隔了出来”。改良意味着圈地——对特定小块土地的限制——和农业：耕作、种植和改良以前用于畜牧的土

40 Locke, *Two Treatises*, 285—286, 297.

41 Locke, *Two Treatises*, 297—298.

地。通过将价值等同于劳动，特别是农业劳动，洛克区分了封闭的土地和开放的土地、改良的土地和未改良的土地：处于“荒原公地”状态的土地的价值远低于被圈出和耕种的土地的价值。的确，“我们在因契约而保持不变的公地中看到，从公地里提取任何部分，并使其脱离自然的状态，都意味着财产的出现；没有财产，公地就毫无用处”。因此，行使公地的传统权利便将使用价值赋予了公地，并将公有物转化为私有财产。正如洛克解释的，“我的马所吃的草、我的仆人所割的草皮以及我在同他人共同享有开采权的地方挖掘的矿石，都将成为我的财产，无须任何人的让与或同意。我的劳动使它们脱离了原来所处的公有状态，确定了我对于它们的财产权”。[42]既然是上帝命令人类劳动的，那么劳动（无论是土地所有者自己的劳动还是他的仆人和动物的劳动）就是所有权的基础，洛克可以得出结论，私有财产的概念——以及它作为圈地的世俗表现形式——是建立在神圣的认可之上的。正如马克斯·韦伯在《新教伦理与资本主义精神》一书中所说的，对约翰·洛克和他的家族来说，献身于工作可以同时带来物质繁荣和精神拯救。[43]

但是，尽管劳动创造了财产，圈地标记了它的领域，私有财产制度也将责任赋予了人类，因为“上帝没有创造任何东西让人类去破坏或摧毁”。[44]

> 无论［土地所有者］耕种、收割、堆放和利用什么东西，在它被破坏之前，那都是他特有的权利；凡是他所圈之地，他喂养、利用的牲畜和产品，都是他的。但是，如果因为没有收集和整理，他的圈地上的草腐烂了，或者他种植的果实腐烂了，那么这部分土地，尽

42 Locke, *Two Treatises*, 290—291, 294; 288—289.

43 Max Weber, *The Protestant Ethic and the Spirit of Capitalism*, trans. Talcott Parsons (New York: Charles Scribner's Sons, 1958).

44 Locke, *Two Treatises*, 290.

管是他的圈地,仍然被视为荒原,并且也是其他任何人的财产。[45] 38

洛克在这里精确地阐述了荒原的双重内涵。荒原是原始的、没有被标记的、未被开垦的土地,也是没有得到正确利用的土地。考虑到土地的产品未经耕作或因使用不当而腐烂:其产品在土地上腐烂“仍被视为荒原”;尽管人们耕种土地,但如果土地的耕作不充分,土地的所有权就会被取消。他的定义基于动词“浪费”(waste)的双重意义,一方面是使用不当,另一方面是挥霍,如果土地的潜力被浪费,土地就是荒芜的。正是在这一表达中,我们看到荒原概念在一定程度上被赋予了强大的道德内涵。

荒原概念是洛克为私有财产辩护的核心,它基于许多交织在一起的文化上的特定假设。首先,荒原是原始大地的同义词,神创造了地球,也即自然状态下的世界。其次,荒原是尚未用农业制度改良的现存的土地。因为改良被认为是经济和道德上的必要之事,荒原不仅仅是尚未改良的土地,它实际上也被理解为需要改良的土地——甚至呼吁改良。因此,英格兰的贫瘠土地和山区土地以及地球上未开垦的地区同样被认定为荒原——这种陈述最终使圈地和殖民事业合法化。但是财产的道德权利依赖于文化上的好政府观念和它们的正确使用。因此,私有财产和荒原处于一个连续统一体的两极:荒原是尚未通过劳动改善为私有财产的土地,私有财产是如果没有适当耕种就可能变成荒原的土地。人类工业是将贫瘠转化为生产力、驯化野生动物、救赎堕落者的媒介,“荒原”是包含所有不属于文明社会努力范围内的事物的总称。荒原是一个范畴,它试图定义无法定义的东西,限制没有边界的事物。荒原是一个概念,它的灵活性确保了它在17世纪的土地概念、有用和价值概念以及“改良”一词所包含的道德责任概念中的核心地

45 Locke, *Two Treatises*, 295.

位。事实上，圈地运动本身简直可以被描述为一场反对“浪费”的改革运动。

边缘上的乌托邦

1975年，随着凯文·布朗洛和安德鲁·莫略的电影《温斯坦莱》
39 的上映，杰腊德·温斯坦莱呼吁完全占有荒原的呼声得到了前所未有的关注。这部电影以黑白片的形式拍摄了一年（这给了庄稼生长的时间），它既是20世纪70年代的产物，也是准确表现历史的典范。电影的对话直接选自温斯坦莱自己的作品，它的道具和服装要么是17世纪的原物（包括来自伦敦塔的头盔和乡村生活博物馆的农具），要么是精准的复制品。这部电影几乎全部由非专业演员出演，其中包括“嬉皮士之王”锡德·罗尔，海德公园掘地派的领导人，他被说服暂时停止煽动伦敦擅自占用者的运动，转而去该电影中多多少少扮演了一个近似他本人的被称为“喧嚣派教徒”（Ranters）的敌对组织的领导人。甚至连牲畜也是真实的：苏塞克斯长角牛——一种罕见的牛——和在片场嗅来嗅去的黑斑猪，这是17世纪英格兰常见的品种。尽管这部影片极关注细节，但《温斯坦莱》努力想做的是富有诗意而不是过于学术。它成功地展示了历史与现实对话的方式，这不是通过简化历史事件来使历史
40 与当代“相关”，而是通过揭示过去的不同性和陌生性。在这方面，它为我们提供了一些有价值的和稀有的东西。因为正是通过过去的不同性和陌生性，我们才能批判地看待自己的历史，而批判性的视角是变革的必要基础。

温斯坦莱激进地坚持公地的集体所有权，这是与当时不相符的想法。人们对掘地派的敌意可以归为许多因素：土地所有者对他人使用土地会有预期的租金，而且可能不喜欢定居点出现在他们的地产上；当地村民可能会认为掘地派耕种荒原会侵犯到他们的传统公共权利。在

所有方法里，掘地派对荒原的使用都与荒原应该发挥什么作用的假设相冲突。掘地派破坏了持有土地和使用土地的传统做法；公地和公共权利概念很快成为圈地运动的历史牺牲品，圈地运动将洛克对私有财产的有力辩护作为一种信仰。而温斯坦莱及其疯狂的掘地派有充分的理由选择荒原作为其乌托邦理想的完美境地。作为一个未被充分利用的边缘空间，荒原为建立另类社会提供了理想的场所。事实上，荒原为各种非暴力反抗提供了理想的空间，这是荒原概念本身所固有的。因为荒原显然是缺乏价值的、被边缘化的，这使得它能够扩展如此强大的乌托邦期望。 41

作为一种观念，荒原与抵制概念是紧密交织在一起的。作为荒地，它抵制文明。作为无用之土，它抵制商品化。当土地荒芜贫瘠时，它抵制耕种。当土地未经开垦杂草丛生时，它抵制驯化。作为公地，它抵制私有财产概念，作为一种临时的或隐蔽的家庭经济的一部分，它抵制监管和量化。荒原是一个抽象概念，它的定义取决于观察者的假设和价值观。但荒原也是非常真实的，是一种由明确的进入和使用习惯加以限定的土地。在一般与具体、私人与公共、世俗与精神、有用与无用、反乌托邦与乌托邦之间的摇摆中，荒原历史的其余部分将徐徐展开。 42

第二章

改 良

1653年10月31日，一本名为《荒地改良》的小册子出版了。这本小册子价格便宜，非常流行，里面有一份提交给议会贸易促进委员会的提案，它完全代表了17世纪中期有关土地及其用途的观点，其标题表明了一系列特别的关注点（图14）。[1]对于这本小册子的匿名作者来说，和他同时代的许多人一样，"荒原"和"改良"紧密相连。但是在这个特定的时间和地点，这两个词语的巧合意味着什么？答案在很大程度上揭示了许多关于假设、偏见、愿望、技术和社会结构的特定融合，这些因素将会在未来几个世纪影响英格兰人管理土地的态度。

对这位17世纪的作家来说，荒原不仅仅是一个麻烦；它也是国家面临的最紧迫的问题之一。"众所周知，"他写道，"今天，数量多么巨大、范围多么广袤的土地是荒芜不毛之地，（在森林中，在沼泽地带和其他公地上）它几乎遍布这个国度的所有乡村，但尽管如此，众所周知……要么因为懒惰，要么因为更糟糕的原因，人们对那些麻烦之物麻

1 E. G., *Wast Land's Improvement*, British Library, Thomason Tracts E715（18）. 作者仅能通过首字母来识别，小册子中没有关于出版物的地点或日期信息。但是托马森版小册子的复制品的扉页写有"1653年10月31日"。

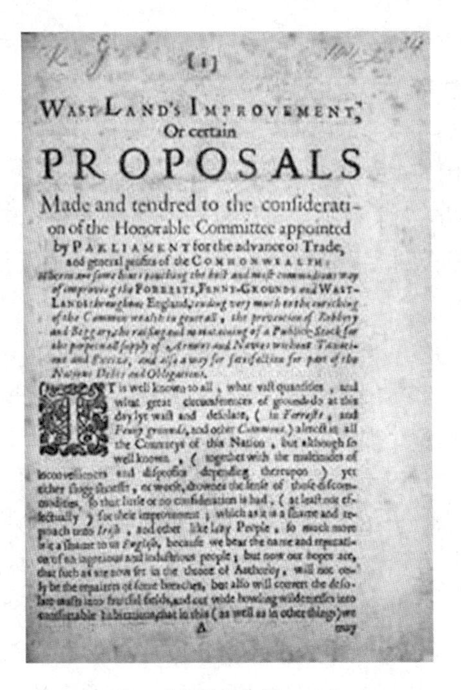

(1)

WAST-LAND'S IMPROVEMENT,
Or certain
PROPOSALS
Made and tendred to the consideration of the Honorable Committee appointed by PARLIAMENT for the advance of Trade, and general profits of the COMMONWEALTH.

It is well known to all, what vast quantities, and what great circumferences of grounds do at this day lye wast and desolate, (in Forrests, and Fenny grounds, and other Commons) almost in all the Countreys of this Nation, but although so well known, (together with the multitudes of inconveniences and disprofits depending thereupon) yet either sloth, or worse, drownes the sense of those discommodities, so that little or no consideration is had, (at least not effectually) for their improvement; which as it is a shame and reproach unto Irish, and other like lazy People, so much more is it a shame to us English, because we bear the name and reputation of an ingenious and industrious people; but now our hopes are, that such as are now set in the throne of Authority, will not only be the repairers of some breaches, but also will convert the desolate wasts into fruitful fields, and our wide howling wildernesses into comfortable habitations, that in this (as well as in other things) we

A may

图14.《荒地改良》(1653)。

木不仁,所以很少或几乎不考虑……对它们的改良……"[2]对这位作家来说,就像他同时代的许多人一样,虽然"荒原"一词包括许多不同的景观——这里是指森林、沼泽和公地——但它们都因出现了各种相似的问题而被统合在一起:森林、沼泽和公地都可以被定义为荒原,因为它们都与仁慈和易驾驭的自然观念相对立。这本小册子的作者将废弃的土地描述为"荒野"和"残缺的混乱";这是一片"荒凉""空旷""贫瘠"的土地。[3]但事实上,英格兰的森林、沼泽和公地一点也不空旷或贫瘠;

2 E. G., *Wast Land's Improvement*, 1.

3 E. G., *Wast Land's Improvement*, 1—2.

43 相反，它们唤起了在传统上与《圣经》中的荒原相关的描述性语言，因为它们生产和庇护了邪恶的生命——植物、人类和其他动物，这些生命抵制驯化并阻碍了农业的发展。英格兰的荒原受到了谴责，因为它们挑战了合理使用的观念。

在一个地方，如果荒原是问题的话，那么改良就是解决的方法。改良是17世纪中期英格兰一系列非常特别的活动，主要是通过圈地、耕作、施肥和种植将土地转化为农业用地。通过改良，原本长满“灌木和石南”（这让人们想起后堕落时代荒野的“石南和荆棘”）的土地，如今也可以生产出“亚麻、大麻、啤酒花和谷物”，其广阔的区域还可以为牛提供牧场。根据小册子作者的说法，圈地和改良国家荒原有五个方面的好处。第一，种植小麦和大麻等作物替代之前的杂草，将会为穷人带来更多的“面包-谷物”，也会为国家的航运业提供绳索；第二，圈地和施肥将保护和增加森林树木，这是建造和修理船只的核心；第三，44 这种文明化的过程也会影响到荒原上的居民，使得“无所事事、流离失所、小偷小摸和有害无益的人”盗窃、抢劫、强奸和谋杀的数量大幅下降，这些人“确实从那些辽阔的、野生的、广阔的森林中得到了滋养和鼓励，这些森林（由于其幅员辽阔、远离城镇和住宅、人烟稀少等）的确给邪恶的头脑带来了自由和机会，让他们不再犯下邪恶与残酷的罪行”，改良也将根除另一类边缘的和具有煽动性的人群，防止英格兰的荒原成为“爱尔兰的托利党人和苏格兰的强盗”的驻地与港湾；第四，改良英格兰的荒原可以给穷人提供就业机会，通过将这些没有价值的土地租给贫民，他们许多人得以从事挖地、施肥和种植的工作，这能消除贫困；第五，改良荒原将增加政府的收入。通过占有这些非主体的土地，议会可以勘测它们，将它们分成小块，并以合理的价格出租。这种新的收入来源将使国家废除消费税和其他税成为可能，“从而将不满的人们从那些沉重而令人不悦的课税中解脱出来”。议会采纳这些提案预示着新时代的曙光，在这个新时代里，“那些现在被置于权威宝座上的人，不仅将修补一些漏洞，而且将把荒凉的荒原变为肥沃的田地，将我们广阔的荒野变为舒适的住所，由此（也在其他方面）我们最终可能享有从我们的革命者、移居者和权威者的征服中获得的一些优势”。[4]

《荒地改良》是一份简短而不重要的小册子；如果伦敦书商、出版商乔治·托马森在它出版时没有收集它，那么它可能会消失得无影无踪。然而，它代表了当时的情况，集中表达了英格兰在内战结束时普遍存在的一系列假设和愿望。它将问题最大的景观确定为森林、沼泽和公地，它假定这些景观的生产率和农业生产率是等同的，它提倡特定种类的活动（圈地和施肥）以及特定种类的作物（大麻、啤酒花、亚麻和谷物），这都是可以在那个时期的先进农业文献中发现的论题。它包含了对帮助穷人的关注以及鼓励社会稳定的期望，这些在战争年代是不存在的，但这也是当时的特点，就像作者在小册子中表达的希望一样，希望一个新的政府可以帮助创造英格兰的乌托邦。但也许最具症候性的是对改良的可能性和力量的信念——这种信念往往会模糊改良的非常真实的负面结果。 45

模仿与改良：弗朗西斯·培根爵士的遗产

“改良”一词的意义体现在很多层面上。其哲学基础可以追溯到弗朗西斯·培根爵士的著作，他的核心观点是让自然服从人类的需要。从1605年的《学术的进展》开始，到1620年的《新工具》、1623年的《论科学的尊严与进展》，再到1627年的《木林集》，培根概述了自然哲学研究的新方法；他想开创一门比以往更好、更确定的科学，它的基础将更加坚实。培根的整个体系在他的《学术的伟大复兴》中有过阐述，

4 E. G., *Wast Land's Improvement*, 1—4.

但这本书从未完成，最终只以片段形式出版（图15）。总的来说，《学术的伟大复兴》有六个部分："科学分支"；"新工具论，或解释自然的一些指导"；"宇宙现象，或作为哲学基础的自然和实验的历史"；"智慧的阶梯"；"新哲学的先驱或预知者"；以及"新哲学，或现行的科学（Active Science）"。第一部分——"科学分支"——是培根《学术的进展》的更新版，它后来被改写、扩编和重新出版为《论科学的尊严与进展》。第二部分，也就是后来单独出版的《新工具》，采用了《学术的进展》中关于知识的一个分支（自然史），并为其研究提供了蓝图。它包括导言、两本格言书和第三本不完整的书，《自然史和实验史概论》，其中包括一篇介绍性文章和一份"按标题分类的特定历史目录"。第三部分旨在提供"一部可以为哲学建立基础的自然史"，但其中只有风、生与死、密度和稀有性的历史，以及《木林集》里完成的各种各样的实验。[5]《学术的伟大复兴》的第四、第五和第六部分从未完成。

培根优先考虑的是可以运用的知识：他的目的是理解自然，因为他想控制自然。然而，自然的秘密并不是浅显易懂的：培根把外部世界看作迷宫，"它的每一面都非常模糊不清，物体和符号都极具欺骗性的相似，自然的线条是非常不规则的，它们纠缠在一起"。在这个迷宫中，感官或知识的主要来源只发出"不确定的光……它们有时闪耀，有时阴暗"。[6]因此，实验旨在发挥关键的修正作用。实验会通过限定调查的范围来帮助纠正不可避免的感觉和判断错误：无论特定实验的结果怎样，它所提供的限定信息将有助于了解自然过程的知识。但是实验的目标首先是模仿：成功的模仿会证明已被理解的自然过程和规律。因此，模仿意味着对自然的掌控：它将人类从对偶然事件的依赖中解

46

5 Francis Bacon, "The Great Instauration", in *The Works of Francis Bacon*, ed. James Spedding, Robert Ellis, and Douglas Heath (London, 1860), IV: 28.

6 Bacon, "Great Instauration", IV: 18.

图15. 弗朗西斯·培根爵士的《学术的伟大复兴》(伦敦,1620)卷首插图。

放出来，并使他们能够按照自己的需要生产物品和财物。换句话说，模仿——以应用艺术的形式——会使人类能够以他们的意象塑造一个新世界，一个服从于人类需求的宇宙；这不仅意味着控制自然，还意味着在创造过程中侵占了自然的角色。

对培根而言，自然和艺术——从最普遍的意义上说，即技巧——两者并不相互对立，并且艺术是对自然中已经存在的过程的成功模仿。47 培根对自然的三种状态的理解证明了自然与艺术的相互依赖："要么她［自然］是自由的，并在自己的正常过程中发展自己；要么她因为堕落和不服从，以及来自障碍物的暴力，而被迫离开自己的适当状态；要么她就被艺术和人类的职责所约束和塑造。第一种状态指的是事物的种类，第二种是怪物，第三种是人为的东西。""自然史"因此由"同时代的历史、上一代的历史和艺术的历史"组成。"艺术史"是三者中最实用的一个，因为它迫使大自然揭示了自己的秘密："艺术的烦恼无疑就像普罗透斯（Proteus）的枷锁和手铐，暴露了物质的终极斗争和努力。因为身体不会被摧毁或消灭，相反它们会把自己变成各种形式。"实验艺术提供了理解和掌握自然最内在的运作的方式，它"从自然物上摘下了面具和头巾，这些东西通常被各种形状和外观掩盖起来"。因此，这就是应用艺术的研究，"它看起来可能是机械的、不自由的"，但也被确认为是自然哲学最紧迫的任务。[7]

培根理解的艺术是对自然和自然过程的模仿，这一点清楚地体现在《新工具》未完成的第三本书，亦即《自然史和实验史概论》中。它分为五个部分，"天体史"、"大质量物体史"、"物种史"、"人类史"和"纯数学史"，共列出130个研究主题，涵盖了行星运动和当地天气；金属、化石、宝石和石头；树木、灌木、草本植物和花朵；鱼、鸟、四足动物和蛇；人类的解剖学和发明。在"人类史"的类别下，培根把人类骨骼、

7 Bacon,"Great Instauration",IV：253,257.

唾液、器官、毛发和感官的历史，以及医学和音乐、烘焙和金属加工、布料制作和编织、陶器和玻璃吹制、农业、印刷、马术和游戏的历史都包含在内。没有什么是太“普通、刻薄、不自由、肮脏、琐碎或幼稚”而不适合学习的，因为“世界在被理解之前是不会收缩的（而这正是目前为止我们已经做了的），我们要扩展和打开我们的理解力，直到我们的理解力可以接受现实世界的形象。”[8]培根的《自然史和实验史概论》将自然和应用艺术结合在一起，列出了一系列可供实际研究的主题，对17世纪改良者的方法、计划和目标产生了根本性的影响。

培根的《新大西岛》，是作为《木林集》的一部分在培根去世后得到出版的，《新大西岛》介绍了一个致力于自然研究的理想社会，它就像《自然史和实验史概论》中所描述的那样。[9]培根的乌托邦是本萨利姆岛，在船只被太平洋中部的强风吹离航道后欧洲水手到达了这里。本萨利姆人不知道贫穷、宗派斗争或无神论，它的社会结构的核心是名为所罗门宫的机构，一个由36位哲学家组成的团体，这些哲学家是该社群的精神和哲学导师。这个机构的目标是“了解事物的起因和秘密运动；扩大人类帝国范围的边界，影响一切可能的事情”。[10]为此，所罗门宫的成员将他们的时间用于实验，其住所包括研究每一种可想象的自然现象的空间。他们有高塔来观察空气、天气和天体运动；有调查矿山和金属的地下洞穴；有湖泊、水池、海湾和湍急的溪流来研究水的性质；有果园和花园来研究水果和花卉的成熟以及如何改变植物的外观和味道；有动物和鸟类的公园和圈地做解剖；有研究鱼类和昆虫繁殖的池塘；有酿酒厂、面包房和厨房，用来准备新的食物和饮料；有造纸、布料和染料的车间；有“透视屋”来研究光、影、颜色的性质，以及如何

48

8　Bacon，“Great Instauration”，IV：265—270，258，255—256.

9　《林木集》出版于1627年，但《新大西岛》大概率写于1617年之前。

10　Francis Bacon，“New Atlantis”，in *Francis Bacon*，ed. Brian Vickers（Oxford：Oxford University Press，1996），480.

使用望远镜和显微镜；有“声音之家”来再现音符、和声、回声、动物叫声和语言；有“香水屋”调查气味的性质；有“发动机屋”研究运动；还有一个收集仪器的“数学屋”。所罗门宫的成员致力于调查培根的《自然史和实验史概论》中列出的主题。他们不区分自然的产物和文化的产物，他们发明并进行实验不仅是为了理解自然的首要原则——那些“位于事物的核心和精髓”的原则，也是为了完善应用艺术。[11]研究员们研究大气，希望创造一个完美的气候；他们调查动物和鱼类的繁殖，目的是增强其生殖能力；他们试图加速水果的成熟，改变植物的味道，以控制营养的产生。所罗门宫也被称为六天工作学院，因为它的目标是第二次创世；它体现了通过人工手段创造一个新的、更好的世界的科技幻想。

在培根看来，技术是一种模仿的艺术。它模仿自然过程，以便根据需求生产物品和财物。渴望塑造一个完全符合人类欲望和需求的世界，是培根呼吁控制自然的核心诉求。然而，这种让自然屈从于人类的目标引发的共鸣远远超出了仅仅提供物质需求的范畴。培根梦想的自然慷慨大方、宽宏大量，而非反复无常、桀骜不驯；他梦想着第二个天堂。根据这一愿景，技术可以使英格兰成为一个新的伊甸园，一个沐浴49 在永恒春天的极乐世界，它的树上不断结满果实，它的河流因鱼而涨水，它的森林充满了猎物。这些通过运用聪明才智和技术将英格兰变为伊甸园的幻想，是内战结束后激增的荒原改良计划的基础；这些计划（最为统一与完整的版本）出现在与塞缪尔·哈特利布相关的那些项目和出版物中。

土壤与灵魂：塞缪尔·哈特利布与农业改革

1659年，塞缪尔·哈特利布出版了阿道弗斯·斯皮德的《逐出伊甸

11 Bacon, “Great Instauration”, 25.

园,或一份关于农业发展的几个优秀实验的摘要》,这本书的标题清楚地表明了农业改良和后堕落时代的幻想之间的联系。[12]哈特利布一生致力于促进三项事业:新教、教育改革和农业改良,《逐出伊甸园》只是他在1628年从波兰的普鲁士移居英格兰到1662年去世之间出版的一系列名副其实的书籍之一。哈特利布非常虔诚,是约翰·杜瑞和约翰·阿摩司·夸美纽斯等新教难民的庇护人,他全心全意致力于社会改革,其目的是将英格兰改造为清教乌托邦。他建立了一个通信圈,由许许多多善于交际和智力上杰出的人士组成,并孜孜不倦地致力于鼓励和促进交流的任务:他征集信件,充当志同道合者之间的通信渠道,并从他手中源源不断的信件中选取大量作品着手出版。哈特利布预想到了驾驭印刷文字的力量。除了在众多通信员中传阅手稿外,他还将这些信件印刷出来,让发明和思想得到更广泛的传播。在1637年——他第一次出版《夸美纽斯的初步试论》的那一天——到1662年的二十五年间,哈特利布出版了六十多本传单、小册子和书籍。[13]在他出版的众多书籍中,他经常不是唯一作者或主要作者;相反,在某种意义上,与哈特利布有关的书籍是他帮助促进其通信圈通信、讨论的具体表现。他们提供了出版论坛,让不同的(通常是匿名的)声音来阐述、辩论、争执,但最重要的是,他要让人们听到这些声音,他要将信息从私人通信领域转移到公共领域。[14]

哈特利布兴趣广泛,包括宗教、教育和农业改革的计划,但它们是

12　Adolphus Speed, *Adam out of Eden*(London, 1659). 关于斯皮德的更多信息,参见Ernest Clarke and Mark Greengrass, "Speed, Adolphus", in *Oxford Dictionary of National Biography* online。

13　这个令人印象深刻的数目包括各种文章,但不包括已出版作品的新版本。哈特利布的出版物名单,参见G. H. Turnbull, *Hartlib, Dury, and Comenius: Gleanings from Hartlib's Papers*(London: Hodder and Stoughton, 1947), 88—109。

14　从这个意义上说,它们与同时期其他类型的杂记有着亲缘关系。参见Adam Smyth, *Profit and Delight: Printed Miscellanies in England, 1640—1682*(Detroit: Wayne State University Press, 2004)。

50 因一个共同的认识论基础而联系在一起的，即弗朗西斯·培根的实验哲学。培根呼吁基于归纳法建立新的知识基础，而这反映在了哈特利布的教育改革建议中；培根对手工技艺的倡导由哈特利布对农业的推广所推动；培根通过编纂“自然史”来促进知识进步的计划也被哈特利布圈子的成员所贯彻实施。哈特利布特别受到了培根的进步信念以及夸美纽斯泛智原则的启发（后者寻求恢复亚当在伊甸园中曾享有的完美知识），并试图将乌托邦与实际应用结合起来。

1650年，哈特利布在致力于出版宗教、政治和教育类书籍十多年后，开始将活动集中于农业方面。他随后出版了许多书。[15]尽管哈特利布出版的书信、传单和小册子的作者人数很多而且形形色色，但他们有个一致的中心主题：改良。在不到十年的时间里，哈特利布成功地将英格兰农业讨论集中在若干选定的问题上，他提出的解决方案是塑造英格兰农业的前进路线。

哈特利布的农业出版物有一个共同的目的，那就是提高生产力，在与他的名字相关的书籍和小册子中，有少数主题出现的频率很值得注意。哈特利布及其圈子里的成员推广了施肥和耕作的新51 技术（图16）；他们主张种植新的饲料作物，如三叶草、红豆草和苜蓿，以及供工业生产用的植物，如藏红花、甘草、啤酒花、油菜、大麻、亚麻、菘蓝和茜草；他们建议种植更多的林木和果树，特别是在河岸和树篱这种偏僻、零碎的土地上；他们呼吁灌溉旱地和排干湿地

---

15 参见Turnbull, *Hartlib, Dury, and Comenius*, 88—109。有关塞缪尔·哈特利布及其圈子的重要性的更多信息，参见Charles Webster, *The Great Instauration: Science, Medicine, and Reform, 1626—1660*（London: Duckworth, 1975）；*Samuel Hartlib and Universal Reformation: Studies in Intellectual Communication*, ed. Mark Greengrass, Michael Leslie, and Timothy Raylor（Cambridge: Cambridge University Press, 1994）；以及*Culture and Cultivation in Early Modern England: Writing and the Land*, ed. Michael Leslie and Timothy Raylor（Leicester: Leicester University Press, 1992）。哈特利布的论文，参见http://www.shef.ac.uk/hri/projects/projectpages/hartlib（edited by Michael Leslie et. al.）。

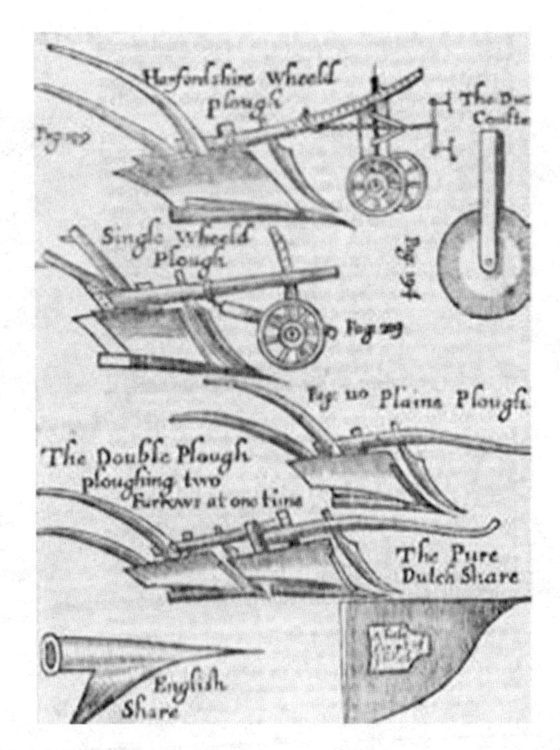

图16. 犁。沃尔特·布莱斯:《英格兰土地改良增订版》(伦敦,1652)。

(图17); 增加蔬菜的种植以及蚕、蜜蜂等有用昆虫的养殖。但是许多与哈特利布名字相关的作品标题都指向了"改良"的双重含义。像《改过自新的农夫》(*The Reformed Husband-Man*)、《精神上改过自新的农夫》(*The Reformed Spirituall Husband-man*)和《果树论述……连同果园的精神上的用途》(*A Treatise of Fruit-Trees ... Together with The Spirituall Use of an Orchard*, 见图18)等书,它们不仅涉及传授新技术来改良农业、饲养昆虫和种植水果,还涉及那些可以直接带来精神改善之活动的方式。在改良土壤与灵魂的交汇处,荒原问题占据了中心位置。 52

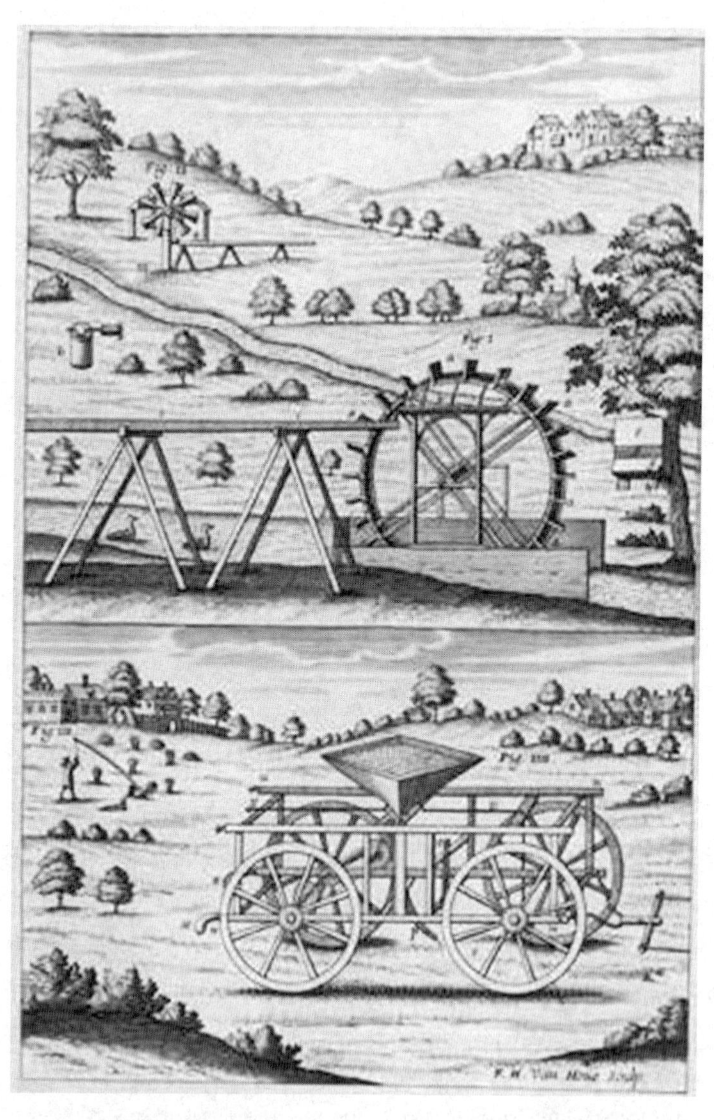

图17. 为草地供水的机器(风车和波斯转轮)以及播种玉米(谷物)的机器。约翰·沃里奇:《农业系统》[1669](伦敦,1681)。

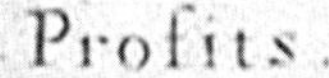

Profits. Pleasures.

A Treatise of
FRVIT-TREES
Shewing the manner of Grafting, Setting, Pruning, and Ordering of them
in all respects: According to divers new and easy Rules of experience;
gathered in ye space of Twenty yeares.
Whereby the value of Lands may be much improved, in a shorttime, by
small cost, and little labour
Also discovering some dangerous Errors, both in ye Theory and Practise
of ye Art of Planting Fruit-trees.
With the Alimentall and Physicall use of fruits.
Togeather with
The Spirituall use of an Orchard: Held forth in divers Similitudes be-
tweene Naturall & Spirituall Fruit-trees: according to Scripture & Experiēce.
By RA: AUSTEN.
Practiser in y^e Art of Planting

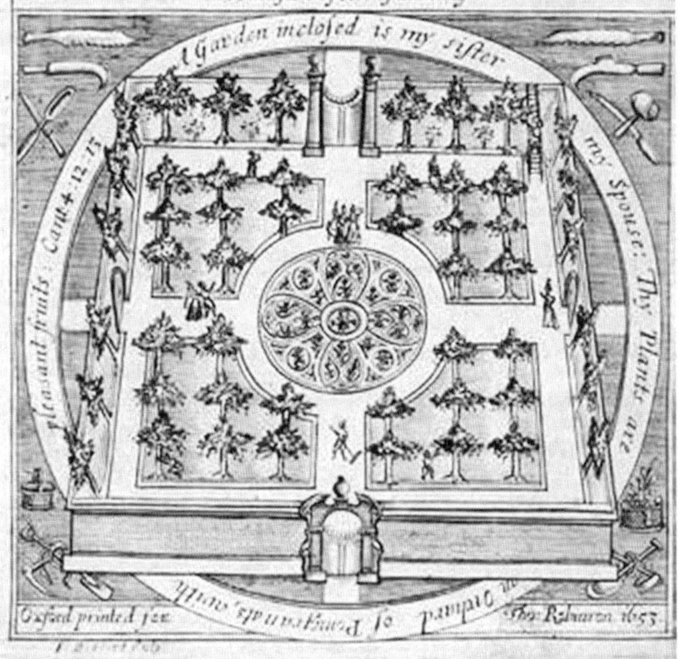

图18. 拉尔夫 · 奥斯汀:《果树论述……连同果园的精神上的用途》(牛津: 1653)。

征服难以驾驭的贫瘠的荒原是哈特利布出版的第一部农业著作的主题，这原本是他手上的一份手稿的抄本，哈特利布给它起名为《适用于布拉班特和佛兰德斯的农业论述》(*A Discours of Husbandrie Used in Brabant and Flanders, Shewing the wonderfull improvement of Land there; and serving as a pattern for our practice in this Commonwealth*，后文中将简称为《农业论述》)。在该书第一次出版时，哈特利布并不知道它的作者是谁；后来他才知道这是理查德·韦斯顿爵士写的，韦斯顿爵士是天主教保王派和萨里郡的地主，他在内战期间因效忠国王而被迫逃离英格兰。1644年，韦斯顿访问了根特、布鲁日和安特卫普，在那里他观察了当地的农业，然后以书信形式将此信息传达给他的儿子们。韦斯顿指出，令他惊讶的是，这些地方的"最贫瘠的荒地和沙质(Sandie)土地"比名义上更肥沃的土壤出产了更多的作物。这种惊人的多产的秘密在于轮作，芜菁、三叶草与亚麻、燕麦被交替播种，结果土地不仅可以全年连续耕种，土壤也不会逐渐退化。韦斯顿描述的耕作制度特别适合最贫瘠的土壤，他鼓励儿子们在自己的土地上实施这一技术，此外他还说道："播种这些商品可以获得额外的利润，想象一下这对你的视觉和嗅觉来说是多么愉快的事情，因为可以看到黄褐色的荒原变成最绿的草地。"[16]

韦斯顿的信最有可能在1645年以手稿的形式流传；1650年，哈特利布将其正式出版后，它被传播到了更多读者手中。这本书一经出版，其论点就得到了哈特利布的其他同伴的著述的支持，包括罗伯特·蔡尔德的《论英格兰农业缺陷和补救措施的一封长信》("A Large letter concerning the Defects and Remedies of English Husbandry"，后文中将

16 Richard Weston, *A Discours of Husbandrie Used in Brabant and Flanders, Shewing the wonderfull improvement of Land there; and serving as a pattern for our practice in this Commonwealth*(London, 1650), 25.

简称为《长信》)[收录于哈特利布最为广泛传播和最有影响力的作品，1651年的《塞缪尔·哈特利布的遗产》(*Samuel Hartlib his Legacie*)，后文中将简称为《遗产》]；沃尔特·布莱斯1652年的《英格兰土地改良增订版》；阿道弗斯·斯皮德1659年的《逐出伊甸园》。韦斯顿的文本的重要性怎么估计也不过分，因为正是通过他的这部《农业论述》，四季轮作制——一种将成为农业革命主要动力的耕作方法——首次被引入英格兰。[17]韦斯顿对于将荒地变为可耕地、用茂盛的绿草取代褐色杂草的描述，也表明了这一事业的双重性质：他的目标是提高经济生产力并将贫瘠的荒原变为肥沃的花园。

在17世纪初，如第一章所述，最常见的耕作形式是三圃制，根据这种制度，两块田地会同时耕种——通常一块田种植小麦，另一块田种植大麦、燕麦或豌豆——而第三块田休耕。绵羊和牛等家养动物是这一系统的必要组成部分，不仅因为它们有助于耕作和搬运东西，还因为它们的粪便对保持土壤肥力至关重要。因此，作物产量受两个因素的限制：一是在任何特定时间，一个村庄三分之一的土地将休耕，二是可以给土地施多少肥料，这与村庄牧场能够养活的动物数量有关。

53

54

这些限制最终被新的作物和韦斯顿所描述的作物轮作计划克服，它们以共生的方式一起发挥作用，通过增加耕种土地的数量来提高生产率。技术的关键是引进了新的饲料作物：三种豆科植物——三叶草、红豆草和紫花苜蓿——和一种块根蔬菜——萝卜。豆科植物为动物提

17 将农业革命与农业实践中的三个主要变化联系在一起的传统说法有：圈地、牲畜选择性繁殖与通过引入芜菁和三叶草改变种植方法。参见John D. Chambers and Gordon E. Mingay, *The Agricultural Revolution, 1770—1860*(London: Batsford, 1966)；Eric Kerridge, *The Agricultural Revolution*(New York: Augustus M. Kelley, 1968)；以及Mark Overton, *Agricultural Revolution in England: The Transformation of the Agrarian Economy, 1500—1850*(Cambridge: Cambridge University Press, 1996)。

供食物，同时将氮和其他营养物质返回土壤，从而免除了土地休耕的需要。芜菁的生长需要除草和锄地等工序，这正好可以使土壤变得更容易施肥，而芜菁的叶子是冬季动物放牧的基础，这有助于它们在开春度过那贫瘠的几个月。种植草和块根蔬菜增加饲料，意味着可以饲养更多的动物，这就产生了大量的肥料。而更多的肥料意味着有更多的庄稼。韦斯顿的方法在英格兰被称为“诺福克体系”，因为这种方法在诺福克地区实施后获得了巨大成功；随着这种方法的采用，更多的土地可以施肥，也没有必要让某一块田地休耕，以前贫瘠的轻质干燥土壤被显著地转化为肥沃繁茂的可耕地。虽然这些方法有时也在敞田实践，但它们通常与圈地相关联。在许多情况下，农民希望精确地圈地，这样他们能够实施更具创新性的耕作方法，而不是等待获得整个村庄或社区的共识和参与。因此，谈论改良也就是谈论圈地。

在英格兰农业实践中，圈地（enclosure，或者像那个时代那样写成inclosure）是一项能追溯到很久以前的活动；严格意义上说，这只是指分隔或圈围一片土地——无论是用墙、栅栏、沟渠还是用树篱都可以。例如，果园中通常都会这么做；在那里围墙有助于水果的成熟，并保护庄稼不被饥饿的动物吃掉。这种圈地是没有争议的。那种引起剧烈分歧或暴力（如果最终不成功）冲突的圈地，是涉及公地和荒原的圈地，其中包括将一条条敞田统合起来，变成由一位土地所有者控制的一块土地，并将以前一直属于公共权利的土地转为私有财产。

圈地何时开始，它是如何实现的，达到了什么效果，到底是有益的发展还是灾难性的发展，这些问题一直到今天也还在争论。现代的评判都以这样或那样的方式受惠于卡尔·马克思；他在《资本论》里以几个简短章节确立了对圈地运动的过程和影响的解释，从此形成了关键性的学识。相继出现的相关章节的标题——“对农村居民土地的剥夺”、“惩治被剥夺者的血腥立法”、“资本主义租地农场主的产生”、“农业革命对工业的反作用”和“工业资本家的产生”，简明扼要

55

地阐述了马克思的有力论点。[18]不仅到1750年小自由农消失了，而且到18世纪末“农业劳动者公有土地的最后痕迹”也消失了。[19]对马克思来说，圈地运动以“改良”的名义从自耕农和小农手中剥夺了土地，并将许多可耕地变为牧场，使农业生产成为除了社会少数人之外其他所有人都无法维持下去的产业。小块土地被合并成大块地产，由少数有钱有势的地主控制，耕种可耕地所需的劳动者也更少了。农业雇用行业的迅速萎缩造就了无地劳工阶级，他们涌入城市寻找工作，从而提供了原始劳动力，这为工业革命提供了动力。马克思直言不讳地说：“掠夺教会财产、欺骗性地出让国有土地、盗窃公有地，用残暴的恐怖手段把封建和氏族财产变为现代私有财产——这就是原始积累的各种田园诗般的方法。这些方法为资本主义农业夺得了地盘，使土地与资本合并，为城市工业创造了不受法律保护的名为无产阶级的必要供给。”[20]

20世纪初，一代历史学家对英格兰工人阶级的产生和农民成为工业无产阶级的过程颇感兴趣，他们将注意力集中在18世纪的农业革命上。第一项主要研究是吉尔伯特·斯莱特的《英格兰农民和公地圈地》，1907年出版；紧接着，1911年芭芭拉·哈蒙德和J.L.哈蒙德颇具影响力的杰作《乡村劳工》出版。斯莱特和哈蒙德夫妇仔细研究和分析了历史档案，他们支持马克思的控诉，特别是哈蒙德夫妇通过错综复杂的公共的和个人的权利与义务网络描绘了一幅前圈地时代乡村生活的生动画面。《乡村劳工》出版一年后，E. C. K. 戈纳的《公地和圈地》出版。与之前的作品相比，这部作品要克制得多，它通过细致的评判得出

18 Karl Marx, *Capital: A Critique of Political Economy*（London, 1867）, I: chapters 27—31.（相关中文翻译参考了马克思：《资本论》（第一卷），人民出版社2004年版。——译注）

19 Marx, *Capital*, I: 1033.

20 Marx, *Capital*, I: 1048—1049.

了一幅与哈蒙德夫妇描绘的完全不同的圈地图景。尽管戈纳拒绝采取党派立场，但总的来说，他的结论是圈地大体上有益。戈纳的研究证明了圈地不是一个突发性的革命事件，而是一个在很长时间内逐渐发生的过程。他认为，总体上看圈地是公平实施的，并得到了社会各阶层人民的广泛共识，较小的土地所有者因失去他们的土地而得到了充分的补偿，民众的反抗很少。但是戈纳的作品，一定程度上因缺乏生动的事件，而被哈蒙德夫妇引人入胜的叙述蒙上了阴影，直到20世纪50年代和60年代，当新一代历史学家重新审视圈地问题时，戈纳的研究才从一个新的角度得到了评价。[21]这一时期的"乐观主义者"的立场在钱伯斯和明盖的《农业革命(1750—1880年)》中得到了最简洁的表达；对他们来说，戈纳的研究证明，虽然圈地者采用的方法和程序并不等于"完美的正义"，"但在贵族政府和过度尊重财产权的时代，这可以算是一个不坏的处置。的确，可以说，议会圈地代表了在承认小人物权利方面的一个重大进步"。[22]这一证据是令人信服的，这一时期越来越多的研究也证实了戈纳的结论，两派历史学家的意见一致。但是就在似乎达成共识在望的时候，汤普森1963年出版的《英国工人阶级的形成》为马克思的最初解释注入了新的活力。汤普森同样令人信服的叙述试图"把可怜的织袜工、卢德派佃农、'过时的'手织工、'乌托邦'工匠，甚至被蒙骗的乔安娜·索思科特的追随者，从他们子孙后代的极端傲慢的态度中拯救出来"，这样做重新点燃了圈地对英格兰社会最贫穷成员的影

56

---

21 Gilbert Slater, *The English Peasantry and the Enclosure of Common Fields* (London: Archibald Constable, 1907); J. L. and Barbara Hammond, *The Village Labourer, 1760—1832: A Study in the Government of England before the Reform Bill* (London: Longmans, Green, 1911); E. C. K. Gonner, *Common Land and Enclosure* (London: Macmillan, 1912).

22 Chambers and Mingay, *Agricultural Revolution*, 88. 有关钱伯斯对马克思的反驳，参见他的经典文章，J. D. Chambers, "Enclosure and the Labour Supply in the Industrial Revolution", *Economic History Review* 5, no. 3 (1953): 319—343。

响的争论。[23]最近，包括J.M.尼森、简·亨弗里斯和格雷厄姆·罗杰斯在内的修正派史学家对利好圈地的观点进行了彻底的批判和质疑。他们的研究侧重于不同的地理区域和农村人口的不同部分，他们一致认为圈地对以公地为生计或公地是其家庭经济重要组成部分的人有剧烈的，通常是毁灭性的影响。对这些人来说，以“改良”的名义对公地和荒原的圈围不啻是灾难性的事件。[24]

支持圈地的论点至少可以追溯到1557年托马斯·塔瑟的《持家务农五百良策》，这本书在一个章节中推广了圈地这种作法；该节致力于“出众的乡村和其他一些乡村间的比较”，其开篇言之：“我赞美乡村圈地/其他乡村让我不高兴/因为它筹集财富徒劳无功/对于下等人来说。”[25]但在17世纪，随着圈地运动愈演愈烈，紧接着反圈地抗议和暴乱而来的，是一场小册子之间的对抗。反圈地出版物很多，比如弗朗西斯·特里格的《两姐妹谦卑的请愿书》，1604年的《教会与共和国：为了恢复其古老的公地和自由》，1653年约翰·摩尔的《英格兰臭名昭著的罪恶，不关心穷人：在这里，圈地，即毁坏人们的城镇和玉米田，是被上帝的话语所控诉、定罪和谴责的》，它们认为，圈围耕地并将耕地转为牧场，降低了粮食产量，减少了就业，助长了人口的下降和村庄的废弃，因而加重了贫困。特里格打趣道：“羊角和荆棘将使英格兰陷入

57

23 E. P. Thompson, *The Making of the English Working Class*（New York: Vintage, 1963）, 12—13.

24 J. M. Neeson, *Commoners: Common Right, Enclosure, and Social Change in England, 1700—1820*（Cambridge: Cambridge University Press, 1993）; Jane Humphries, *Childhood and Child Labour in the British Industrial Revolution*（Cambridge: Cambridge University Press, 2010）; Graham Rogers, “Custom and Common Right: Waste Land Enclosure and Social Change in West Lancashire”, *Agricultural History Review* 41, no. 2（1993）: 137—154.

25 Thomas Tusser, *Five Hundreth Pointes of Good Husbandrie*（London, 1557）, 58.

绝望。"[26]正如我们在第一章中看到的，杰腊德·温斯坦莱不仅在17世纪40年代末和50年代初出版了一系列小册子，而且还与他的掘地派一起，根据自然法则在圣乔治山上占据了一块公地，由此为反对私有财产辩护。

另一方面，像罗伯特·蔡尔德、沃尔特·布莱斯、西尔维纳斯·泰勒、那位匿名作者和约瑟夫·李等人在其作品中是一致谴责公地的，他们认为公地减少了粮食生产，饲养的动物为数较少，导致疾病在牲畜中传播，同时也助长了一种懒散文化，因而加剧了贫困[27]；蔡尔德的作品是收录在哈特利布1651年出版的《遗产》中的《论英格兰农业缺陷和补救措施的一封长信》，布莱斯的作品是1652年出版的《英格兰土地改良增订版》，泰勒的作品是1652年出版的《公共利益，或通过圈地改良公地、森林和狩猎场》，那位匿名作者的作品是1653年出版的《荒地改良》，李的作品是1654年出版的《公地和圈地考量》。泰勒指责"这个国家的懒惰和乞讨的两大温床是啤酒馆和公地"，而17世纪晚些时候，蒂莫西·诺斯在《坎帕尼亚·费利克斯》中暴烈地怒吼，他将平民及其畜牲都描述为"极端贫困、卑鄙、无赖之物种"的典型，认为公地"无论对人还是牲畜而言，都只不过是一个赤裸地展示贫穷的剧场；那里的一切都显得可怕、没有教养，可以恰当地用'退化的自然'这一抽象概念来指称"。[28]

---

26 Francis Trigge, *Humble Petition of Two Sisters*; *The Church and Common-Wealth* (London, 1604), n.p.

27 Robert Child, "A Large letter concerning the Defects and Remedies of English Husbandry", in *Samuel Hartlib his Legacie* (London, 1651); Walter Blith, *The English Improver Improved* (London, 1652); Sylvanus Taylor, *Common-Good: or, the Improvement of Commons, Forrests, and Chases, by Inclosure* (London, 1652), Thomason Tract E. 663 [6]; E. G., *Wast Land's Improvement*; Joseph Lee, *Considerations Concerning Common Fields, and Inclosures* (London, 1654).

28 Taylor, *Common-Good*, 51; Timothy Nourse, *Campania Fælix* (London, 1700), 98, 99.

哈特利布及其圈子里的成员主要是将圈地作为一种提高土地生产力的有效方法而致力于推广。1653年，哈特利布出版了《对作为最佳方式的土地分割或测定的探索》一书，这是他的同伴克雷西·迪莫克与他沟通的一份用圈地改良土地的计划。迪莫克提出他的计划完全适用于“公地、灌木丛生的荒野、沼泽地带、湿地，等等；它们全都是荒地”，他将其模范庄园描绘成一组按照放射状农场的完美几何形状布置在一块正方形土地上的圈地（图19）。它的中间是庄园宅邸，四周环绕着家庭菜园、果园、精选水果和花卉的花园以及药用植物园。除此之外，还有挤奶、关病畜和分娩用的小围场，这些小围场周围有一圈农场建筑，包括谷仓、猪圈、羊舍、鸡笼和兔子窝。庄园的大片土地被圈成放射状的几个部分，并区分为耕地（标有“谷物”）和草地；除此之外，还有牧场，用来放养绵羊、奶牛、役畜、“肥牛”（为吃肉而饲养的动物），以及脂肪少的、不产奶的或幼小的动物。尽管迪莫克的计划从未离开过绘图板——它最初被提交给沼泽地带的改良者，但被他们无视了；迪莫克也从未成功地找到另一个赞助人，他自己也没有付诸实施，但它证明了一种信念，即圈地为解决荒原带来的问题提供了有效方案，这种信念在哈特利布的圈子里广为流传。 58

约翰·迪克逊·亨特让我们注意到迪莫克方案展示了一种巧妙的圈地方法，即当人们从农舍及其附近的花园向周围的农田移动时，人工造物的数量就会随之减少。[29]此外，如果将迪莫克的模范农场与同年哈特利布出版的拉尔夫·奥斯汀《果树论述》卷首插图所描绘的果园进行比较（见图18），我们可以看到两种设计都是由交替重复的圆形和

29 参见John Dixon Hunt, “Hortulan Affaires”, in *Samuel Hartlib and Universal Reformation*, 323—328; John Dixon Hunt, *Greater Perfections: The Practice of Garden Theory* (Philadelphia: University of Pennsylvania Press, 2000), 180—187。亨特同样也复制了迪莫克的原始草稿，参见他写给哈特利布的信（谢菲尔德大学图书馆，HP 62/29/3A; HP 62/29/4A）。

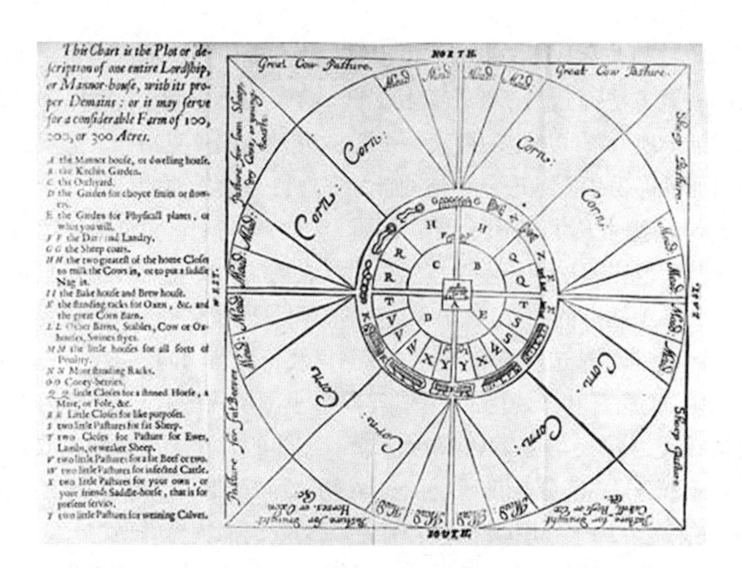

图19. 模范农场计划。克雷西・迪莫克：《对作为最佳方式的土地分隔或布局的探索》(伦敦，1653)。

正方形生成的。这两个理想的几何图形之间的相似性表明，迪莫克和奥斯汀都将农业用地想象成一种通常与花园相联系的形态。其实，奥斯汀将《雅歌》(4：12)中的话刻在环绕其用墙围住的果园圆环上就清楚地表明了这一点，“我妹子，我新妇，乃是关锁的园”。这种特殊形态的花园分为四个部分，是传统上与天堂联系在一起的花园，并且这种花园，连同它在正方形内又设置了一个圆圈的整体构成方案(这种形态最终会使人联想起达芬奇的《维特鲁威人》素描)，表明了这些农业改革者的乌托邦理想，甚至巨大的野心。对迪莫克和奥斯汀这样的改革者来说，开垦荒原是要完善和挽回这片堕落的景观，是要把英格兰变成新的伊甸园，是要重演《以西结书》中描述的《圣经》的循环：“过路的人虽看为荒废之地，现今这荒废之地仍得耕种/他们必说：‘这先前为荒废之地，现在成如伊甸园。’”(《以西结书》36：34—35)。

59

圈地是第一步，但是对哈特利布和他的同伴来说，改良不仅仅是简单地圈地。罗伯特·蔡尔德在其《长信》中讨论了圈地的好处，以及补救英格兰农业的其他二十个“缺陷”的对策，包括更好的农具，更有效的耕作技术，增加蔬菜的种植，预防诸如黑粉病和霉病等疾病，种植和养护果树和葡萄树，种植大麻、亚麻和三叶草等作物，发现和使用更多种类的肥料，管理森林和草地，饲养蜜蜂和蚕以及照料牛、羊和马。在约翰·沃里奇的《农业系统》的卷首插画中可以看到想象中的补救蔡尔德所说的“缺陷”的效果；哈特利布和他的同伴认为，这是一种（在所附的解释性诗歌的帮助下）进步的缩影（图20）。[30]农舍位于通过圈地而改良的一座庄园的中心，每块田地都专心种植一种不同的新作物。在有农家庭院的那一边是家庭菜园，里面堆满了蔬菜和鲜花；农家庭院里则有储存干草、豆类和小麦的谷仓，还有公牛、奶牛、猪和鸡使用的马厩、猪栏和鸡舍。房子的左边是养蜂场，是“勤劳的蜜蜂”之家，它们给整个庄园带来了维吉尔式氛围。在远处的景观中我们可以看到很多农田，种植着哈特利布及其圈子推广的各类作物——豆类、豌豆、藏红花和甘草，而樱桃树、苹果树、李树和梨树遍布果园，点缀着封闭农田的篱笆墙。果园的另一边是一片专门种植苜蓿、啤酒花和三叶草的土地；再过去是一片人工栽种的树林。在左边，我们看到一些田地正在由一队队马或牛耕种，另一些则由风车和波斯水车灌溉。奶牛在牧场吃草；在地平线附近，可以看到草丘上有一个牧羊人和一群羊。这是一幅每英亩土地都得到有效利用的乡村景观，不仅可以作为一座管理有方的个体庄园的典范，而且可以作为整个英格兰景观改造的典范。 60

哈特利布成功地创建了由个体组成的社区，他们团结一致通过农业改革进行改良。他们希望更好的农业技术的发展能为国家带来更高的生产力和繁荣景象，但是哈特利布对泛智原则的信仰也意味着农业

30　John Worlidge, *Systema Agriculturæ*（London, 1669）.

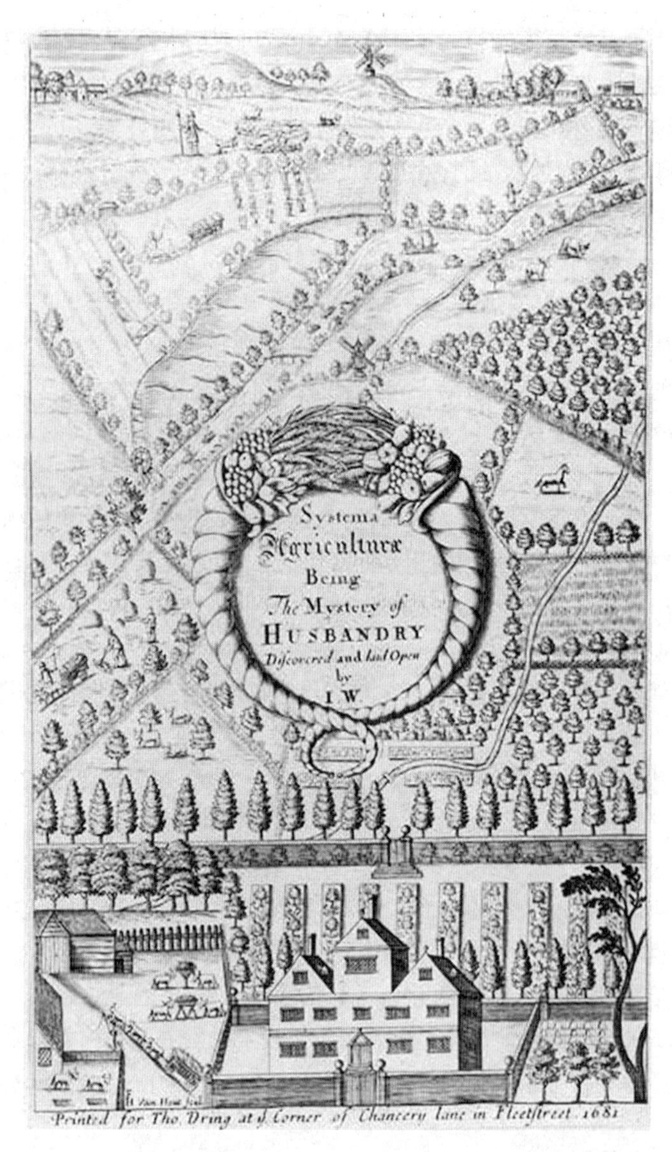

图20. 约翰·沃里奇的《农业系统》[1669](伦敦,1681)卷首插图。

改革是其更大项目的一部分：恢复人类堕落之前亚当和夏娃享受的完美状态。因此，农业改良被认为是一种救赎行为，一种有可能解除对亚当的诅咒的救赎行为。从这个角度来说，改造荒原才获得了如此强大的道德维度，因为对荒原而言，它既是最难改良的土地，也是最需要改良的土地。《圣经》认为耕种荒原是亚当和夏娃的救赎之路；因此，拯救看似棘手的土地，使整个英格兰变成“硕果累累的花园”，将证明这个共和国及其公民已经得救。对哈特利布和他的农业改良者圈子来说，英格兰的荒原正是救赎之地。

蔡尔德的《长信》论及的第二十个缺陷是“**缺少农业发展所需的各种各样的东西**”。他建议编纂一本涉及所有已知的农业主题的书，敦促绅士和农民尝试实验和新技术以增进知识，并希望有朝一日“将建立一个**实验学院**，不仅仅是为了农耕，也是为了其他所有的**机械技艺**”。[31] 蔡尔德对知识共享的呼吁、其实验学院计划以及编纂一部“包含农业各部分的系统或大全之书”的方案将很快得到重视；不到十年后，他的许多规诫就被“伦敦皇家自然知识促进学会”（亦即“英国皇家学会”）初出茅庐的成员们实施了。

景观列表：英国皇家学会

1660年，一群有识之士初创了英国皇家学会，其中有许多人是哈特利布的朋友和同伴——他们多年间偶尔会面，以寻求他们对自然哲学问题的共同兴趣。那一年的11月28日，他们在主教门大街的格雷沙姆学院参加了克里斯托弗·雷恩的天文学公开讲座后，决定使他们的交往具有更正式的特色。他们决定每周同一时间见面，拟定一份可能有兴趣加入他们聚会之人的名单，提议确定会费，委任主席、司库和登记

31 Hartlib, *Legacie*, 105—106.

62 员,并决心寻求国王的认可和庇护。1662年7月15日,英国皇家学会得到了查理二世的正式批准;8月29日下午,包括学会会长布隆克尔勋爵在内的成员们前往白厅向其保护人致谢。他们一个接一个地排队亲吻国王的手,发誓“真诚地、一致地追随陛下创建这个学会的目标,即通过实验促进有关自然事物和所有有用技艺的知识的进步”。通过这个仪式,英国皇家学会正式成立。[32]

1665年,英格兰国教牧师约瑟夫·格兰维尔称弗朗西斯·培根在《新大西岛》中描述的所罗门宫是皇家学会的“先知”(Prophetick Scheam)。[33]在《英国皇家学会的历史》一书中,皇家学会的第一位历史学家和主要辩护者托马斯·斯普拉特写道,弗朗西斯·培根爵士提出的科学方法是皇家学会的实践中不可或缺的一部分,因此他请求“英国皇家学会的历史不需要其他序言,而只需列上培根爵士的一些著作”。[34]培根哲学在皇家学会自我意识中的核心地位在温塞斯劳斯·霍拉尔的卷首插图(图21)中是显而易见的;在那里,布隆克尔勋爵和弗朗西

32 这条记录可参见Thomas Birch,*The History of the Royal Society of London*(1756—1757; reprint,New York: Johnson Reprint,1968),I: 107。

33 Joseph Glanvill, *Scepsis Scientifica*(1665), ed. John Owen(London: Kegan Paul, Trench,1885),65.

34 Thomas Sprat, *The History of the Royal Society of London, For the Improving of Natural Knowledge*(London, 1667), 35—36. 也参见Charles Webster, *The Great Instauration*; Michael Hunter, *Establishing the New Science: The Experience of the Early Royal Society*(Woodbridge, Suffolk: Boydell, 1989); Michael Hunter, *Science and Society in Restoration England*(Cambridge: Cambridge University Press, 1981); Michael Hunter, *Science and the Shape of Orthodoxy: Intellectual Change in Late Seventeenth-Century England*(Woodbridge, Suffolk: Boydell, 1995); W. T. Lynch, *"Solomon's Child": Method in the Early Royal Society of London*(Stanford: Stanford University Press, 2001); W. T. Lynch, “A Society of Baconians ? The Collective Development of Bacon's Method in the Royal Society of London”, in *Francis Bacon and the Refiguring of Early Modern Thought: Essays to Commemorate the Advancement of Learning(1605—2005)*, ed. J. R. Solomon and C. G. Martin(Aldershot: Ashgate,2005),173—202。

图21. 温塞斯劳斯 · 霍拉尔为托马斯 · 斯普拉特的《英国皇家学会的历史》(伦敦, 1667)创作的卷首插图。

斯·培根——分别被称为“学会执掌者”（Societatis Præses）和“知识复兴者”（Artium Instaurator）——位于学会保护人查理二世的半身像左右两边。

斯普拉特将皇家学会的目标描述为调查自然，以便与其相关的工作完全“能为宁静、和平和丰富的人类生活服务”。[35]因此，在学会成立后不久，它的成员们——以所罗门宫的哲学家为榜样——开始进行大量的收集和实验工作，这些工作的关键在于运用了经验方法。1664年，皇家学会成立了八个委员会，将这个宏大的项目划分成不同的领域，包括解剖学、天文学和光学、化学、机械、贸易、通信和农业（或“田园”——这个名字显然是为了唤起维吉尔式的联想）委员会，还有一个委员会，它的简要任务是收集与“迄今为止观察到的所有自然现象以及所有得到实施和记录的实验”相关的信息。[36]

塞缪尔·哈特利布与皇家学会起源间的联系一直是许多推测的主题。[37]后来在17世纪60年代成为皇家学会成员的许多人，在17世纪40—50年代都曾是哈特利布圈子的一分子。哈特利布不仅与这些人中的许多人通信，而且他也很可能知道他们正在寻求建立的组织。然而，哈特利布激进的清教徒议程被皇家学会放弃了，因为学会想要将宗教和政治排除在讨论之外，以避免宗派分歧。此外，哈特利布得到了议会和克伦威尔的支持，皇家学会则将查理二世作为自己的保护人。在哈特利布领导着一个松散的通信者圈子时，皇家学会则在为其运作寻找制度基础。然而，将哈特利布的工作和皇家学会未来成员的工作联结

63

35 Sprat, *History*, 110.

36 Birch, *History*, I: 402—403.

37 G. H. Turnbull, “Samuel Hartlib’s Influence on the Early History of the Royal Society”, *Notes and Records of the Royal Society of London* 10 (1953): 101—130; Webster, *Great Instauration*, 88—99; R. H. Syfret, “The Origins of the Royal Society”, *Notes and Records of the Royal Society of London* 5 (1948): 75—137.

起来的，是某种通过将培根哲学付诸实践来寻求改良的兴趣。对所有这些人来说，自然知识是有价值的，因为它带来了技术进步，而技术反过来又是增强自然知识的工具。换句话说，哲学上的思考和效用是密切相关的。但是在1662年，哈特利布去世了，现在要由皇家学会的成员们来从事他发起和推动的项目了。 64

所有这些项目的核心是编写自然史的活动，而在培根的观念中，自然史是关于一个特定现象的每个已知细节的概要。观察和实验——这是实证调查研究的两极——的设计旨在产生大量互不关联的事实：对物体和现象的研究，是通过积累它们在不同实验条件下的最基本的物理特征（它们的颜色、形状、气味、质地和重量）的证据来进行的。实验是一个分解、定义和命名的过程：正如哈特利布在转述培根时所写的那样，如果真正的自然知识能够产生的话，物体的外表就必须被分解，以便进行"大量有序的观察"。[38]17世纪60年代，皇家学会的成员为推进这些目标，所从事的基本工作是拟出问题、分发问卷，这是用来生成观察到的特征的列表的方法。因此，皇家学会在其形成时期的方法特点倾向于积累信息，而不是将信息系统化。[39]对皇家学会的成员而言，就像对他们之前的培根和哈特利布一样，只有将自然知识保持在一个看似零散的支离破碎的列表状态，人们才能发现自然的真谛——"存在于事物核心和精髓中的那些东西"。[40]在这些经验主义自然哲学家看来，一览表是最"自然"（意思是最不做作）的知识形式，而他们创作的自然

38 引自 Turnbull, *Hartlib*, 37。

39 参见 D. Carey, "Compiling Nature's History: Travellers and Travel Narratives in the Early Royal Society", *Annals of Science* 54 (1997): 269—292; Michael Hunter, "Robert Boyle and the Early Royal Society: A Reciprocal Exchange in the Making of Baconian Science", *British Journal for the History of Science* 40, no. 1 (March 2007): 1—23; 以及 Justin Stagl, *A History of Curiosity: The Theory of Travel, 1550—1800* (Chur, Switzerland: Harwood, 1995), 95—153。

40 Bacon, "Great Instauration", IV: 25.

史往往是散文形式伪装下的列表。这种方法论倾向可以在所有详述皇家学会早期活动的文件中找到，但是它对改良问题的影响却只能在皇家学会农业委员会撰写的《关于农业和园艺的完美历史》中最清楚地看到。[41]

农业委员会的三十二名成员中有许多是该学会最活跃的成员：一些人是该学会最初的创始人，而其他人，如约翰·比尔和约翰·伊夫林，则是塞缪尔·哈特利布的通信圈的成员。[42]因此，培根对应用的兴趣和哈特利布对改良的看法都是农业委员会成员的共同假设的一部分，这明确了他们为自己设定的任务。其实，在该委员会的第一次会议上，主席查尔斯·霍华德就建议，应该将研究"如何更好地利用和改良荒地、灌木丛生的土地和沼泽"作为当务之急。然而，为了专注于改良英格兰农业的任务，首先需要对王国的现状进行调查、分类和界定。[43] 65 因此，农业委员会成员决定着手编纂一部农业综合史(即自然史)，利用哈特利布及其圈子制订的方法，通过四步过程加以生成。首先，委员会成员要编制"农业作家"名录，其著作将被浓缩为一份主题或调查负责人清单，他们把哈特利布的《遗产》确定为相关著作的典范。从这一初步调查中将会生成问题清单。随后，这些问题会发送给英格兰、威尔士、苏格兰和爱尔兰各地"有经验的农夫"，通过收集他们的回应，希望"可以由此明晰，人们已经知道的和已经做过的事情，如此一来既可以使在任何地方发现的有益做法都能够惠及其他地区，又可以总体考虑

41 Royal Society Archives, Domestic Manuscripts 5, number 63.

42 更多有关哈特利布、伊夫林和比尔之间关系的信息，也参见Peter Goodchild, "'No Phantasticall Utopia, but a Real Place': John Evelyn, John Beale, and Backbury Hill, Herefordshire", *Garden History* 19(1991): 106—127; John Dixon Hunt, "'Gard' ning Can Speak Proper English'", in *Culture and Cultivation in Early Modern England*, 195—222; John Dixon Hunt, "Hortulan Affaires"; 以及John Dixon Hunt, *Greater Perfections*, especially chapter 7。

43 Royal Society Archives, D. M. 5, number 63.

在所有的农业实践中有哪些还能进一步改良。”。[44]这些回应为展现农业和园艺的自然历史的形成提供了原材料。

最初，问卷被分发给了委员会成员个人所认识的人，但为了吸引更多的受众，他们决定在皇家学会期刊《哲学汇刊》上发布问卷。[45]问卷包含二十五个问题，分为“针对耕地”和“针对草地”两部分，所要求的信息包括本地土壤类型，施肥和种植技术，作物品种以及保存谷物免遭疾病、害虫和腐烂的方法。农业委员会成员在收集地方实践的证据时有两个目标。首先是简单的信息收集：对这些问题的回答将提供关于地方情况、自然资源和实践的信息宝库，从而可以全面了解英格兰的现状。其次则涉及地方与国家、现在与未来之间的联系：人们希望这些信息一旦发布和传播，将从根本上促进整个英格兰农业进步。

因此，当发现许多问题都涉及对不同类型的荒原的改良这一主题时，我们不应该感到惊讶。例如，有一个问题问道：“怎么样做，以及针对哪种作物，可以改良灌木丛生的土地？是谁（如果你的家乡有这样的人的话）使荒地变成了有利可图的土地？”另一个问题则是征求“排干湿地、泥塘、沼泽等地方的最佳方法是什么？”的信息。皇家学会的调查问卷意义重大，不仅因为它对荒原改良问题的兴趣，也因为表达这一兴趣的形式。第一个问题问道：“英格兰的土壤，要么是沙地、砂砾、石质土、黏土、白垩土、薄薄的松软沃土、石南荒地、湿地、泥塘和沼泽，要么是寒冷多雨的土地；想要得到的信息是：你的家乡最多的是哪种土地？当它们被用来耕种时，每一种土地是如何进行准备的？”另一个问题指出，最常见的令人厌恶的牧场或草地植物是“杂草、苔藓、须芒草、石南、蕨 66

44　Royal Society Archives, D. M. 5, nos. 56, 63—64. 也参见R. Lennard, “English Agriculture under Charles II: The Evidence of the Royal Society's ‘Enquiries’”, *Economic History Review* 4(1932—1934): 23—45; Hunter, *Establishing the New Science*, 108—109。

45　“Enquiries Concerning Agriculture”, *Philosophical Transcations* 1, no. 5(July 3, 1665): 91—94.

类植物、灌木、蓍草、荆棘、金雀花、灯芯草、莎草、荆豆”，并询问这些令人讨厌的植物通常是如何被根除的。[46]这类问题表现出了某种特殊的方法和一套方法论假设。《哲学汇刊》的调查问卷将其问题框定为在一个总标题下加以分类的细节清单。所问问题不仅详尽统计了土壤类型和杂草的科，而且还涉及小麦、豌豆和黄豆的种类，疾病的类型以及害虫的类别。诸如此类以列表形式阐述的问题，证明了一种以离散细节的形式寻求知识的探究方法。他们指出，在寻求改良的过程中，个性化、定义和分类是关键策略。为了国家的进步，有必要详细地描述“大量有序的观察”。[47]换句话说，英格兰的面貌将通过把景观转换成列表而得到改变。

其实，农业委员会的调查问卷似乎并没有得到多少回应，皇家学会的档案中只保存了十一份。[48]但人们必须考虑，它发布的时机再糟糕不过了：在它发布的前一周，瘟疫肆虐伦敦，皇家学会的集会及其期刊出版都被暂停。此外，农业委员会似乎几个月前就停止了会议；最后幸存的会议记录所标注的日期是1665年2月23日。但是很明显，农业委员会发起的项目并没有完全被放弃。在5月10日皇家学会的全体会议上，查尔斯·霍华德报告说，他的委员会继续在几个方面开展了工作，等待对农业调查问卷的进一步回复，编纂英格兰农作物的自然史，编制常绿植物和家庭菜园植物问卷，考虑种植水果和木材的建议，并征集关于“荒地、灌木丛生的土地和沼泽地区可以如何充分利用和改良”的意见。[49]虽然我们不知道农业委员会最后一次正式开会的时间，但其他的发展证实，对皇家学会成员来说，即使他们采取了不同的工作形式，土

46 “Enquiries”, 94.

47 引自 Turnbull, *Hartlib*, 37。

48 Royal Society Classified Papers X(3): nos. 10, 12, 22—26, 28—31.

49 Royal Society Archives, D. M. 5, n. 65.

地使用和改良问题也仍然具有中心地位。[50]

制图学的改良：约翰·奥格尔比的《不列颠志》

如果说将国家景观提炼为一张表格上的一系列项目是皇家学会追求改良的关键，那么当我们转向同时代的印刷文化时，我们会发现这个项目是以两种重要方式形成的。第一种是创作新的书籍，即某个郡的自然史。1677年罗伯特·普洛特的《牛津郡自然史》是这一新体裁的先驱之作，它融合了培根式的自然哲学方法与约翰·利兰和威廉·卡姆登塑造的方志传统。九年后，普洛特接着出版了《斯塔福德郡自然史》，这两部作品共同确立了一种范本，并影响了英国未来两个世纪乃至更长时间的地方历史的写作。第二种相关表现则采取了制图的形式：1675年约翰·奥格尔比出版的巨作，即道路图手册《不列颠志》，将景观概念以表格的形式展开，生成了一幅完整的国家景观图，同时为英格兰人的旅行塑造了新的样板（图22）。[51]《不列颠志》旨在勘测4万英里的王国驿道并绘制地图，它帮助规范了1英里为1 760码（约1 609米）的标准，确立了英寸比英里的比例，收集了大量的与不同郡的历史、制造业、自然资源、奇珍异宝和古迹相关的信息，提供了特定地区的知识，同时形成了对全国总体景观的

67

50　约翰·伊夫林杂乱的、权威的、从来没有完成的“Elysium Britannicum”是这些后续发展中最为重要的作品之一。原始手稿在大英图书馆，并由John E. Ingram编辑出版，参见John Evelyn, *Elysium Britannicum, or the Royal Gardens*（Philadelphia：University of Pennsylvania Press, 2000）。有关伊夫林的更多手稿及其重要性，参见*John Evelyn's "Elysium Britannicum" and European Gardening*, ed. Therese O'Malley and Joachim Wolschke-Bulmahn（Washington, DC：Dumbarton Oaks, 1998）；Frances Harris, "The Manuscripts of John Evelyn's 'Elysium Britannicum'", *Garden History* 25, no. 2（1997）：131—137。

51　John Ogilby, *Britannia, Volume the First：Or, an Illustration of the Kingdom of England and Dominion of Wales*（London, 1675）.

图22. 温塞斯劳斯·霍拉尔为约翰·奥吉尔比的《不列颠志》(伦敦，1675)创作的卷首插图。

概览。[52]

尽管奥格尔比的名声建立在他作为地理学家的工作上，但他是在尝试并放弃了许多不同职业后，很晚才最终从事这项活动的。他的第一个职业是舞蹈演员，但在表演本·琼森的《变形的吉卜赛人》(*The Gypsies Metamorphosed*)期间受了伤，留下了残疾，只能靠给年轻姑娘当舞蹈老师来养活自己。后来，他在都柏林做了很短一段时间的剧院老板，又在17世纪50年代转向出版业，翻译并出版了维吉尔、荷马和伊索等人的大量作品。1666年伦敦大火过后，奥格尔比被任命为该市的一位“公开宣誓的观察员”(sworn viewer)或助理测量员，到17世纪70年代，他将自己重新定位为宇宙学家，策划了在纸上描绘整个已知世界的庞大项目。四个大尺寸的卷轴绘制了地球的四个部分(非洲、亚洲、美洲和欧洲)，而英格兰本身就是一个卷轴的主题，并分为三个独立的部分。[53]第一部分以逐郡调查的形式呈现对该国完整地形的描述，第二部分描述了该国二十五个主要城市，第三部分是路线地图。奥格尔比在世时只看到上述最后一部分(《不列颠志》)的出版。

献给查理二世的《不列颠志》是精确和详尽的典范。甚至更重要的是，其地图引入了创新的图形准则，对下一世纪及以后英格兰的景观设计方式产生了重要影响：每条路线都好像是画在了连续的长条或卷轴上，当它从左向右展开时，它会自己循环并折叠(图23)。[54]每个卷轴的出发地在每个版图的左下处，通常是伦敦，它在地理上比较有代表

68

52 奥格尔比和他的团队调查了三分之二的目标，总共发表了2 500英里的驿道信息。

53 1669年奥格尔比出版了一部荷兰作品的译本*Embassy to China*后，1670年他又出版了*Africa*和*Atlas Japannensis*，1671年出版了*America*和*Atlas Chinensis*，1673年出版了*Asia*。

54 参见Catherine Delano-Smith，“Milieus of Mobility：I eraries，Route Maps，and Road Maps”，in *Cartographies of Travel and Navigation*，ed. James R. Akerman(Chicago：University of Chicago Press，2006)，46—49；Catherine Delano-Smith and Roger J. P. Klein，*English Maps：A History*(Toronto：University of Toronto Press，1999)，170。

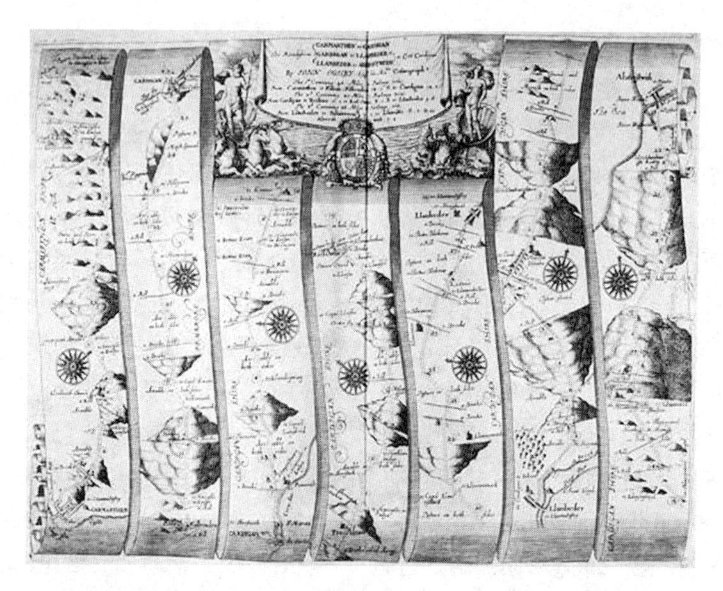

图23. 从卡马森到阿伯里斯特维斯的路线图。约翰·奥格尔比：《不列颠志》（伦敦，1675）。

性。当这条路线继续穿过乡村后，它穿过河流，穿过荒地，越过小村庄，跨过桥梁，登山下山，直到抵达其目的地城市，这个城市位于同一个或连续版图的右上角。奥格尔比的带状地图——是罗马的“波伊廷格地图”（Peutinger Table）的后代和当代导航设备的先驱，如美国汽车协会的“旅行地图”（Trip Tiks）——是形象化的旅行指南：它们绘制路线，而不是道路。[55]

---

55 参见Alan M. MacEachren，“A Linear View of the World：Strip Maps as a Unique Form of Cartographic Representation”，*American Cartographer* 13，no. 1（1986）：7—25；Alan M. MacEachren and Gregory B. Johnson，“The Evolution，Application，and Implication of Strip Format Travel Maps”，*Cartographic Journal* 24（December 1987）：147—158；以及Nick Paumgarten，“Getting There：The Science of Driving Directions”，（转下页）

奥格尔比的地图并不是第一部英国旅行指南；其实，作为一种导向指南，旅行指南在英国有着悠久而珍贵的历史，可一直追溯到《不列颠旅程》(*Iter Britannicum*)或公元4世纪《安东尼旅行指南》(*Antonine Itinerary*)中的不列颠部分，也即连接罗马帝国的主要定居点、军营和要塞的路线登记表。[56]之前作为手稿存在的多种旅行辅助物，像旅行指南、道路清单和里程表等，大约在16世纪初开始得到正式出版；而从手稿到印刷品的转变不仅使它们具有更大的可用性，而且提高了标准化程度。英格兰纵横交错的道路网络有着不同的规模和重要性，从大范围的交通干线，到范围比较小且更具本地色彩的大路小径，各种不同的组合可以提供从一地到另外一地的多种方式。然而，一旦旅行指南开始得到印刷，以及国家邮政系统的发展，以指定的旅馆和“歇脚点”为标识的特定道路顺序，就开始成为固定路线。语词“道路”(way)变得更具体更有方向性，表明了要遵循的路线(“这是通往伦敦的路”)，而不只是一条路。

70

到17世纪中叶，印刷版的旅行指南往往小巧、便宜，便于携带。它们经设计可以装在口袋或包里，帮助旅行者在旅途中找到路，其内容大多是地点清单和里程表，有时也包括市场和集市日(fair days)信息。但是，奥格尔比的长条地图将旅行指南的列表特质与描绘地方景观的绘画兴趣结合起来，确立了一种将旅行可视化的新方式。从定义上看，长条地图几乎只关注所选路线两侧的地带，舍弃了南北方向的一致性，并

(接上页) *New Yorker*, April 24, 2006。Meredith Donaldson Clark也亲切地分享了其作品“‘Now through you made public for everyone’: John Ogilby’s *Britannia*(1675), the 1598 Peutinger Map Facsimile, and the Shaping of Public Space”, in *The Association of Space: Relations and Geographies of Early Modern Publics*, ed. Angela Vanhaelen and Joseph P. Ward(即将发表)。

56 《不列颠旅程》包含15篇以罗马英里数和步数为单位衡量的旅行日记，它记录了罗马主要城市和军营之间的路线。

让人产生为了获取更贴近道路部分的信息而丢掉更大的地形环境信息的感觉。奥格尔比的地图不仅以视觉形式抽象出一条路线，而且更重要的是，为路线周边的风景生成了图像。它们用文字和图标来表示路上或路两侧的特征与景物，包括城市、村庄和小村落；教堂、风车、贵族宅邸、木桥和石桥；山脉、河流和海洋。它们会标明道路是开放的还是用篱笆或石墙围了起来，也会描述路线所穿过的地形地貌，记下突出特点或引人注目的特征——这的确为人们了解到17世纪70年代后期圈地在这片国度不同地区所实施的程度提供了重要证据。为此，这些地图采用了平面图与透视图相结合的制图准则：更大的城镇、河流、湖泊和道路本身都显示在平面图上，或者从上方俯瞰，而诸如树木、村庄、教堂、磨坊、贵族宅邸和偶尔出现的城堡等景物则会被描绘成透视图形式。这一准则在应用于表现山丘和山脉时特别引人注目；在这里，奥格尔比通过透视法以向右侧升起的平面表示上坡，反过来则表示下坡。然而，除了这些景物外，奥格尔比还以明显会吸引旅行者注意力的方式记录了路线附近的地形地貌：地图上印有文字提示，标明了这块土地是耕地、牧场、石南荒地、沼泽，还是山地。许多地图会标明这片土地“这一边很大一部分是可耕地”，或者“两边都有荆豆和蕨类植物”，或者“两边都是石南荒地和山地”。

71

17世纪60年代奥格尔比在担任伦敦城助理测量员期间，结识了伦敦科学界的两位关键人物：克里斯托弗·雷恩，大火灾后的伦敦城重建专员；罗伯特·胡克，伦敦城测量员兼雷恩助理，当时也是皇家学会的实验馆长。[57]通过这些专业人士的联系，奥格尔比进入了当时一群积极参与最重要的科学项目之人的圈子，其中很多人是皇家学会的创始成

57 有关奥吉尔比与胡克之间的联系，参见E. G. R. Taylor, “Robert Hooke and the Cartographical Projects of the Late Seventeenth Century (1666—1696)”, *Geographical Journal* 90, no. 6 (December 1937): 529—540; Robert Hooke, *The Diary of Robert Hooke* (London: Taylor and Francis, 1935)。

员。胡克记录了在《不列颠志》出版前的两年中与奥格尔比的六十多次会面，他就测量、制图准则（可能包括起伏的山脉）、印刷等提出了许多建议，甚至建议使用他自己发明的机械装置，也就是“轻便四轮马车示程计”（chariot way-wiser），它可以取代传统的脚踏轮，让测量员坐在舒适的马车中行进，而行进的距离和方向会直接记录在一张纸上。正是在早期的现代科学和地图学之间的这个交叉点上，可以发现《不列颠志》对土地利用的重视。

在皇家学会成员约翰·奥布里的《萨里郡自然史》手稿中保存的一份印刷文件，进一步阐明了奥格尔比项目的起源。这个文件题为“为了描述《不列颠志》而提出的问题”，它是由一个委员会起草的问卷，委员会成员除了奥格尔比和他的助手格雷戈里·金，还有皇家学会成员罗伯特·胡克、克里斯托弗·雷恩、约翰·奥布里和约翰·霍斯金斯。[58]胡克曾参与了皇家学会制作调查问卷的许多项目，奥布里和霍斯金斯二人曾是农业委员会的成员，他们的《有关农业的调查》发表于伦敦大火的前一年。[59]奥格尔比的调查问卷在“贵族、乡绅和其他所有足智多谋的人”中流传，问卷请求提供当地有关二十一个主题的信息：有市场和集会的市与镇；贵族宅邸、城堡、教堂、学院和医院等值得注意的单个建筑物；磨坊、灯塔和桥梁等其他建筑物；古物、奇特的习俗、礼仪或不寻常的事件；以及著名人物出生、埋葬和接受教育的地方。

其中的许多类别在英格兰的方志文献以及约翰·利兰、威廉·卡姆登和威廉·达格代尔的作品中都很常见。但是，除了这些古文物的问题，问卷还询问了当地土地的利用问题：哪一部分是可耕地、牧场、草地、树林或平原；森林、小树林、狩猎场、林地、猎园和猎苑的范围如何；公地和

72

58 John Ogilby, “Queries in Order to the Description of *Britannia*”, Bodleian Library Department of Western Manuscripts, MS Aubrey 4, fol. 244r.

59 有关胡克的问卷，参见 Robert Hooke, “Proposals for the Good of the Royal Society”, Royal Society Classified Papers XX, no. 50。

荒地，山脉和山谷，河流、小溪和池塘在哪里；该地区是否有什么不寻常的泉水、水井或矿水，或者矿床和矿产。通过要求注意这些景观和自然资源，以及任何“农业、机械、制造业等方面的改良”，该问卷显示了奥格尔比的项目与皇家学会之间的联系，证明《不列颠志》更大的目标是绘制一幅全国各地景观图像，识别并确定它们的资源和产量，以便进一步利用和改良。[60]此外，问卷的格式，连同其特别感兴趣的领域、它对自然与文化的融合以及它倾向于将问题设计成一个个项目或实例清单，暴露了它与皇家学会的方法和关注点的联系——这些最终都可追溯到弗朗西斯·培根。但《不列颠志》的问卷调查不仅仅是为了收集信息。该问卷通过要求英格兰的土地所有者留意他们周围景观中的某些事物并分享他们的观察结果，而试图创建一个由志同道合的个人组成的共同体，这些人将开始以特定的方式理解、评估和描绘他们当地的环境。以这种方式，《不列颠志》有助于形成一种根植于景观的新的民族认同感。

温塞斯劳斯·霍拉尔所创作的卷首插图生动地表现了收集、整合特定的地方信息来构建国家形象的方式方法（见图22）。图的前景中，有两个骑马的人正准备出发旅行，其中一个人手里拿着路线图卷轴。在左下角的前景中，可以看到其他旅客和想去旅行的人，他们有的正走出城门，有的乘坐马车准备跋山涉水，有的席地而坐正在研究地图。他们所走的道路（大概和地图卷轴上描绘的一样）通向城门外，穿越景观，跨过河上的桥，蜿蜒穿过山谷和山丘，最终爬上一座陡峭的山顶。《不列颠志》带状地图上常用的每一个地标都会出现——我们会看到城镇、教堂、风车和绞刑架——景观的类型及其用途也是如此：我们看到人们在河里钓鱼，牛马在公地上吃草，骑手在打猎，牧羊人在荒地放牧；船只在港口停泊，在海上航行。

这幅图也揭示了《不列颠志》里的地图的制作方法：测量员的工具

60 Ogilby,“Queries”.

(包括直角器、指南针、经纬仪和测量员的链和尺)画在了右下角的桌子上,一位测量员的助手在右边的中间位置推着手持"示程计"。图上方的 73 三个丘比特拿着横幅,每一条横幅代表着计划出版的《不列颠志》三卷中的一卷:第一条代表道路手册;第二条代表城市地图集(这里是以伦敦为例的);第三条代表各郡的地形调查。由此,霍拉尔展示了制图的三步过程:借助一些方法在前景中观察和勘测景观;以一种方式在中景和后景中塑造国家景观形象;再用一种方法在上方将国家景观变成丘比特拿着的三条横幅中的抽象图形。所有这些表现行为的核心是移动——测量员的移动、旅行者的移动和看图者的虚拟移动。移动生成了地方景观图像,将一地景观与另一地景观连接起来形成一个地区,并展示各个地区如何联合起来组成一个国家。从蜿蜒的登山路,到带状地图中包含的全国驿道网络,再到制图员桌子上的地球仪所暗示的大陆地区,移动将地方、国家和全球联系在一起,将所有这些层次的地理象征联系在一起,同时也在这张相互联系的网络中为英国找到了一席之地。

尽管奥格尔比从未完成对英格兰的地形研究,但他收集的许多地区信息都呈现在了《不列颠志》的文本中。而更重要的是,调查问卷所表现出的对土地使用和工业的兴趣也被融入了地图本身。《不列颠志》通过"各类活动"的镜头构想了国家景观:地图记录了土地中可耕地、牧场和森林所在;以猎苑、羊丘和麦田的形式表明了农业活动;还记录了工业的迹象,如煤、石灰、砾石和泥灰岩坑,铅矿,石灰窑,水磨和造纸厂以及钢铁厂和煤厂。除了记录工业和改良的证据,这些地图也让人们注意到了荒原:石南荒地、旷野、沼泽、公地和大片的"荆豆和蕨类植物"。因此,《不列颠志》的地图区分了多产的土地和荒地,有用的土地和无用的土地,将国家景观描绘成了耕地和荒地的拼图。奥格尔比的地图通过对尚未被文明束缚的广阔区域的定义和定位,不仅为英格兰的旅行者提供了路线图,也为其改良者提供了路线图。

奥格尔比的地图在实践中的使用频率一直是历史学家争论的焦

点。尽管早些时候的评论家，如J. B. 哈利和凯瑟琳·S. 范·艾瑞德认为《不列颠志》在旅途中被广泛使用，但凯瑟琳·德拉诺-史密斯和加勒特·沙利文对此提出了质疑。他们认为《不列颠志》是一部又大又笨、内容繁杂的对开本，不太可能装进马鞍袋。[61]然而，几乎就在1675年《不列颠志》出版后不久，人们便开始大量刊印其重印本、缩影本、仿制本和伪造本。奥格尔比的大部头巨著变得更小更轻，它以极快的速度生产和发行，为下一个世纪及以后的英格兰路线图确定了样式（见图24）。

除了通过各种缩略版本，《不列颠志》中的地图也以其他方式被广泛流传。在大英图书馆收藏的一部《不列颠志》副本的封面中间发现的一份手稿就说明了一种可能性（图25）。这是一张对折的纸，可分成平行的三列，展示了从巴格肖特到温彻斯特的路线。地标和景观都被仔细地标记了下来：手稿地图明确了十字路口、桥梁、城镇、教堂和磨坊，河流、小溪和池塘以及小山、公地、荒地和森林的位置，它还标明了这景观什么时候是“两侧都可以耕种”，什么时候是“荒地和荆豆”。值得注意的是，这并非《不列颠志》里的某幅地图的直接抄写本。将手稿与奥格尔比的原始图加以比较，很明显能看出这幅地图是通过复制从伦敦到南安普顿的那条路中的一段而特制的；它抄录得很仔细，逐个比对特征，然后将地图上从伦敦到普尔的那部分嫁接到它上面，以便将信息合并在一张纸上，与旅行者自己的路线相一致。[62]有可能，这张纸不是为了绘画练习，而确实是在路上用的，因为它曾一度被对折，大概是为了让它适合某种旅行袖珍手册。[63]这种用法也是由霍拉尔的卷首插图引发的，这些证据一致表明奥格尔比的地图没有装订成册，甚至都不

74

61 参见J. B. Harley, introduction, in John Ogilby, *Britannia*（1675, reprint, Amsterdam: Theatrum Orbis Terrarum, 1970）, xvii; Delano-Smith, “Milieus of Mobility”, 16—68；以及Delano-Smith and Klein, *English Maps*, 168—172。

62 Ogilby, *Britannia*, plates 51（London to Southampton）and 97（London to Pool）.

63 感谢Diana Periton以她特有的一丝不苟代表我检查了这张纸是否存在。

图24. 约翰 · 欧文、伊曼纽尔 · 鲍恩：《插图不列颠志，或奥格尔比修订版》(伦敦，1720)。

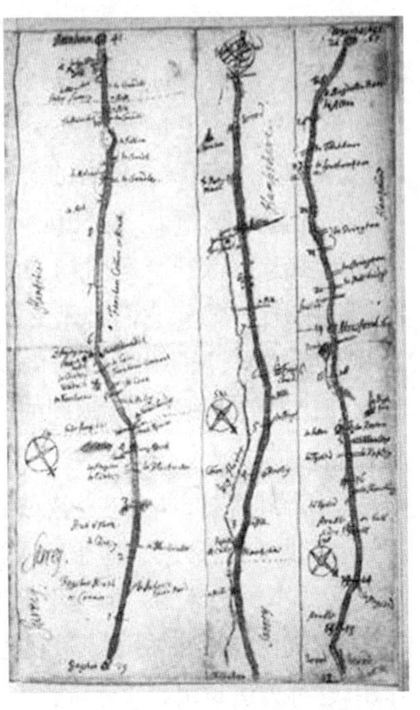

图25. 从巴格肖特到温彻斯特的路线图(作者未知，17世纪)。

是标准的带有商标丝带的打印页，而是以单独的卷轴或纸张形式呈现的。在空中飞行的丘比特，骑在马背上的骑手，坐在卷首左下角建筑旁边的男人，所有的人各自拿着一张纸，纸上画着路线。大英图书馆发现的手稿地图还表明《不列颠志》对土地利用的关注是如何开始影响使用者的期望，引导他们关注特定的景观特征，甚至最终影响到了他们旅行时的所见所闻。

《不列颠志》的带状地图相当于皇家学会的调查问卷的视觉替代物。这些地图沿着特定路线的线性轨迹组织局部信息，因而遵循着与列表相同的“一件事接着另一件事”的逻辑。这种分析和表现景观的模式还是有影响力的，因为直到18世纪末，带状地图一直是英格兰路线图的标准模板。它的最后一个化身是在1790年由约翰·卡里出版的《卡里对从伦敦到汉普顿宫的公路的调查》，虽然他的地图更关注贵族宅邸和路边酒吧，而不是景观本身。《不列颠志》的制图准则在其他类型的地图上也得到了运用：1778年它们被用来构建《天路历程》的地图（见图3），1790年它们出现在了彩色拼图版的《天路历程剖析》（见图26）中，绝望潭、黑暗山、大森林、屈辱谷和死亡河等，所有这些都是以一种立即让人想起奥格尔比地图的风格来描绘的。在这里，基督徒的旅程被明确地描绘成了在英格兰驿道上的旅行，因为班扬的荒原里的沼泽、矿坑、山脉和森林，所有这些离散的主题，都沿着主干道一个接一个地出现，它提供了一种方法，即通过其独特的渴望改良的地图制作，铭刻下哪怕是最幼小的想象力。但奥格尔比项目的意义并不止于此。对于一种新的甚至更抽象的评估国家景观之方法的发展，《不列颠志》也起到核心作用，这种方法是用数学分析能力处理大量的原始数据后的结果。

75

76

自然与数字：格雷戈里·金的政治算术

1672年，24岁的格雷戈里·金经由温塞斯劳斯·霍拉尔推荐，开始给约翰·奥格尔比做助理和雕刻师。据说金是位神童：他是勘测员和数学老师的儿子，14岁时就为古文物研究者威廉·达格代尔工作；在担任达格代尔文书的五年里，他很快就精通了纹章学和绘画。当金开始为奥格尔比工作时，他最初是被雇来为彼得·莱塞斯特爵士的《历史文物》、奥格尔比版的《伊索寓言》和威廉·卡姆登版的《不列颠志》蚀刻插图的，但他很快参与了奥格尔比自己的《不列颠志》项目，当时该项目已经在进行之中。对肯特和米德尔塞克斯两郡的勘查正在进行，不久金就开始了自己的调查工作，他和一个名叫法尔盖特的测量员去埃塞克斯郡编制第一手数据。从那时起，金就成了《不列颠志》项目的核心成员。他设计了图书彩票来帮助奥格尔比筹集资金，与奥格尔比、胡克、雷恩、奥布里和霍斯金斯一起帮助起草调查清单，整理被调查者的回复和测量员的笔记，并且还会指导制版，其中的一些制版甚至是他亲自完成的。[64]金先与达格代尔，后与奥格尔比，再后来与制图师约翰·亚当斯一起周游英格兰，通过这些经历收集信息并从事调查工作。而他所积累的这些信息之后成了其"政治算术"的基础，这是一种开创性的统计形式。

这一成果包含在金的《1696年对英格兰状况的自然、政治观察与结论》里，该作品是展示17世纪末英格兰人口和经济的最佳证据；它在19世纪初一经出版，就对统计科学的发展产生了极大的影响。[65]金使用奥格尔比的"为了描述《不列颠志》而提出的问题"作为积累信息的指南，接着对其原始数据进行了一系列数学练习，通过对生产与消费的评估，分析了英格兰人口的年龄、性别、婚姻状况、阶级以及国家经济。在第七次练习中，金把注意力转向了英格兰景观。他估计英格兰和威尔士有三千九百万英亩土地并可分成八类：可耕地；牧场和草地；树林和灌木林；森林、猎园和公地；荒地、旷野、山脉和不毛之地；房屋和宅第、花园和果园、教堂和墓地；河流、湖泊、池塘和鱼塘；以及大路、小道和其他在法律上无法改善的"荒地"，他是严格按照每英亩的价值进行分类的。[66]当他分析数据时，发现可耕地的产值是其租金的三倍，而大多数其他类型的土地在生产率方面是无法与之相比的。牧场和草地可以养牛并产出干草，树林和灌木林是木材和柴火的来源，但是森林、猎园

77

64　相关彩票活动在1673年3月的伦敦加拉维的咖啡馆进行，也在同年7月的布里斯托市集举行。参见Taylor，"Robert Hooke"，531。

65　它一直作为手稿被保存到19世纪初，才首次被印刷出版，参见Gregory King，*Natural and Political Observations and Conclusions upon the State and Condition of England, 1696*（London，1801）。

66　King，*Natural and Political Observations*，52.

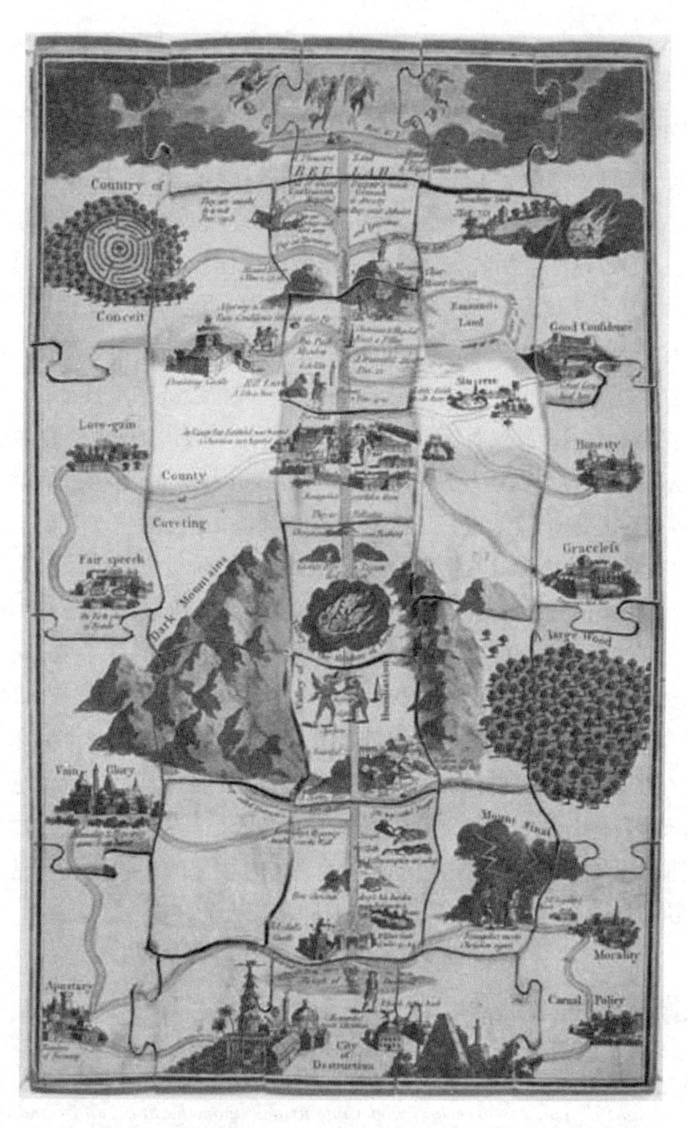

图26. 像奥格尔比式地图风格的《天路历程》拼图游戏。《天路历程剖析，或朝圣者从毁灭城到圣地旅程的全景》(伦敦，1790)。

和公地的价值远远低于以上这些,荒地、旷野和不毛之地则被认为几乎一文不值,在国民经济中没有产生任何重要的影响。

通过设计一种将自然重新配置为自然资源的方法,金的统计分析以全新的视角关注了改良问题,将其重新定义为有关成本与回报的经济计算,并使很多重要问题成为焦点。首先,他的数学运算表明,牧场和可耕地不仅是所有土地利用形式中最为有利可图的,而且更重要的是,牧场每英亩的产值比可耕地大得多,因为它的工作和维护成本比同等面积的可耕地低得多。金的研究中的第二个重要发现是:英格兰的荒地、旷野、山脉和“不毛之地”不仅对经济没有任何可量化的贡献,而且它们的面积在本国总英亩数中占有很高的比例——超过了四分之一。它们的价值很难计算,因此这些土地类别再次被确定为“荒原”,而这一次是从狭义的经济角度来看的。我们不知道金在多大程度上有可能利用他的统计数据作为平台为特定的土地使用政策辩护,但他的数字传达的信息很清楚:牧场比耕地更有利,并且有大片的荒原的潜力尚未得到开发。这些发现对于改良思想发展的意义怎么估计都不过高,因为它们为大规模加速圈地提供了坚实的经济论据,而圈地所针对的正是这两个问题,并且在接下来的一百五十年里彻底地改变了英格兰乡村面貌及其居民生活。但从认识论的角度看,也许更重要的是,金的政治算术设计了将自然转化为数字的方法。

圈地的改良与进程

虽然正如我们所看到的,到17世纪末圈地已成了一种成熟的做法,但在18世纪它的实施出现了大幅增长。这主要是因为相关圈地法案的通过,为了充分发挥议会赋予的权力,由此确立的标准化的精简程序大大便利了圈地。1760年第一部《议会圈地法案》通过后,圈地的步伐急剧加快,在接下来的二十年里,大约通过了900部法案。总之,据估

79

计，在1750年到1850年之间，议会通过了4 000项法案，且主要集中在两个时段——在18世纪60—70年代，然后是在1793年到1815年的拿80破仑战争期间。[67]这些法案中有许多涉及敞田圈地（图27—30），但也有相当多的法案是针对荒原圈地的：人们认为单单18世纪后半期就有200万到300万英亩的荒原被圈起来了。圈地将传统的农业景观转变为现代景观。它摧毁了存在了几个世纪的生活方式，不可逆转地改变了英格兰村庄的面貌及其居民的生活。[68]圈地使得农业生产率提高、国家财富增加（尽管分布不均）和人口激增。虽然对圈地效果的解释和评81价在不同作家和不同世代之间千差万别，但是没有一个评论家，无论是历史的还是现代的，会质疑这样一个事实，即从一开始，在改良旗帜下进行圈地的核心目标就是根除荒原。

但是，无论是推动根除荒原的动力，还是改良本身的思想意识都不会一成不变。17世纪末，哈特利布和他的圈子对改良概念所寄予的乌托邦式希望已开始暗淡下去。到了18世纪20年代，许多评论家认为，对经济利益的追求已使得道德和精神上的改良愿望黯然失色。正如小册子《改良公地和荒地的建议》的匿名作者所承认的，当谈到“改良，并加强这个王国的产品、制造业、贸易和航海”问题时，“宣扬过时的宗教和道德准则，己所不欲勿施于人，珍视自己和别人的生命，等等，都将徒82劳无益，尽管这些肯定是最好的理据，但在涉及利益时却几乎没有力量和效益”。[69]皇家学会将景观转化为列表和格雷戈里·金将自然还原为数字，是英格兰景观解释和评估方式发生转变的至关重要且相互关联的步骤。随着事态的发展，它们似乎指向了一种叙事：日益高涨的合理化、私有化、工业化和世俗化浪潮，压倒了公共权利、多重重叠使用，

67 Chambers and Mingay, *Agricultural Revolution*, 77.

68 Chambers and Mingay, *Agricultural Revolution*, 35.

69 Anonymous, “Proposals for the Improvement of Commons and Waste-Lands”, n.p., n.d., 47.

图27. 1689年圈地进程：一块单独圈起来的田地，树篱里种着果树；在前景中有苹果酒压榨机。约翰·沃里奇的《农业系统第二部分》(伦敦，1689)卷首插图。

图28. 1700年圈地进程：庄园主的住宅被有围墙的花园和许多圈起来的田地包围着。四四方方的花园是垂直布局的乡村的真实写照。蒂莫西·诺斯的《坎帕尼亚·费利克斯：或论农业收益和改良》(伦敦，1700)卷首插图。

图29. 1760年圈地进程：甚至在议会圈地全盛期之前，目之所及萨里郡乡村的这部分就已被圈围起来。蜿蜒的景观花园与网格状农业景观形成对比。注意树篱中种植的树木。匿名画家：《克莱蒙特：圆形剧场与湖的景色》(ca. 1760)。

以及通过与土地互动而获得哲学和精神益处等老观念。然而，正如我们将要看到的，传统农业景观向现代工业化景观转变的故事并不那么简单。越来越明显的是，改良的好处并不明确，而美学在发展景观概念中所起的作用再次改变了事态，为特定的荒原生态——尤其是沼泽、山脉和森林——被人们看待、理解和估价的方式增添了色彩。 83

图30. 1818年约克郡东部基恩西地区的圈地地图手稿；新增的1840年图显示了在现存的敞田和条田中修建的新圈地。

第三章
沼　泽

18世纪20年代早期，丹尼尔·笛福在去往曼彻斯特的路上路过了"大片泥沼或被称为查特莫斯的荒地"。查特莫斯泥沼位于向北通往曼彻斯特那条路的左手边延伸五六英里处，具有独特的地形特征，既不是陆地也不是水域，而是介于两者之间的某种令人头疼的地貌。这片泥沼"想起来就可怕"，危险且可能致命，"因为它既经不起马踏也经不起人踩；除非在极度干燥的季节，否则人和马都不能通行；或者任何人都不能越过它"。从远处看，那泥沼又黑又脏；从近处看，泥沼的表面由"无数植物的小根茎汇集起来，纠结在一起，交织得那么厚，大根缠着小须，使一种物质坚硬到可以切割成草皮，或准确地说是泥炭。在一些地方，人们把它割下来，堆起来搁在在太阳底下晒干，用作燃料……在一些地方，泥沼的表面比较厚，在另一些地方它并不那么厚。我们看到，在一些地方，它有八九英尺厚，里面排出来的水看起来很清澈，但却是深褐色的，像走了气的啤酒"。这片沼泽既不完全是固体，也不完全是液体，它不仅不可能穿越，而且难以利用，甚至难以理解。"这片地除了上面提到的给那些可怜的村民提供点燃料外，就完全荒废了，而可用的燃料的数量非常少，"笛福这么说，并总结道，"很难想象，大自然要靠这样一个毫无用处的产物干什么。”[1]

1772年，威廉·吉尔平在去英格兰北部的旅途中也遇到了特征相似的景观。他在去坎伯兰郡和威斯特摩兰郡的旅程即将结束时，调查了索尔韦莫斯“荒芜的景观”，它位于卡莱尔市以西几英里的地方。吉尔平对这片泥炭沼的描述让人想起笛福曾说过的话：“索尔韦莫斯是一块平坦的区域，周长约七英里。这里有令人恶心的液体，掺杂着淤泥，也有石南植物腐烂的须根，这里的土地被内部的泉水稀释了，泉水出现在沼泽的每一处。有苔藓和灯芯草覆盖的地表是干燥的；人们可以清晰地看到不稳固的地底——苔藓和灯芯草在悠闲地摇曳着。”索尔韦莫斯不仅难看，而且危险：“牛凭直觉就知道它很危险，于是会避开它。但有灯芯草生长的土地，地表是最稳当的。因此，在干燥的季节，当冒险的旅客有时为了少走几英里路而穿越这片危险的荒原时，他们会小心地穿过灯芯草草丛。”但是，吉尔平警告说：“如果他的脚打滑，或者他冒险舍弃了这条安全的路径，他可能会永远销声匿迹的。”[2]

笛福和吉尔平在描述他们所遇到的泥沼时，用了让人想起一片荒原的字眼。对他们来说，泥沼令人恐惧、危险、难看，而且毫无用处，它绝不只是旅行的障碍：它使得景观最具敌意、最令人不安。泥沼的表面阴暗且不稳固，它的深度不可估量，令人害怕，泥沼是像伪善者、骗子一样的景观，它随时准备将没有准备的人吞没在泥泞的、令人窒息的沼泽里。它在其他方面也同样令人不安。泥沼既不是完全由泥土构成的，也不是由水构成的，它将两种元素结合起来，是一种不能简单地分为液体或固体的泥状混合物。也许正是这种不明确性，这种对特性描述的

1 Daniel Defoe, *A Tour Thro' the Whole Island of Great Britain*, 2 vols., with an introduction by G. D. H. Cole (London: Frank Cass, 1968), 669.

2 William Gilpin, *Observations on Several Parts of England, particularly the Mountains and Lakes of Cumberland and Westmoreland, relative chiefly to Picturesque Beauty, made in the year 1772* (London, 1786), vol. 2, 134.

抗拒，使得泥沼成为一种令人不安且具有特别威力的景观，一位接一位的评论者本能地对它表现出了厌恶。

笛福和吉尔平与沼泽荒原的相遇发生在北部，泥沼在英格兰北部和苏格兰是相对常见的，但相似的沼泽景观也出现在英格兰南部（肯特郡的罗姆尼湿地就是一个典型的例子），威尔士和英格兰西部其他地方也有这种沼泽景观。然而，英国任何一个与沼泽、沼泽化相关的地区都无法与那一大片又长又宽的泥沼，即著名的芬斯沼地相比。

位于英格兰东部的芬斯沼地面积超过1300平方英里，它在沃什海岸附近，这片沼泽被水淹没，水渗出并停留在诺福克、萨福克、剑桥、亨廷顿、北安普顿和林肯六个郡（图31）。最初，这片大沼泽是被北海覆盖的低洼盆地，南北两侧的白垩山脉环绕着这片草本沼泽，威瑟姆河、格伦河、韦兰河、内内河和乌斯河，还有乌斯河的四条支流，即格兰特河（或卡姆河）、米尔登霍尔河（或云雀河）、布兰登河（或小乌斯河）和斯托克河（或维斯西河）的河水都会流入这片沼泽。

几个世纪以来，这个盆地逐渐被来自高地河流的沉积物，甚至更大程度上说是来自海洋的沉积物淤塞。河口堵塞越来越严重，盆地就很容易被洪水淹没；一方面河水会逐渐溢出河岸，另一方面暴风雨、海水涨潮也会导致大水漫灌。一些地区只在经历严重的暴风雨时会被水“淹没”或“包围”，一些地区冬天大部分时间在水下，但在夏天它们是干燥的，也有一些地区会成为永久性的盐水或淡水沼泽。威廉·卡姆登在描述剑桥郡时写道：“这个郡较高的地方和北部地区被河流分割成一座座岛屿（沟渠、河道和排水沟的流水把它们分隔开了），在夏天，这些景观形成了美丽的绿色风景；但在冬天，几乎所有的东西都被埋在水下，在人们看来，某种程度上它就像海洋。”[3]在水下，一

85

3 William Camden, *William Camden's Britannia, Newly Translated into English: With Large Additions and Improvements*, ed. and trans. Edmund Gibson (London, 1695), 408—409.

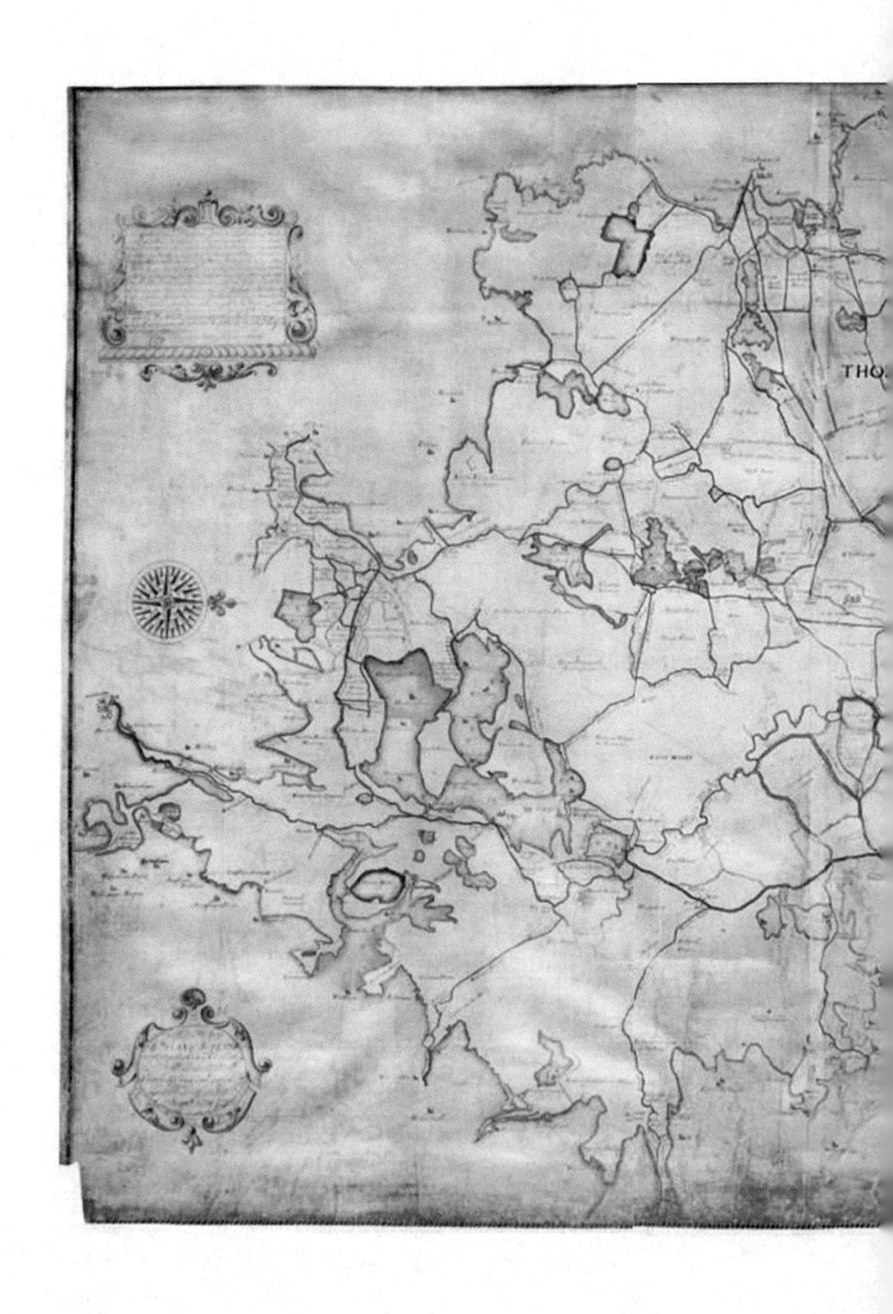
THO

图31. 佩勒 · 史密斯:《1604年威廉 · 海伍德取得的芬斯沼地平面图的精确副本》。

些地区的土壤是海洋沉积的淤泥和粘土的混合物，另一些地区的土壤是混浊的水与腐烂的植被长期共存形成的泥炭混合物。这类土壤的表层不平坦，因而一些深洼地常年积水［惠特尔西（Whittlesey）、拉姆西（Ramsey）和索厄姆（Soham）是其中最大的几个洼地］，这类土壤偶尔会出现高地小山或高地“岛屿”，最早的永久定居地就坐落在这里。

在芬斯沼地，土地与水的比例、牧场与草本沼泽的比例随季节和年月的变化而变化，它的变化也取决于风暴、潮汐和其他反复无常的自然力量。易变性和不稳定性是这片景观的典型特征。居民们完全受水支配，如果他们不住在足够高的地方，那么洪水可能会淹没整个村庄，破坏庄稼，毁掉房屋、牲畜和人。在沼地，人们的定居点稀少，倾向于聚集在草本沼泽的边缘与孤洲上，在一年的大部分时间里，人们几乎不可能也很难穿越沼泽：几乎不可能建设道路，也不可能维护“软泥沼泽和不稳固的土地”，芦苇和灯芯草堵塞了不流动的水，也阻碍了人们乘船旅行。[4]据一位评论者说，在冬天“当冰层变得非常坚硬足以阻碍船只通行，但尚不能承受人类行走时，沼地居民就生活在硬斜坡道与堤坝上。这里没有食物，人们的身体和灵魂都感到不适，女性无法外出或劳作，没有办法给幼童施洗或主持宗教活动，没有任何生活必需品，除了那些贫瘠荒凉之地能负担得起的东西”。[5]芬斯沼泽是孤立和荒凉的，这些特征与它多变的水景形成了一种独特的文化，这种文化与英国其他地区的文化不同，生活在沼泽里的人与沼泽外面的人也有明显的不同。

88

4 Camden, *Britannia*, 409.

5 H. C., *A Discourse Concerning the Drayning of Fennes and Surrounded Grounds in the sixe Counteys of Norfolke, Suffolke, Cambridge with the Isle of Ely, Huntington, Northampton, and Lincolne* (London, 1629), 4.

作为荒原的湿地

在最早对芬斯沼地的描述中，人们认为沼地就是荒原，生活在沼地的居民因为环境的局限而处于隔绝与无知的状态。威廉·卡姆登写道："沼泽地区的……居民（从萨福克郡边界到林肯郡的韦恩弗利特有68英里，途经剑桥、亨廷顿、北安普敦和林肯四个郡，有数百万英亩土地）在撒克逊时代被称为'Girvii'，根据一些人的解释，意思也就是沼泽人；他们性情粗野、不文明（与这个地方很像），嫉妒除他们之外的所有人，也就是他们口中的高地人；沼泽人通常踩着一种高跷行走：他们从事放牧、捕鱼、猎杀野禽的营生。"[6]

尽管很少有人愿意勇敢地面对芬斯沼地所带来的困难和危险，但它的野蛮、不文明和荒凉的本性还产生了另一个后果：遵照荒原的象征意义，芬斯沼地也对那些想要逃离俗世、远离诱惑和物质享受的宗教人士产生了强大的吸引力。其中最著名的是名为古斯拉克的年轻修道士，他受到"很久以前向往荒原……并在那里度过一生的隐士"的鼓舞，而开始向往荒原。[7]

古斯拉克在芬斯沼地找到了他的荒原。克劳兰德的菲力克斯在他的《圣古斯拉克生平》（*Life of St. Guthlac*）一书中描述了这个"巨大的沼泽，它始于格兰塔河，离格兰切斯特不远"。这个地区与其他任何地区都不一样，它有"大片的草本沼泽，现在是一池黑水，流淌着肮脏的溪流，有许多岛屿、芦苇、小丘和灌木丛，还有很多弯曲的、又宽又长的河流，一直延伸到北海"。根据菲力克斯的说法，当古斯拉克听到有这么

6　Camden, *Britannia*, 408—409.

7　*The Anglo-Saxon Version of the Life of St. Guthlac, Hermit of Crowland*, trans. Charles Wycliffe Goodwin (London: John Russell Smith, 1848), 19.

一个荒凉的、未开垦的地方时，他马上去到那里；“他询问这片土地的居民，在哪里可以找到自己的荒原居所。”居民们给他讲了许多有关芬斯沼地的事情，讲了它的辽阔以及它存在的困难；这时，一个叫塔特温的人出现了，“说他知道一座特别隐蔽的孤岛，在这座岛上许多人都曾试图居住，但是没有人能做到，因为荒原太辽阔，充满了恐惧和孤独，所以没人能忍受，每个人都逃离了荒原”。古斯拉克听后，请求塔特温马上带他去那里。“他上了一艘船，他们两个人穿过了荒凉的沼泽，来到了一个名叫克劳兰德的地方；这片土地位于沼泽的废墟中是多么的智慧（古斯拉克说道），这里非常昏暗，除非有人领路，否则很少会有人知道它；在圣古斯拉克到来之前，这里没有人能居住下去，因为它住着被诅89 咒的灵魂。”[8]大英图书馆保存的手稿《圣古斯拉克生平》中的一幅插图，画着这位圣人被一艘船带到了克劳兰德；右边直接长在水面上的树表明，他选择的放逐之地是沼泽（图32）。

在《圣古斯拉克生平》的盎格鲁–撒克逊译本（原文为拉丁语）中，这个放逐地一直被认为是荒原。古斯拉克渴望去荒原；塔特温把古斯拉克带到了荒原；正是在荒原里，古斯拉克经受住了一群群恶灵的反复折磨。其中最可怕的一件事发生在一天深夜，当古斯拉克在祷告时间醒来时，“突然，他发现他的整个小屋充满了邪恶灵魂的黑骑兵。他们潜行于多尔河之中，也躲藏在裂缝和洞里；它们从天而降，从地而生，像乌云一样布满天空”。

菲力克斯详细地描述了恶魔的可怕一面，他详尽的描述突出了有关怪诞的一连串记载：“他们的相貌残暴，举止可怕；有大脑袋、长脖子、瘦削的脸、苍白的面容、难看的胡子、粗糙的耳朵、皱巴巴的前额、凶狠的眼睛、臭气熏天的嘴巴、像马一样的牙齿、从喉咙里吐出火来、歪歪斜斜的下巴、宽阔的嘴唇、响亮的声音、烧焦的头发、大脸颊、高乳房、粗壮

8 *Life of St. Guthlac*, 21—23.

图32. 古斯拉克到达克劳兰德。

的大腿、隆起的膝盖、弯曲的腿、肿胀的脚踝、畸形的脚、张开的嘴和嘶哑的叫声；人们听到了它们仿佛伯劳鸟一般强大的咆哮声，其声音几乎充斥着整个远离天堂的人间。”这些可怕的怪物冲进古斯拉克的住所，“先把圣人绑起来，然后将他从单人小屋里拉出来，把他的头和耳朵都扔进肮脏的沼泽里；做完这些，再带他穿过最粗糙不平、最令人讨厌的地区；将他拉进荆棘和蒺藜中，以撕裂他的四肢”。[9]然而，这一磨难只是增强了古斯拉克的决心。他在克劳兰德待了十五年，成为一位著名的圣人，并建立了一个修道院社区，它最终发展成为本笃会修士的修道院（图33）。 90

9 引自 *William Dugdale, The History of Imbanking and Drayning of Divers Fenns and Marshes*（London，1662），179—180。

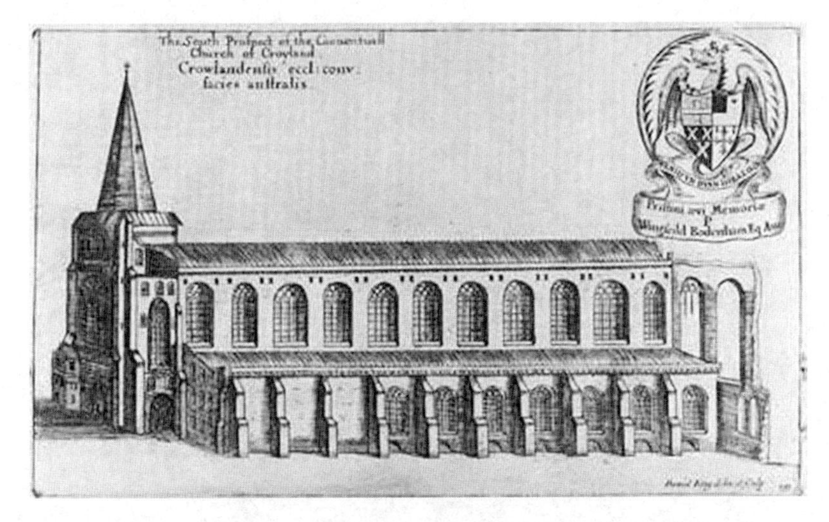

图33. 大卫·金:《克劳兰德修道院的南景》,收录于威廉·达格代尔:《基督教圣公会修道院》(伦敦,1655—1673)。

无论这片水域与《圣经》里的荒原有多么不同,古斯拉克之所以选择芬斯沼地作为他的流放地,是因为它具有荒原的基本特征——偏远、荒凉、难以到达,且有恶灵长住,从而使沼泽足够孤独、艰辛和危险。而他并不是唯一一个这样做的虔诚的人。古斯拉克的姐姐圣·佩加,以及圣·埃塞德丽达和她的姐姐圣·温德达都来到了芬斯沼地;673年,埃塞德丽达在伊利修建了女修道院。655年的彼得伯勒、662年的索尼也分别建立了修道院。到7世纪末,芬斯沼地上散布着零星的宗教房屋,使得曾经无形的土地开始有了形态。

古斯拉克的故事很重要,因为它说明了芬斯沼地景观存留于中世纪英格兰人的想象中的某些方式,见证了这片不确定的沼泽土地导致的恐惧和不安。这个故事表明,芬斯沼地不仅从早期就与荒原的象征意义有关,而且还以一种特别的方式影响了这个象征。菲力克斯对

克劳兰德的常驻恶灵做了生动而细致的描述，使得他们不单单是一般 91
的恶魔。这是因为，他们的邪恶力量不仅表现在行为举止上——他们嚎叫、尖叫，绑住了古斯拉克，将他拖过荆棘丛，扔进那片沼泽的泥水中——而且特别表现在他们异常可怕的一面上。

克劳兰德的恶魔是丑陋的象征、怪异的典范。它们的头部有许多令人厌恶的特征——畸形的长脖子、苍白的面容、难看的胡子、粗糙的耳朵、皱巴巴的前额、凶狠的眼睛、臭气熏天的嘴巴、像马一样的牙齿、歪歪斜斜的下巴和烧焦的头发。它们的身躯很不美，每一部分都有些畸形，要么是弯曲的腿、肿胀的脚踝，要么是"畸形的脚"。这些丑陋不堪的恶魔象征着克劳兰德荒原的极端荒凉，进而象征了整个芬斯沼地。而菲力克斯对恶魔怪诞外貌的冗长陈述不仅引发了恐惧，而且还引发了厌恶；这种厌恶是由丑陋的外表所引发的。因此，在有关芬斯沼地的早期形象的再现中，我们发现荒原的象征意义与厌恶的概念交织在一起，这种联系影响到了对芬斯沼地以及其他类似沼泽景观的认识与表现，并持续了几个世纪，就像黏稠的外皮一样附着于沼地的形象之上。[10]

维京人的入侵毁坏了芬斯沼地与该地区的宗教场所，但是在10世纪，被洗劫和烧毁的修道院得以重建，新的建筑也被建立起来，包括伊利和彼得伯勒的大教堂，以及克劳兰德、拉姆西和索尼的修道院。随着这些偏远的基督教定居点像救赎的小岛一样开始从幽暗而死气沉沉的水域中崛起，休·坎迪杜斯在1150年写道，彼得伯勒修道院周边地区是一片依据一项神圣计划而形成的土地："由于河水泛滥或溢出，水积留在凹凸不平的地面上，形成了很深的沼泽，使这片土地不适于人类居住，只有一些凸起的地方除外；我认为上帝创造这些地方有其特殊目

10　西方文化中的恶魔与奇迹，参见Lorraine Daston and Katherine Park, *Wonders and the Order of Nature, 1150—1750*（New York: Zone, 1998）。有关丑陋与厌恶之间的关系，参见Mark Cousins, "The Ugly"（Part 1）, *AA Files* no. 28（1994）；"The Ugly"（Part 2）, *AA Files* no. 29（1995）；"The Ugly"（Part 3）, *AA Files* no. 30（1995）。

的，只有那些上帝的仆人会选择居住在那里。”[11]当修道院繁荣时，定居在这里的修道士开始赞美芬斯沼地景观的某些独特品质。休称赞彼得伯勒周围广阔的沼泽“对人类非常有用；因为在那里可以找到生火用的木头和树枝、养牛用的干草、覆盖房顶用的茅草，以及其他许多有用的东西。此外，这里还盛产鸟类和鱼类。因为这里有许多河流、水域和池塘，所以盛产鱼。综上，这个地区是最为多产的。”[12]

12世纪早期，马尔默伯里的威廉注意到，在其索尼修道院周围的草本沼泽里，“所有的陌生人都很好奇为什么这里存活着如此多的鱼；居民嘲笑这些陌生人：因为这里的水鸟很少；而且对于钱不够的人来说，这里的鱼不仅可用于尝鲜，也能填饱肚子”。[13]此外，冬天曾被淹没的区域在夏天变成了繁茂的干草地和牧场，它为牛羊提供了丰沛的牧草。当修道士们开始建造小型排水工程时，他们发现水下露出的土地非常肥沃。威廉对他所在的环境赞不绝口，他写道：“在草本沼泽里到处都有树，它们长得笔直，像是在努力地触摸星星。平原与海齐平；它的草生长茂盛、赏心悦目，平原如此平坦，当有东西穿过时也不会被阻碍；平原也不荒凉；因为在一些地方有苹果树，在另一些地方有葡萄藤，葡萄藤要么在杆子上，要么在地上。”[14]对他而言，如同对他的许多宗教兄弟姐妹，芬斯沼地不仅仅是荒原，也是一个“真正的天堂，它有天堂般的快乐和喜悦”。[15]在马尔默伯里的威廉的话语中，我们发现荒原通常兼具模棱两可的角色，既有几分乌托邦也有几分反乌托邦——这种角色不可磨灭地影响和塑造了这个地区后来的历史。

92

11 引自H. C. Darby，*The Medieval Fenland*（Cambridge：Cambridge University Press，1940），21。

12 Darby，*Medieval Fenland*，21.

13 引自Camden，*Britannia*，409。

14 引自H. C.，*A Discourse*。作者转述自Camden，*Britannia*，5。

15 引自H. C.，*A Discourse*。作者转述自Camden，*Britannia*，5。

厌 恶

如果说芬斯沼地作为荒原吸引了圣古斯拉克和他的宗教同胞，那么它对大多数其他游客和编年史家则产生了相反的影响。在《不列颠志》中，威廉·卡姆登描写了伊利的“不健康的空气”，并评论了芬斯沼地的“不忠实的土地”；那“辽阔的旷野……在那里，恶臭的水养育着有毒的鱼，沙沙作响的风仍然在杂草中呼啸”。[16]将芬斯沼地打上不健康的烙印是一个反复出现的主题，我们可以在关于芬斯沼地的描述中一次又一次地发现这类主题，而它们之间有时甚至相隔了几个世纪。

1698年，西莉亚·法因斯前往伊利旅行时，发现她穿越芬斯沼地的道路被洪水阻断了；洪水使道路被淹没，路面也不平整，到处都是深洞。在伊利城外的一条堤道上，她的马跑到一边喝水，“多亏了上天的眷顾，我永远不会忘记，永远感激”，她才没有掉进一条壕沟里。[17]“芬斯沼地满是水和泥”，她写道，住在那里“一定很不舒服”。[18]当她到达伊利时，这种印象得到了证实，她认为这是她所见过的最脏的地方。伊利是“一片十足的泥潭”，街道上满是淤泥，雾和潮湿的空气营造了一种对健康有害的环境；法因斯猜测“对于那些出生在北部干燥地区的人来说，这种环境一定会毁了他们，使他们的身体耗损得像染了病的绵羊一样软弱无力”。[19]但伊利不仅仅是肮脏和不健康。当法因斯在她的房间里发现青蛙、蛇蜥和蜗牛时，她的不快变成了一种发自内心的强烈厌恶。她认为整个城镇一定“完全是地势低洼的沼泽地，因此到处都是这样的东

93

16 Camden, *Britannia*, 409.

17 Celia Fiennes, *The Journeys of Celia Fiennes*, ed. Christopher Morris (London: Cresset, 1949), 146, 150, 155.

18 Fiennes, *Journeys*, 154—155.

19 Fiennes, *Journeys*, 156.

西”。[20]对她来说,伊利不是“人类的居所”,而是“害虫繁殖和筑巢的港湾”,“不洁生物的笼子或巢穴”。[21]

18世纪20年代,丹尼尔·笛福周游全国,他似乎也毫不含糊地把沼泽等同于不健康的地方。在从金斯林到威斯贝奇的路上,他和他的旅伴们“没有看到任何吸引我们好奇心的东西,除了深陷的道路,就是数不清的沟渠和水堤,都可以通航;还有肥沃的土壤,土地上长着大量的优质大麻;但这里的空气是不健康的”。[22]在笛福的旅行中,陪伴他的是“麻鸦粗野的声音,这是一种曾被认为带有不详预兆的鸟”[23],笛福发现自己被这里的景观和潮湿的空气所压抑,“几乎所有的土地都被水覆盖,像大海一样”[24];而且雾很浓,“当附近的丘陵和高地被阳光照得金碧辉煌时,伊利岛就像被毯子包裹着一样,除了偶尔能看到伊利大教堂的灯笼和圆顶之外,其他什么都看不见”。[25]面对这样的前景,笛福同情“成千上万的家庭,它们被浓雾束缚或被困其中,没有别的什么可以呼吸,只能呼吸肯定混合了那些水汽的东西,以及弥漫乡野的蒸汽”。[26]当他越来越接近彼得伯勒时,他“渴望从浓雾、停滞的空气和啤酒色的水中解脱出来”;[27]当他终于离开芬斯沼地时,他感到如释重负,总结说:“这里的空气对一个陌生人来说,呼吸起来是很可怕的。”[28]

旅行者和外来者对芬斯沼地的这些描述都强调了它的不健康。对法因斯和笛福来说,就像对许多同时代的人一样,他们认为沼泽景观损

---

20 Fiennes, *Journeys*, 156.

21 Fiennes, *Journeys*, 155—156.

22 Defoe, *Tour*, I: 74.

23 Defoe, *Tour*, II: 494.

24 Defoe, *Tour*, I: 78—79.

25 Defoe, *Tour*, I: 80.

26 Defoe, *Tour*, I: 80.

27 Defoe, *Tour*, II: 500.

28 Defoe, *Tour*, II: 496.

害了健康，潮湿的水汽会进入人体，并破坏人体自身的免疫系统。但他们的话也表明了另一种恐惧：对他们来说，沼泽的不确定性是它令人紧张不安的根源。芬斯沼地笼罩在雾中，被水覆盖，大部分是泥浆；其景色变幻莫测，使人眼花缭乱，步履维艰。由于沼泽景观的不确定性和不可知性，它不仅变得危险或不堪入目，而且也变得非常令人不安。

芬斯沼地是荒原，但却是一种特殊的荒原。人们难以清晰地描述出它们的样子，因此它们具有一种腐化的潜力，这使得它们不仅仅是危险的景观。对西莉亚·法因斯来说，芬斯沼地大部分是淤泥构成的，伊利镇是一片“十足的泥潭”。笛福对芬斯沼地的褐色水感到厌恶。淤泥是一种不纯净的物质，是水和土的一种又脏又粘的混合物。按照玛丽·道格拉斯的说法，如果泥土是具有污染等级的物质，那么淤泥就是泥土最肮脏的化身。[29]班扬的象征性的绝望潭体现了景观最具玷污性和污染性的一面：朝圣者在泥潭里打滚，“浑身是泥”；这是一片不可能排干水的地方，因为在那里“伴有原罪的泡沫和污物会源源不断地流淌出来”。[30]同样，我们可以从对芬斯沼地的描绘中看到，把它的土地描绘成泥土，把它的气味描绘成恶臭，把它的水描绘成腐烂，把它的动物描绘成害虫，这种恐惧不仅仅是对安全的担忧，而是触及了根深蒂固的污染、腐败和不洁的观念。一片沼泽，无论是草本的、木本的、泥炭的，既不是土也不是水，既不是固体也不是液体；由于它含糊不清、游移不定，又有悖于类型化，因此它具有特殊的意义。木本沼泽是一种不仅对身体而且对灵魂都有威胁的景观：它浑浊的物质是不洁的化身，具有玷污的力量。

94

29　Mary Douglas, *Purity and Danger: An Analysis of Concepts of Pollution and Taboo* (London: Routledge, 2005).

30　John Bunyan, *The Pilgrim's Progress from This World, to That which is to Come* [1678], ed. James Blanton Wharey and Roger Sharrock, 2nd ed. (Oxford: Clarendon, 1960), 15.

水土分离：测绘与排水

1629年，“H. C.”，即《有关沼泽排水和诺福克郡、萨福克郡、剑桥郡的伊利岛、亨廷顿郡、北安普顿郡和林肯郡周围土地的讨论》(*A Discourse Concerning the Drayning of Fennes and Surrounded Grounds in the sixe Counteys of Norfolke, Suffolke, Cambridge with the Isle of Ely, Huntington, Northampton, and Lincolne*)一书的作者，用最轻蔑的语言描述了这个地区的环境，他支持沼地排水：沼地的空气是“模糊的、恶心的和充满腐烂的毛发的”，它的水“是腐败的、泥泞的，甚至满是令人厌恶的害虫”，它的土地“渗水、疏松并且泥泞”，由于沼地缺乏木材，它的火（在此理解为燃料）只能冒烟，而且由于这里缺乏木材，燃料也只有“恶臭的草皮和草丛”。至于环境对人类体质产生的影响，“我应该怎么说人的身体健康呢”，他反问道，“哪里有什么好的成分？”[31]通过将沼泽地带的各种成分（泥水、潮湿的地面、雾蒙蒙的空气和冒烟的火），描绘成使环境“腐烂”、“腐败”、“令人呕吐”、“恶臭”并且“满是令人厌恶的害虫”，这本小册子的作者将这一切的混合等同于腐化堕落。

排水是补救的唯一办法。通过成分分离并把它们归入不同的类别——用沟渠和堤坝将土与水分开——一个综合的方案将会给这个地区带来多方面的好处，从改善健康到预防洪水再到提高农业生产安全，不一而足。但这本小册子流露的情绪异常激动的言辞，以及在讲腐烂和衰落时有意使用的令人厌恶的词语，暴露出在这些看似合理和实用的理由之下，隐藏着更深，甚至可能更原始的恐惧，这种恐惧是针对被视为有腐化能力的景观的。人们希望通过分离景观的组成元素，将其置于所在的空间和合理的类别，从而使排水系统可以控制不稳定的景

95

31 H. C., *A Discourse*, 4.

观，以减轻它的腐化能力。

尽管有一些证据表明罗马人可能曾经试图排干部分沼地，并且在中世纪，这个地区的一些较大的修道院进行了局部排水，但这些工程终究是有限的。1536年和1539年，亨利八世解散了修道院，随后修道院的土地开始流转，先是被国家收走，再是转移到个人土地所有者手中，这为变革铺平了道路。起初，解散修道院的结果是沼地上的土地变得更加分散，这使维护现有排水沟和路堤——总是有问题的——变得更加困难，并阻碍了推动更全面的方案的尝试。[32]洪水泛滥，难以预测，往往会带来很严重的后果（图34）。卡姆登在1585年的著述中哀叹道，在林肯郡，居民们不断受制于"来自高地乡村的强大的水流，以至于整个冬季，郡里的人都要始终保持警惕。他们艰辛地依靠堤岸和堤坝来保护他们自己免遭肆虐、咆哮的洪水危害"。[33]

芬斯沼地的其他地区也有丰穰的自然力与破坏性的自然力之间相互较量的特点。卡姆登写道，草本沼泽地是"一小片低矮的沼泽区，（顾名思义）到处都有沟渠和排水沟，把水排到河流中。土壤肥沃，牲畜繁多。因此，在一个叫作蒂尔尼–斯梅斯（Tilney-Smeth）的地方，大约饲养了3万只羊。但是，海水通过拍打、冲刷、泛滥和毁灭等方式，对它们进行着如此频繁和猛烈的攻击，以至于即便修建了堤岸，也很难把海水挡在堤外"。[34]同样，伊利周边的乡村"在冬季，有时是在一年的大部分时间里，由于缺乏足够的水道，因此会被乌斯河、格兰特河、内内河、韦兰河、格伦河和威瑟姆河淹没。但一旦它们有了合适的沟渠，这里就会令人惊讶地长满茂盛的草和繁茂的干草（他们称之为"Lid"）。到了11月，当他们割下足够自己用的草后，就会把剩下的烧掉，等草再长出

32　H. C. Darby, *The Draining of the Fens*, 2nd ed.（Cambridge：Cambridge University Press, 1968）, 6—8.

33　Camden, *Britannia*, 391.

34　Camden, *Britannia*, 391.

1607.

A true report of certaine wonderfull ouerflowing
of Waters, now lately in Summerset-shire, Norfolke, and other
places of England: destroying many thousands of men, women,
and children, ouerthrowing and bearing downe
whole townes and villages, and drowning
infinite numbers of sheepe and
other Cattle.

Printed at London by W. I. for Edward White and are to be solde
at the signe of the Gunne at the North doore of Paules.

图34.《有关近期在英格兰萨默塞特郡、诺福克郡和其他地方发生的某些奇妙的洪水泛滥的真实报道[……]》(伦敦,1607)。

来时会长得更厚些。大约在那个时候，一个人可能会惊奇地看到周围所有的沼泽地乡村都被一团明亮的火光包围着”。[35]芬斯沼地可能不文明、不健康，有时甚至极其危险，但它们也可能惊人地富饶。正是对这种内在的但尚未开发的自然肥力的期许，激发了一系列想要彻底改变芬斯沼地面貌的工程，将其从腐烂的沼泽转变为肥沃的田地，最终使其成为英国最具生产力的农业区之一。 96

在威廉·达格代尔1662年的著作《不同沼泽地修建堤坝与排水系统的历史》中有两幅地图（图35和图36），它们的对比生动表明了转变的范围。第一幅图是《被淹没时的大平地地图》，它显示了芬斯沼地的中心地区消失在一片汪洋之中；从克劳兰德开始，差不多一直延伸到剑桥。永久的高地，包括伊利、索尼和其他较小的“岛屿”，以及常年存在的水景，如惠特尔西、拉姆西和索厄姆，造成了小规模的阻断，否则这里的图景将是大片的泥炭沼泽、旷野和常见的草本沼泽；这些地方的水渗透在景观上，掩盖并抹杀了其显著特征。这片模糊的广阔区域与第二幅图的图景形成了鲜明的对比，在《排水后的大平地地图》中，许多新的排水沟或“河道”整合了曾经看不出形状的景观，它们聚集、引导相似堤岸之间的不规则水域，随后，数千英亩肥沃的耕地被分割、排列成整齐的直角土地。 97

当达格代尔着手撰写第一部英格兰沼泽的综合史时，这个大转变的故事便是他的主题。他论述的范围很广，从埃及、巴比伦、希腊和罗马的沼泽开始，一直延续到欧洲（特别是低地国家）的那些沼泽，结尾是他母国的沼泽；它们依次是肯特郡、萨里郡、米德尔塞克斯郡和埃塞克斯郡的沼泽，然后发展到苏塞克斯郡、萨默塞特郡、格洛斯特郡、德比郡、诺丁汉郡、约克郡和林肯郡的沼泽，最后则是芬斯沼地，他讲述的历史“是有关这个大平地的，它自我延伸的范围不少于六十英里，涉及

35　Camden, *Britannia*, 408.

图35. 威廉・达格代尔:《被淹没时的大平地地图》,收录于《不同沼泽地修建堤坝与排水系统的历史》(伦敦,1662)。

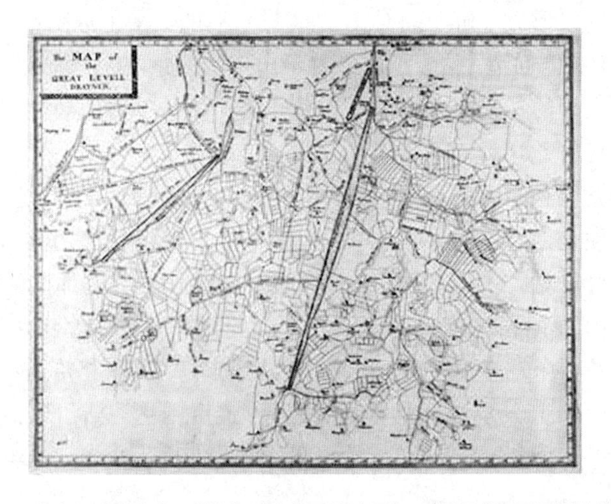

图36. 威廉・达格代尔:《排水后的大平地地图》,收录于《不同沼泽地修建堤坝与排水系统的历史》(伦敦,1662)。

六个郡，即剑桥郡、亨廷顿郡、北安普敦郡、诺福克郡、萨福克郡和林肯郡”。达格代尔的重要论著收集并抄写了大量的编年史、年鉴和其他历史文献，他想构建某种叙事；在这种叙事中，芬斯沼地的成功排水被认为是一种胜利的结局。虽然达格代尔的个别章节将该王国许多沼泽的历史追溯到中世纪或更早时期，但大部分的大泥炭沼泽成功排水的故事是17世纪的故事，始于伊丽莎白女王统治最后几年通过的“一项法案，旨在恢复伊利岛、剑桥郡、亨廷顿郡、北安普敦郡、林肯郡、诺福克郡、萨福克郡、埃塞克斯郡、肯特郡以及达勒姆郡的贵族领地内长期受环境影响的数十万英亩的草本沼泽和其他土地”。[36]

尽管1600年《总排水法》的序言提出，“容易遭受[洪水]淹没的[上述郡的]荒原、公地、草本沼泽和泥炭沼泽地带，可能由技术好的和能干的承办人恢复，这将为女王陛下带来巨大的、不可估量的利益”，但它还指出，“使周围土地变得干燥和有利可图”是会受到阻挠的，因为这个地区的居民有权享有公地，“这里的土地大部分是每年都受周围环境限制的荒地和公地，只有其中一小部分地区有人居住，而居住其中的居民因其长期居住可按规定享有这些公地，该权益不能被普通法取缔”。此外，这里的平民“很贫困，无法承担排水的高额费用”，这使得任何全面的排水计划都不可能在地方层面融资。[37]这种情况为拥有资本的大企业家（包括做风险投资的“冒险家”以及承担风险的“承办人”）敞开了大门，但这也造成了当地人的想法和利益与外来者的宏伟计划相冲突的局面，用布拉班特的汉弗莱·布兰得利的话说，外来者设想“将没有人的模糊的、荒芜的帝国变成富饶的地区；野蛮、无用的产物变成丰富的谷物和牧草；简陋的茅屋变成美丽富饶的城市”，还有数千英亩的

99

36 William Dugdale, *The History of Imbanking and Drayning of Divers Fenns and Marshes*（London, 1662）, 16ff; 43 Elizabeth, cap. 11, cited in Darby, *Draining*, 22.

37 Darby, *Draining*, 29.

新土地，这无异于“一场帝王般的征服，一个新的、完整的共和国”。[38]

尽管《总排水法》在开篇就承认存在困难，但立法的通过无疑迎来了新的时代，这个时代将见证沼地被合并成统一的实体并以新的方式被人们所认知。1604年，勘测员威廉·海伍德为首席大法官约翰·波帕姆爵士及其助手绘制了《伊利岛内以及林肯郡、北安普顿郡、亨廷顿郡、剑桥郡、萨福克郡和诺福克郡的沼地和其他土地的总绘制图和描述说明》（“A General Plotte and description of the fennes and other Grounds within the Isle of Ely and in the Counties of Lincoln, Northampton, Huntington, Cambridge, Suffolke and Norffolke”）——凯瑟琳·德拉诺-史密斯和罗杰·克莱因认为这幅以地形元素为主题的地图非常值得关注。[39]早期的英格兰地图，如克里斯托弗·萨克斯顿或约翰·诺顿的那些，倾向于使用郡作为单位。与它们相比，海伍德的地图则将单一的环境特征作为地图的组织逻辑和主要焦点。

同样引人注目的是，海伍德的地图描绘了一片低矮的沼泽，而且是一片位于这个国家偏远而人烟稀少地区的木本沼泽。考虑到人们最初对地形学地图的兴趣有限，因此这幅地图后来的影响特别引人注目。尽管海伍德的地图原稿没有被保存下来，但它被人所知是因为它的复制品，该地图不只被复制了一次，而是被复制了无数次。它是亨里克斯·洪迪厄斯于1632年在阿姆斯特丹印制的地图的基础；1645年这幅地图又一次得到发行，还有了“淹没区”（Regiones Inundatae）这个新标

38 Humphry Bradley, “A treatise concerning the state of the marshes or inundated lands (commonly called Fens) in the counties of Norfolk, Huntingdon, Cambridge, Northampton and Lincoln, drawn up by Humphry Bradley, a Brabanter, on the 3rd of December 1589”, British Museum, Landsdown MS 60/34. 参见 Darby, *Draining*, 267—268。

39 Catherine Delano-Smith and Roger J. P. Klein, *English Maps: A History* (Toronto: University of Toronto Press, 1999), 79. 也参见 Edward Lynam, “Early Maps of the Fen District”, *Geographical Journal* 84, no. 5 (November 1934): 420—423; Frances Willmoth, *Sir Jonas Moore: Practical Mathematics and Restoration Science* (Woodbridge, Suffolk: Boydell, 1993)。

题，并被收录在琼·布劳的《世界地图》中。1725年，托马斯·巴德斯莱德复制了这幅地图，并印在了他的《古代和现在的金斯林港与剑桥的航行史》(*The History of the Ancient and Present State of the Navigation of the Port of King's-Lyn and of Cambridge*)中。1727年，制图师佩勒·史密斯复制了这幅地图，它作为一幅大型手稿地图被保存下来，在伊利的沼地办公室悬挂了多年，现在已被转移到剑桥郡档案馆(见图31)。[40] 100

海伍德的原始地图是用颜色编码的，这便于根据土壤和水的混合程度来区分景观特征。他将沼地与高地(绿色)；海岸和其他堤岸(红色)；水景，包括河流、池塘和排水沟(蓝色)；以及沼地周围的高地(浅绿色)区分开来。这幅地图是为波帕姆和一家由三十名冒险家组成的公司绘制的，无论地图视觉上多么吸引人，它都不是用来赞美这个区域的，而是有关这一区域大转型的蓝图。尽管最终波帕姆的公司并没有完成比"波帕姆水道"(Popham's Eau)，即修建五英里河道更多的事情，但我们已经看到，海伍德的地图后来有着重要的影响，它提供了一幅等待开垦的荒原的诱人景象。

在波帕姆投资失败的许多年里，人们在排干沼地方面没有取得重大的进展，直到17世纪第二个十年，排干沼地的势头才再次开始加速。1621年2月，詹姆斯一世恢复了这个计划，他宣布他要排干沼地的水，因为他"再也不能忍受因为水而放弃土地，他不要让土地白白浪费、无利可图"，如果成功的话，他会授予自己十二万英亩的开垦土地。[41]然

40 Cambridgeshire Archives, R59/31/40. Lynam, "Early Maps of the Fen District"; "William Hayward" in A. W. Skempton, *A Biographical Dictionary of Civil Engineers in Great Britain and Ireland, 1500—1830*(London: Thomas Telford, 2002), 308—309; Willmoth, *Sir Jonas Moore*, 89—90.

41 Cornelius Vermuyden, *A Discourse Touching the Drayning the Great Fennes, Lying Within the severall Counties of Lincolne, Northampton, Huntington, Norfolke, Suffolke, Cambridge, and the Isle of Ely, as it was presented to his Majestie*(London, 1642), 1.

而，计划资金缺乏，在接下来的一年里，詹姆斯一世转而把目光投向了一个局限更大的项目：哈特菲尔德猎场排水工程，它位于约克郡—林肯郡边界的顿卡斯特附近占地七万英亩的木本沼泽里。

詹姆斯一世首先任命了一个委员会来调查"上述猎场的情况"，特别是猎场的居民是否会因为"在猎场建造新房子、猎取野兽、砍伐树木"而认为自己的权利受到了侵犯，还有他们会不会"认为排水、改良和砍伐森林"等活动使他们丧失了公共权利。[42]这个由当地土地所有者组成的委员会的确发现国王的好意被曲解了，但委员会也怀疑这个地区到底能否被排干，"他们在考虑水平面有多高，水有多深，多少河流流向沼泽，等等。"[43]詹姆斯一世不愿意接受这种没有第二个选择的结论。他找到荷兰工程师科尼利厄斯·维尔穆登调查此事，并让维尔穆登起草一份计划书。尽管这份文件没有保留下来，但随后的事情表明，维尔穆登肯定已经得出了结论，他认为在哈特菲尔德猎场排水是可行的。但是101 在1625年，詹姆斯一世去世，他的从王国沼泽地带发现肥沃可耕地的设想暂时没有实现。[44]

然而，排水的问题始终没有得到解决。詹姆斯一世的继承者，查理一世在是否投资他父亲的排水项目上没有浪费时间。1626年5月24日，在成为国王一段时间后，他决定尝试对哈特菲尔德猎场进行排水，并任命科尼利厄斯·维尔穆登为首席工程师。项目所有的资金几乎都来自荷兰的"冒险家"，项目承诺改造24405英亩土地，其中三分之一的土地是给国王的补偿，冒险家拥有另外的三分之一土地，有公地权利的居民占剩余的三分之一。

维尔穆登和他的荷兰工人立即开始工作，十八个月后，他们宣称

---

42 L. E. Harris, *Vermuyden and the Fens: A Study of Sir Cornelius Vermuyden and the Great Level*（London：CleaverHume，1953），41.

43 Harris，*Vermuyden*，41.

44 Harris，*Vermuyden*，33.

哈特菲尔德猎场的水排干了。但故事并没有就此结束。排水系统的工作引发了当地居民的不满。他们很固执，并且通常带有暴力倾向，怨恨自己丢失了土地共有权，认为没有获得足够的补偿金，最终只得到了最贫瘠的土地。一些人甚至抱怨新的排水系统引发了该地之前没有的洪水，并认为如今出现的洪水给他们造成了财产损失。他们抱怨、请愿、控诉，这些手握干草叉的平民发动了暴乱，破坏了堤岸。而维尔穆登和他的同伴也开始带着武装工作，于是外国人和当地人的关系变得更加恶化。哈特菲尔德猎场排水计划的恶化，成了有关死亡与破坏的难以驾驭的故事，包括当地人的谋杀，拆毁新的堤坝和排水系统，把桑德托弗特的瓦隆镇夷为平地，初期的“冒险家”损失了金钱。对此，达格代尔以及19世纪地区史学家约瑟夫・亨特、W. B. 斯通豪斯和J. 汤姆林森以及维尔穆登的传记作家L. E. 哈里斯都有详细的叙述。[45]虽然其细节超出了本章的范围，但哈特菲尔德猎场的故事还是呈现出了许多要素——成功、问题和失败——这些也是芬斯沼地大平地排水系统的特征。

芬斯沼地的排水

威廉・达格代尔最先对芬斯沼地排水的历史进行了介绍，此后许多历史学家都重述了这段历史，其中最详尽的是H. C. 达比在《芬斯沼地排水》中的叙述。1629年，查理一世邀请维尔穆登作为芬斯沼地大平地排水工程的主要承办人。然而，国王任命外国人的做法引起了当地居民的不满和怀疑。他们找到第四代贝德福德伯爵弗朗西斯（他是

45 “A briefe Remembrance When the Report concerning the pretended Ryot in the Isle of Axeholm shall be read”（July 6, 1653）. 关于哈特菲尔德猎场，参见Dugdale, *Imbanking*; Joseph Hunter, *South Yorkshire*（London, 1828—1831）; W. B. Stonehouse, *History and Topography of the Isle of Axeholme*（London, 1839）; John Tomlinson, *The Level of Hatfield Chase*（London, 1882）; 以及Harris, *Vermuyden*。

该地区为数不多的大地主之一），要求他代替维尔穆登指挥这个项目。102 贝德福德接受了这个提议。1630年，他与排污委员会签订了一份合同，排干芬斯沼地南部、现在被称为贝德福德平地的地区。根据这份后来被称为《林恩法》的协议，贝德福德承诺在六年内“自行负责将上述草本沼泽、荒地、泥炭沼泽和周围土地的水排干，使它们适合成为草地、牧场或耕地”。[46]他将获得95 000英亩的再生土地作为报酬，同时将12 000英亩土地分给国王，40 000英亩土地用于抵消维护工程的费用。为了帮助支付项目的巨额费用，贝德福德召集了13名冒险家。1631年他们签署了一份名为《十四部分契约》（“The Indenture of Fourteen Parts”）的文件，列出了他们认同的法律和财务条款，他们希望“那些目前除了大片水景和稀稀落落的芦苇以外什么都没有的荒地，能在神恩的照耀下，变得可以看到令人愉快的牛羊牧场，以及许多属于当地居民的房屋”。[47]

接下来的六年里，在维尔穆登陆续的帮助下，许多排水工程顺利完成。工程的主要任务是在伊里斯和索尔特的矿脉之间开一条大的新河道，长21英里，宽70英尺，并以伯爵的名字命名为贝德福德河。根据达格代尔和达比的说法，除了贝德福德河，建于15世纪的莫顿沼泽的排水沟也得到了修复，此外还扩建了克劳兰德附近的郡排水沟。新的排水沟包括山姆河道，它从诺福克郡的费尔特韦尔通到乌斯河；桑德尔河道，它在伊利附近，长10英里，宽40英尺；贝维尔排水沟，从惠特尔西湖到古希尔，长2英里，宽40英尺；皮克尔克排水沟，从彼得伯勒大沼泽到古希尔，长10英里，宽17英尺；新南部排水沟，从克劳兰德到国王十字；彼得伯勒附近的希尔河道，长2英里，宽50英尺。其他基础设施工程还包括贝德福德河上的大水闸等。[48]

---

46 Harris, *Vermuyden*, 67.

47 Darby, *Draining*, 40.

48 Darby, *Draining*, 41—42; Dugdale, *Imbanking*, 410.

1637年10月12日，这项工作宣告完成，贝德福德和其他冒险家得到了他们的补偿。但是很快就出现了麻烦。受排水影响的城镇和村庄的居民对结果不满意，并开始投诉。一些冒险家则声称他们得到的报酬也不足。此外，一些排水工程本身出现了结构性问题。1638年4月12日，排污委员会在亨廷顿召开会议，判定贝德福德和他的合作者所做的工作不充分、不完整，并迫使他们放弃补偿。在委员会决议之后，查理一世介入此事。他决定接管这个项目，不仅为自己额外保留了57 000英亩土地作为补偿，还任命了不受欢迎的维尔穆登为总工程师。 103 由此，我们也就不奇怪为何这一决定会引发日后的争议。

维尔穆登甫一上任就为国王起草了一份《有关大沼泽地排水的论述》，详细阐述了自己雄心勃勃的有关排水的提议。贝德福德和他的合作伙伴是集中对沼地的一个区域排水，旨在让它足以成为不受洪水侵袭的夏季牧场，而维尔穆登的全新计划覆盖了整个地区，并承诺其全年不受洪水侵袭，从而保证夏季和冬季都有牧场。为了做到这一点，维尔穆登将整个大平地划分为三个区域（这一划分将贯穿所有的后续项目），即北部、中部和南部，他也为每个区域起草了具体的方案。

维尔穆登的解决方案包括将主河道的水分流到新的水渠，这些水渠将直接通向它们的排水口。通过用笔直的河道取代蜿蜒的河床，新的通道将提高水流速度，以帮助排水，让水流不断冲刷河床，进而保持河床畅通无阻。整个方案呈现在一幅地图上，随后与1642年正式出版的《有关大沼泽地排水的论述》一起被印刷出来（图37）。维尔穆登的地图与早期试图分析该地区地形的沼泽地图形成了对比，维尔穆登的地图侧重基础设施和水的流通。黑色的线条——笔直的新排水通道和蜿蜒的河流——从模糊的灰色沼泽景观中清晰地显现出来，它表明沼地里的水从草本沼泽流入了大海。这幅地图展现了工程技术在桀骜不驯的景观中的应用，展示了如何用新技术来实现改良的基本目标——将水从土中分离出来。

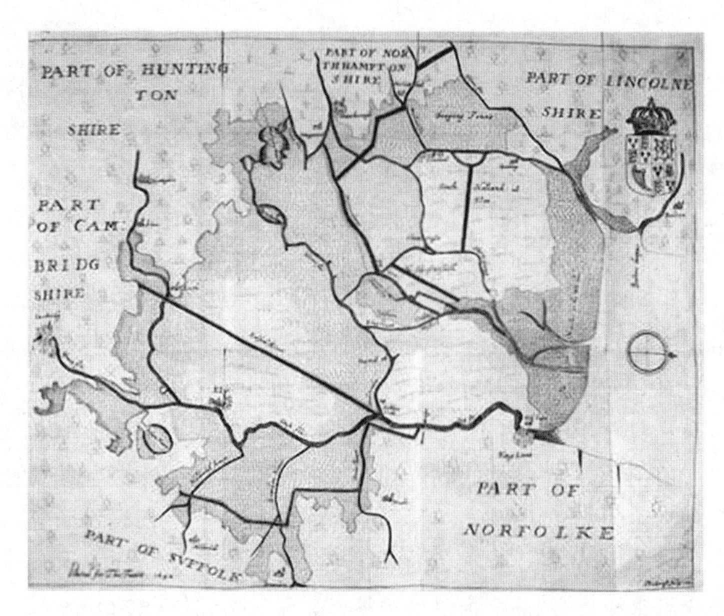

图37. 带排水方案的地图。科尼利厄斯·维尔穆登:《有关大沼泽地排水的论述》(伦敦,1642)。

尽管国王对维尔穆登的计划很感兴趣,但他无法过多关注计划的实施。国王与议会的紧张关系继续加剧,国家一旦面临内战,就没有时间实施排水工程了。此外,战争的混乱破坏了现有的排水工程,当议会下令拆除堤坝来阻止保王党军队前进而造成大面积洪水时尤其如此。直到查理一世被处决后,沼地的问题才再次被认真考虑。

虽然政府在更迭,但人们对排水的关注依旧。1649年5月29日,议会通过了一项《沼地大平地排水法》(在王朝复辟之后它被称为“虚假法”)。[49]这个计划被委托给了弗朗西斯的继任者,第五代贝德福德伯爵威廉。不久后,维尔穆登被任命为总工程师。这一次,排水计划显得

104

49 *An Act for the Draining of the Great Level of the Fens*(London,1649).

更加雄心勃勃。法律规定，到1656年10月10日，承办人应该已完成以下工作：使整个大平地变成“越冬场地”（winter ground），全年都适于放牧，可以种植小麦和其他种类的谷物，并能供养油菜、油菜籽、大麻和亚麻等工业作物，以备国家的羊绒、亚麻和绳索等行业之需。[50]

工作从北部和中部平地开始。他们在新、老贝德福德河之间挖了一条与贝德福德河平行的新河道，制造了一个“冲击”区来处理溢出的水。其他新的排水系统包括道纳姆水道、托恩排水沟、四十英尺长的排水沟（也被称为维尔穆登排水沟）、瑟罗排水沟、摩尔排水沟、斯通纳排水沟和康奎斯特水路。他们修建了许多水闸来控制水，还修建了新的道路和桥梁。1651年3月26日，沼地的北部和中部平地——贝德福德河西北部的整个地区被认为已排水成功；一年后，南部平地的排水也宣告完成。1652年3月，伊利大教堂举行仪式宣告这项工作结束：在所有人看来，似乎已经实现了对土和水的分离。[51]

105

在这种胜利的氛围中，沃尔特·布莱斯接连于1649年和1652年出版了《英格兰土地改良》和《英格兰土地改良增订版》；后者加了一个扩充章节，专门论述“沼泽排水”的好处。而塞缪尔·哈特利布则于1653年出版了克雷西·迪莫克的《对作为最佳方式的土地分割或测定的探索》。它附有一份计划，即通过修建直角排水沟网络，将新排干水的沼泽地划分为多块整齐的小农田，该计划旨在明确“为英格兰和爱尔兰沼泽地和其他荒无人烟的地方的冒险家和种植园主提供指导，以及创造更多的有利条件和利润空间”（图38）。[52]

50 *An Act for the Draining of the Great Level of the Fens*（London，1649），561.

51 Darby，*Draining*，70—75.

52 Walter Blith，*The English Improver, Or a New Survey of Husbandry*（London，1649）；Walter Blith，*The English Improver Improved, or the Survey of Husbandry Surveyed*（London，1652）；Cressy Dymock，*A Discoverie For Division or Setting out of Land, as to the best Form*（London，1653）.

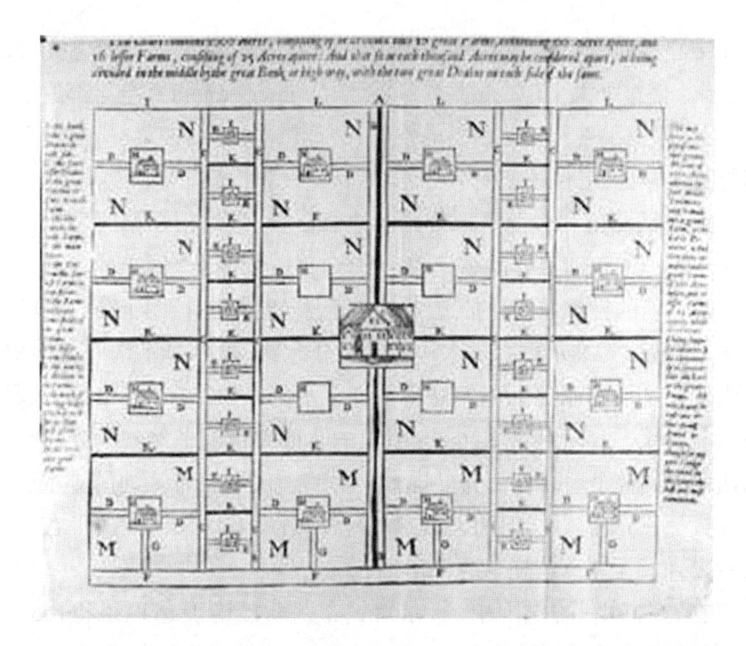

图38. 在2 000英亩的土地上规划32个农场。克雷西·迪莫克:《对作为最佳方式的土地分割或测定的探索》(伦敦,1653)。

人们认为,芬斯沼地排水见证了改良的思想体系,是人类技术战胜自然的光辉典范。布莱斯在《英格兰土地改良增订版》中,利用维尔穆登计划的成功为所有其他排水项目设定了标准。而他对“完美排水”的定义不只是收复土地,以长出“莎草或茅草,这是排水的首要成果,也是连粗鲁无知的沼泽人都不愿意抱怨的东西”;也不只是让土地能长出“在夏天腐烂,又在冬天被淹没的肮脏的杂草”;甚至不只是“使地表在冬天和夏天保持干燥,,但在铁锹或犁头工作的地方依旧潮湿、泥泞”。即使把水抽干,使这片土地适于在炎炎夏日耕作,但如果底部仍然不牢固,那也是不够的。可不是吗,对布莱斯来说,使芬斯沼地变得“最完美”,意味着“下到腐化之地的底部,清除那滋养沼泽或荒原的毒液,那从根上啃噬灵魂的潮湿和寒冷”。在实践中，这意味着完全改变芬斯沼地的基本属性，使得“无论是沙、粘土、砾石还是混合土，都变成健康、完美的松软沃土和泥土”，这样它出产的就不是莎草和茅草，而是“普通的小蓟、三叶草、毛茛和金银花”。到那时，也只有到那时，改良者才会“在培植、饲养或播种中收获大地的精华”，布莱斯如此断言。他还补充说，“这些如此完美地排干的土地将会成为你们所有土地中最富饶的土地；水排得越好，土地就越肥沃”。[53]

布莱斯认为泥炭沼泽就像是某种弊病；他推测，当自由流淌的泉水“被大地的力量和重量所压制，反过来泉水不断流转并向上运动进入大地，好像要把大地吹起来，使大地像脓包一样膨胀、鼓起来的时候”，草本沼泽就形成了。其解决办法，如同医生采用的治疗方法，是用柳叶刀割开皮下脓肿处：布莱斯写信给将要成为改良者的人说，如果能找到泉源，“你只需要打开那个地方……给它一个干净的通风口；当然，你的沼泽也会腐烂，正因为如此，它才使大地变得如此腐化和肿胀，就像水疱使身体变得如此臃肿一样”。土和水都是纯元素，但土的本质是健康的，水的本质是流动的。土和水混合在一起时，它们彼此腐蚀：那土变得泥泞不堪，并“喷涌而出”；那水变得“多余又有毒”，产生了“泥沼、泥泞、灯芯草、菖蒲和其他污物”。通过分离水和土，从而恢复它们的基本属性，排水就成为一种净化行为。[54]

106

实现这一转变的重要因素是使用挖沟犁和翻土铲这样的特殊工具，以及半圆仪和水平仪这样的新的测量技术和仪器；布莱斯认为这是“铸造或布局所有工程的最基本的必要条件”。布莱斯详细讨论了排水系统的实施过程，它包括四个步骤，每个步骤都需要自己的特定工具。第一步是测量土地并确定排水地点，这要使用测量员的线形仪器、水平

53 Blith, *Improver Improved*, 46—47.

54 Blith, *Improver Improved*, 40, 37.

图39. 用于排水的测量仪器。沃尔特·布莱斯:《英格兰土地改良增订版》(伦敦,1652)。

仪器和半圆形仪器(或测图仪,见图39)。然后用挖沟犁在草皮上划一 107 条线,标记两边排水沟的界限。再用翻土铲铲去最上面的一层土,最后用挖沟铲挖掘沟渠;挖沟铲装有两个弯曲的刀片,它们可以将沟的两侧

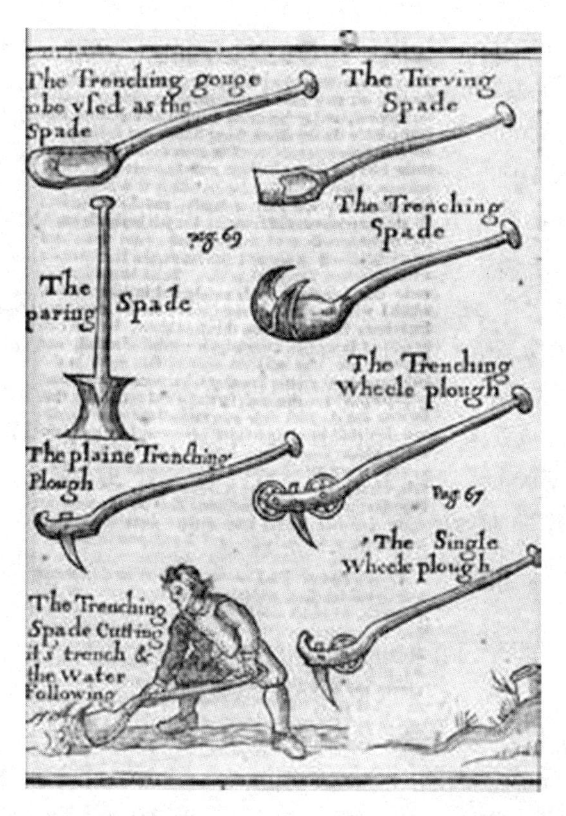

图40. 排水工程用的铲和犁。沃尔特·布莱斯:《英格兰土地改良增订版》(伦敦,1652)。

均匀地切开(图40)。非常重要的是,要将排水沟弄直,“尽可能避开拐角、弯道和转弯处,因为它们只会导致水的堵塞、沟渠的淤积、地面的损失,还有更多的麻烦”。这样,用新排水沟的平行线划出的土地就会从水底显露出来,准备将它新生的肥力交给热切的改良者。[55]

108

55　Blith, *Improver Improved*, 55, 42.

布莱斯描述了一个通过应用技术进行改造的过程。借助测量，然后用排水沟网格整齐切割，就将渗出的一层深度不明的淤泥再造成一片平坦、稳固的地面。芬斯沼地的平坦土地，即由木本沼泽和草本沼泽构成的“大平地”，特别适合被弄成网格。但在芬斯沼地这个例子中，网格有三种相关的化身。第一种网格是制图用的，是一种包含着所有地图共有的一个目标的网格，也即通过勘测和制图确立一个地区的知识产权，使它看上去明确、可知。第二种网格是由排水沟网络形成的，它将土和水分隔成界限分明的区域，以清除此地不健康、模糊不清且不确定的倾向。第三种网格是基于前两种网格的实施而形成的，是一旦排水工程完成就强加给芬斯沼地的私有财产网格，它将数英亩的公有草本沼泽变成个人拥有的成排的可耕种地块。因此，最初引发的由沼109泽向田野转变的富有想象力的壮举，既依赖于测量和绘图的过程，也依赖于景观与纸张之间的可见的相互作用能力；这也是制图技术兴起的核心所在。

整个17世纪，地图是人们了解芬斯沼地的主要工具，这并非巧合。其实可以说，在所有用来改造芬斯沼地的工具中，最重要的工具就是地图，而不是犁、铲子或排水沟。地图是对该地区加以分析的手段，目的是将沼泽与陆地（高地）和水域（河流、湖泊和海洋）区分开来，以明确任务的范围；地图是吸引资本（尤其是荷兰资本）进入该地区的手段；地图还是将从水下浮现的布莱斯所谓“新世界”改造成传统可耕地，并将其重新命名、重新分配的手段。沼泽和地图之间似乎有一种必然的联系，在这种情况下，这类地形的不确定性只能通过使用一种代表性的技术来呈现；而这种技术则通过强加的网格将景观组织成一种规则的（因此似乎是可知的）模式。

荷兰人在这项事业中无处不在，这不足为奇。荷兰人制作了地图，提供了工程师、名为“冒险家”的投机商，以及在很多情况下还有工人；他们改造了芬斯沼地景观，以适应不同模式的生产力。在《描绘的艺术》中，斯维特拉娜·阿尔伯斯让我们注意到了荷兰艺术和制图学之间的联系，以及荷兰独特的平坦开阔的景观与描绘这些景观的地图和类似地图的图片之间的相似之处。[56]像荷兰的景观一样，芬斯沼地也因其平坦性而特别适应制图所表现的逻辑，因此也适应地图所能带来的那种变化。此外，正如莉萨·贾丁在《走向荷兰》一书中所指出的，凭借运河、花圃以及狭小的分隔空间，在17世纪荷兰人参与的英格兰景观改造的两种方式之间可以找到相似之处，它们分别是哈特菲尔德猎场和芬斯沼地的排水工程，以及英荷风格花园的发展；其中，位于伊利附近的奇彭纳姆猎园就是一个突出的例子。[57]

因此，人们绘制一幅地图来标记这项排水工程的完成，以纪念对这片曾经蛮荒难治的土地的驯服，这并不是巧合。1650年夏末，数学家乔纳斯·摩尔受命勘测新近排干的芬斯沼地；他制作的巨幅地图长1.2米宽1.8米，印在16张单独的纸上，大约完成于1658年。[58]这幅巨大的地图，按照2英寸/1英里的比例绘制，上面纹有贝德福德伯爵冒险家公司的徽章，以此纪念排水者的工作。它的大小无疑表明了这项工作的规模和重要性，以及为之投入的大量资金。这幅地图，包括传统的路标以及诸如道路、树林、磨坊和教堂等景观特征，记录了贝德福德伯爵、他的共同投资者及其工人团队所完成的巨大工程。这一地区堤坝和排水沟纵横交错，其中最突出的是新贝德福德河的两条大河道和修复后的莫顿沼泽的排水沟。这幅地图清楚地显示了该水域里的发现：土地不再

110

56 Svetlana Alpers, *The Art of Describing: Dutch Art in the Seventeenth Century*（Chicago: University of Chicago Press, 1983）, 148.

57 Lisa Jardine, *Going Dutch: How England Plundered Holland's Glory*（New York: Harper Collins, 2008）, 232.

58 Sir Jonas Moore, "A Mapp of ye Great Levell of ye Fenns extending into ye Countyes of Northampton, Norfolk, Suffolke, Lyncolne, Cambridg & Huntington & the Isle of Ely as it is now drained". 摩尔的地图收藏于丘园的国家档案馆，PRO MPC 1/88。参见Willmoth, *Sir Jonas Moore*。

是公有的，而是被分成了小块，标出了位置，加上了编号，准备好进入私人财产而非公共财产的领域。

正如海伍德1604年的地图很可能是达格代尔的《被淹没时的大平地地图》的基础，摩尔1658年的地图也被用来绘制了达格代尔的《排水后的大平地地图》。这两幅地图巧妙地勾勒了17世纪的排水事业；就达格代尔的意图而言，它们说明了其著作试图庆祝和纪念的惊人的转变和“改良”。但这种胜利的感觉是短暂的，因为在排干水后的沼地景观的美妙“新世界”里，并非一切都好。

动植物、沼地居民和觅食者

大约在1646年左右，一份题为《反规划者。或沼地工程史》的小册子付梓。[59]小册子的匿名作者在这本小册子中对贝德福德、维尔穆登及其“冒险家”和“承办人”同行所实施的“非法排水”进行了激烈的批评与谴责。该匿名作者不能认同“承办人总是诋毁芬斯沼地，并误导了许多议会议员，以致认为整个芬斯沼地纯粹是一片泥潭，一块被有害物环绕的平地，几乎没有价值，或者根本没有价值”；他声称“那些住在芬斯沼地、与它相邻的人了解的情况恰恰相反”。芬斯沼地可能没有提供传统意义上的耕地，但这并不意味着它们是无用的。与此相反：芬斯沼地饲养了“无数有用的骏马、母马和小马，它们耕种我们的土地，为我们的邻居提供食物”；还有大量的牛，它们产出了“很多黄油和奶酪，为海军提供食物”，此外还有兽皮和牛油。芬斯沼地还提供了大量的干草，它们“在冬天喂养我们的奶牛，奶牛是圈养的；我们收集了很多堆肥和粪便，这使我们的牧场和谷地变得肥沃……在这里我们拥有英格兰最富饶、最可靠的谷地，尤其是种植小麦和大麦的谷地”。芬斯沼地

59 Anonymous, “The Anti-Projector. Or, The History of the Fen Project”, s. l., s. d.(1646？).

肥沃的水草地养育了“大量的绵羊”，不仅为“我们的邻居高地人提供了牧场，也为遥远的乡村提供了牧场，否则，若干年后成千上万头牛将会缺乏食料”。最后，还有沼地的野生产品，如“大量的蒿柳、芦苇和莎草”，它们被制成篮子等家居用品，供应了王国各地的需要，并为“生活在我们芬斯沼地的成千上万的村民创造了工作的机会，否则他们就得乞讨了”。[60] 111

尽管排水者斥责芬斯沼地“纯粹是一片泥潭”，但只有保持沼地生态的完整，它才具有可以保留的价值。芬斯沼地的草地支持放牧和割晒干草等活动；这里之所以肥力非凡、牧草茂盛，完全是因为该地区特有的季节性洪水，这使得“我们的沼泽对业主来说更有利可图，因为它们是用来长草，而不是播种玉米、油菜或油菜籽的”。通过排干滋养草地和草本沼泽的水环境，承办人将“不仅毁了我们的牧草和谷地，也毁了我们的穷人，使我们完全无法再享受它们的馈赠”。正如这份小册子以一种沙文主义口气总结的那样，“什么油菜籽和油菜，它们不过是荷兰人的商品，一些毫无价值的废物，牛、羊、干草、皮革、奶酪和黄油才是英国富裕的宝藏”。[61]

这份小册子的作者，与芬斯沼地的许多居民一样，对于保持沼泽的原样有着既得的利益。他们不希望看到沼地变成耕地，因为沼地的产品数量众多，种类繁多，是当地与国家经济的重要组成部分。他们并不认为一种景观生产力模式应该适用于所有人，他们当然也不认为他们应该牺牲自己的土地来满足外部（通常是外国）投资者的私人利益。对他们来说，芬斯沼地不是荒原，而是一种资源，其无与伦比的丰富性恰恰在于它对理性控制的抗拒，在于它的不确定性、可变性和不可预测性。

---

60 Anonymous, “The Anti-Projector. Or, The History of the Fen Project”, s. l., s. d.(1646 ?), 8.

61 Anonymous, “The Anti-Projector. Or, The History of the Fen Project”, s. l., s. d.(1646 ?), 8.

当地人并不是唯一欣赏芬斯沼地独特生态的人。卡姆登赞扬了沼地富饶的干草地、成群的牛羊，以及各类沼泽野生产品，"大量的草皮和莎草可以用来烧火，茅草可用于覆盖屋顶；各种老树和其他水生灌木，尤其是柳树，要么是野生的，要么是种在河岸上防止河水泛滥的，它们经常被砍倒，但过不了多久又会重新长出来……还带着许多新生的后代"；用它们编成的篮子等手工产品，会被送到全国许多地方。[62]1622年，迈克尔·德雷顿在不朽的地方志和水文颂诗《多福之国》的第二部分，以诗歌的形式颂扬了芬斯沼地的富饶和多种自然产物：

112

马或其他牲畜，总是成群结队，
它们在沼地里打滚，把头埋于草丛：
在长着猪蹄草的地方；
草皮晒成干草，是非常好的泥炭。[63]

对德雷顿来说，芬斯沼地丰富的自然资源是值得庆祝而不是要加以改变的；沼泽生态系统提供了鱼类、家禽、泥炭、莎草和茅草，为有进取心的觅食者奉献了一片富饶的领域（图41）：

辛苦的捕鱼人正在撒网：
捕鸟人架好了树枝。
一个人在马下准备射击猎物；
另一个人踩着高跷在堤坝上前行：

62 Camden, *Britannia*, 408.

63 Michael Drayton, *The Second Part, or A Continuance of Poly-Olbion from the Eighteenth Song*（London, 1622）, 24.《多福之国》1612年首次出版，由以亚历山大诗体写成的18首"歌曲"组成。十年后，第二部分出版，并增加了12首歌，这样总共有30首歌，包括一万五千行诗。另外，有关苏格兰的"歌曲"也曾在计划之中，但是未能完成。

图41. 鱼,取自尼古拉斯·考克斯:《绅士的娱乐》(伦敦,1677)。

其他人拿着锹在挖泥煤
还有人带着推车在忙碌,
挖出莎草和芦苇,用于茅屋和火炉。[64]

113

德雷顿的民族主义诗歌列举了传统的沼地产品和活动,以及它们的价值,而这些产品和活动被达比分成了三类:那些与沼泽本身相关的产品和活动,包括捕鱼和捕鸟,采集芦苇、灯芯草和其他植物,以及海岸制盐;在那些位于“中间地带”、断断续续地高于水平面的土地上的活动,如割晒干草、放牧和切割草皮;最后,在岛屿、高地和永久排水区耕作可耕地

64 Drayton, *Second Part ... of Poly-Olbion*, 108.

图42. 关于捕猎的章节的卷首插图，取自尼古拉斯·考克斯：《绅士的娱乐》(伦敦，1677)。

的活动。[65]17世纪的排水工程影响了所有这些传统职业(图42)。

在《不同沼泽地修建堤坝与排水系统的历史》的序言中，威廉·达格代尔称赞最近排水的结果是"改良……荒原、公地和各种不毛之地"的最佳例子，吸引着人们注意到"现在每年种植油菜、油菜籽、草、干草、大麻、亚麻、小麦、燕麦和其他谷物的数千英亩土地获得了巨大的收益；不仅如此，这里还长满了各种各样各种优良的植物、蔬菜、水果，而这些地方以前是被水淹没的"。尽管他承认沼泽地居民普遍抵制排水，但他反驳说，有特色的沼泽地产品几乎没有因此而完全消失的。他认为，除了现有的河流和池沼还有大量的鱼类，更适合用网捕捞，"现在在许多

65 Darby, *Medieval Fenland*, 22.

排干了水的平地放置了很多诱饵，由此捕获的家禽数量比以前使用任何其他机器捕获的都要多；这在从前水漫乡野的时候，是根本不可能做到的”。[66] 114

在达格代尔的伟大著作出版六十年后，丹尼尔·笛福被“诱捕鸭子地每周捕获的鸭子、绿头鸭、蓝鸭和野鸡等各种野禽的数量之多”惊呆了。比如，伊利附近的一个地方一周会捕获三千只，彼得伯勒附近的其他几个地方会把它们的猎物送到伦敦。“在最新的《货车管理议会法》颁布之前，我看到它们的货车由十匹或十二匹马拉着，装得满满当当的，”他还补充说，“有时村民所说的野禽数量是如此之大，以至于很少有人敢报道这些数字。”[67]

“诱捕鸭子地”本质上是一块人工湿地，一种仿制景观，旨在有选择性地再现原始湿地的有益特征（图43）。这片区域有水，有树，有芦苇，还有高干草，“非常适合作为野禽的港湾和庇护所；也是养殖诱饵鸭的地方，人们训导这些诱饵鸭去吸引和诱惑同类来到它们所在的这个地方”。115 为修建一处诱捕地，在一个池塘边会种上树木、芦苇、莎草和其他典型的沼泽植物，并配上一些辐射状的狭长港湾，它们也被称为“管道”。这即是诱饵鸭的栖息地，根据笛福的说法，通过不断地喂食，这些鸭子得到饲养并被驯服，他在第七次旅行中用了很长的篇幅来描述这个奇特的设计，“它们甚至习惯于到诱捕者的手里索要食物”。[68]这些诱饵鸭被用来引诱野鸭到诱饵池塘，在那里人们会以巧妙的方式捕获它们。根据笛福的奇特而又详细的描述，这些诱饵鸭被送到国外——也许远至荷兰或德国——是为了让外国的家禽相信“英格兰的鸭子比它们在这些寒冷的气候中生活得好得多；英格兰的鸭子拥有开阔的湖泊和食物丰盛的海岸，

66 Dugdale, “To the Reader”, in *Imbanking*.

67 Defoe, *Tour*, I: 79; II: 496—497.

68 Defoe, *Tour*, II: 497.

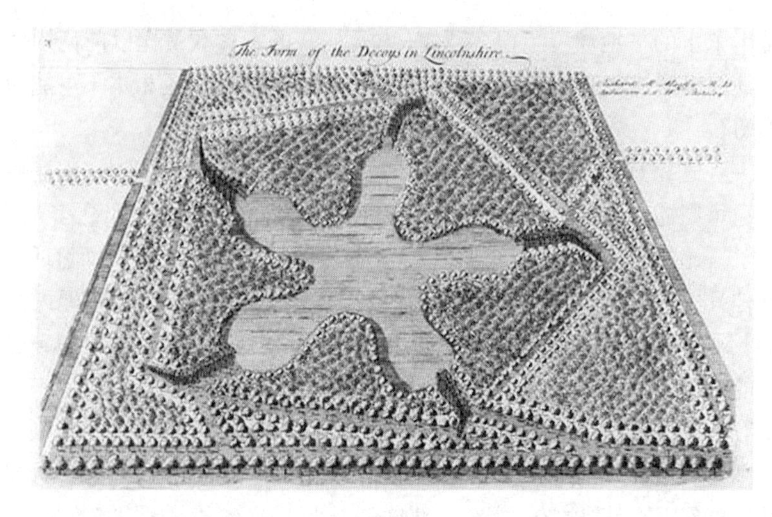

图43. 林肯郡诱捕鸭子地的样式。威廉·施图克利：《好奇旅行，或在英国旅游中观察到的古物、自然或艺术中的奇珍异宝》（伦敦，1707）。

那里的潮水自由地流入每一条小溪；在这片土地上，它们还拥有大片的湖泊、清新的泉水、开阔的池塘，并且有成排的大树，密不透风，让它们被遮蔽起来，使人类看不见；土地上有丰盛的食物，那些粗心大意的农夫们留下的作物残茬源源不断地产出谷物，就好像是专门为它们准备的一样。这里的鸭子在成长时从来不会经历漫长的霜冻或大雪天气，即使有过，海洋也从未结冰，海岸上也有充足的食物。如果它们愿意和它们一起去英格兰，它们将与它们分享所有这些美好的东西”。

一旦诱饵鸭带着它们的外国同伴回来，“它们要做的第一件事就是在它们（诱饵鸭）所属的诱饵池塘里安顿下来。在这里，它们用自己的语言聊天，好像在告诉它们的外国同伴，这就是它们告诉它们的池塘。在这里，它们很快就会看到它们将生活得多么好；在这里，它们有一个多么安稳、多么安全的庇护所”。一旦新鸭子们安顿下来，躲在树和灯芯草后面的诱饵人就开始在通常喂养诱饵鸭的水池中一把把地扔谷物来喂养这些鸭子。这种做法会持续几天，直到新鸭子习惯以这种方式接受食物为止。

三天后，在池塘的开阔地带扔了几次饵食后，新的饵食会被扔到"管道"中较窄的地方，那里的树木在头顶上呈拱形，上面覆盖着一张鸭子看不见的大网。"在这里，隐蔽的诱捕者躲在篱笆芦苇后面；他向前走，把谷物从芦苇上扔进水里。诱饵鸭贪婪地扑上去，把外国客人叫来，仿佛在告诉它们，现在它们可以发现自己说的话是对的，鸭子们在英格兰生活得多么好；它们就这样引诱着，或者更确切地说，是哄骗着其他鸭子往前走。慢慢地，它们都钻进了挂在树上的拱形网或弧形网下面。这些网渐渐地，对它们来说，不可察觉地越来越低，也越来越窄，直到它们游到更远的一端，来到一个像钱袋底部一样的地点：尽管这时已经游了很远，可能离第一个入口有两三百码的距离。" 116

这时，当所有的鸭子都游进了"管道"，贪婪地吃着东西，并跟随着诱饵鸭；诱捕者会示意他的狗跳进水里，跟着鸭子后面游，边游边大声吠叫。鸭子们被这突如其来的情况吓坏了，它们会立刻跳起来飞走，但碰到网后会再次落到水中，并继续在"管道"中向前游；"管道"会变得越来越窄，上面的网也越来越低，直到最后它们到达"管道"的尽头，聚在了一起。另一个诱捕者会走过来，并"用手将它们活捉出来"。诱饵鸭——笛福称它们为"叛徒"——会被教导转身低空飞出"管道"，用这种方式，其中一些诱饵鸭会从中逃脱出去，而另一些诱饵鸭"已经习惯了诱捕者，它们无所畏惧地走向他，和其余的鸭子一样被带走；但诱捕者不但没有把它们杀死，反而是抚慰它们，将它们放到他的小池塘里，让它们吃饱吃够，以感谢它们的服务"。[69]

在1686年《绅士的娱乐》中，理查德·布鲁姆写道，设置诱饵池塘的最佳地点是"潮湿的、泥泞的和有沼泽的地方，方便的话（如果可能）

69　Defoe, *Tour*, I: 79; II: 496—497.

要有一条河流经此地，或靠近它”；他还指出，在林肯郡、剑桥郡和“沼泽乡村这样的地方”，最常见到诱捕鸭子地。[70]但是随着排水工程将沼泽变成耕地，人们也开始在其他地方建造诱捕鸭子地，并模仿野禽栖息地所特有的沼泽地条件。

查理二世通过立法保护了贝德福德和他的同伴在芬斯沼地的排水工程，与此同时，他在位于圣詹姆斯公园的东南角修建了一个诱捕鸭子地（也叫“鸭子岛”），埃德蒙·沃勒在《论圣詹姆斯公园，陛下最近所做的改良》这首赞美诗中称赞了它（图44）。[71]这可能有助于使诱捕鸭子地成为时尚。弗朗西斯·巴洛的画作《诱捕鸭子地》是受登齐

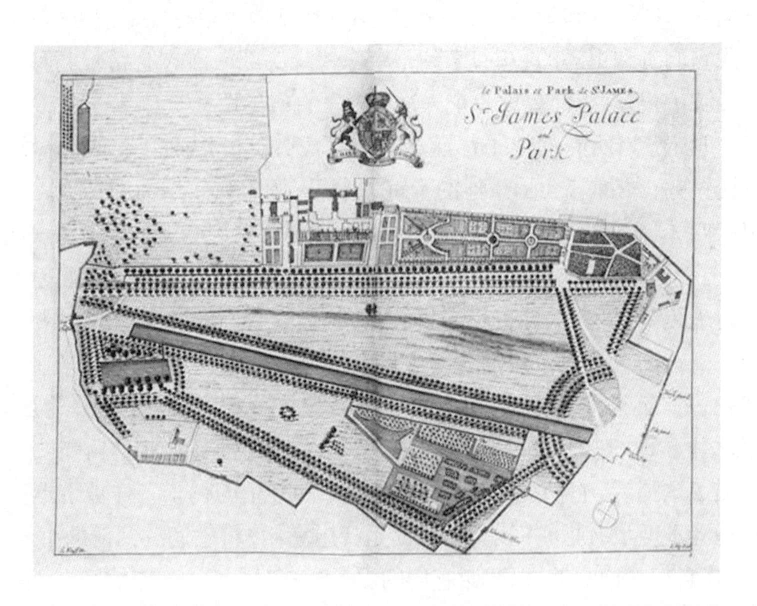

图44. 圣詹姆斯公园的鸭子岛。人工湿地位于平面图的右下角。简·基普和伦纳德·克尼夫：《圣詹姆斯宫和公园》，收录于《不列颠图说》（伦敦，1707）。

70 Richard Blome, *The Gentleman's Recreation*（London, 1686）, II: 128.

71 Edmund Waller, *On St. James's Park. As lately improved by his Maiesty*（London, 1661）.

尔·翁斯洛的委托而创作的，画作被后者用来装饰他位于珀福德的房子；这幅画描绘了被一只红鸢吓坏了的一群鸭子、麻雀和其他鸟类，但却忘记了诱捕者和他的狗。根据纳丹·弗利斯的说法，这幅画是有关罗马天主教对英国构成威胁的寓言，也是对约翰·伊夫林、约翰·奥布里和其他许多人描述的珀福德庄园诱捕鸭子地的纪念。[72]赫里福德郡汉普顿宫的公园里也有一个诱捕鸭子地，这可以从伦纳德·克尼夫的画作《汉普顿宫的北部景色》中看到”；这幅画是为了纪念乔治·伦敦的新花园的完工而创作的（图45）。

117

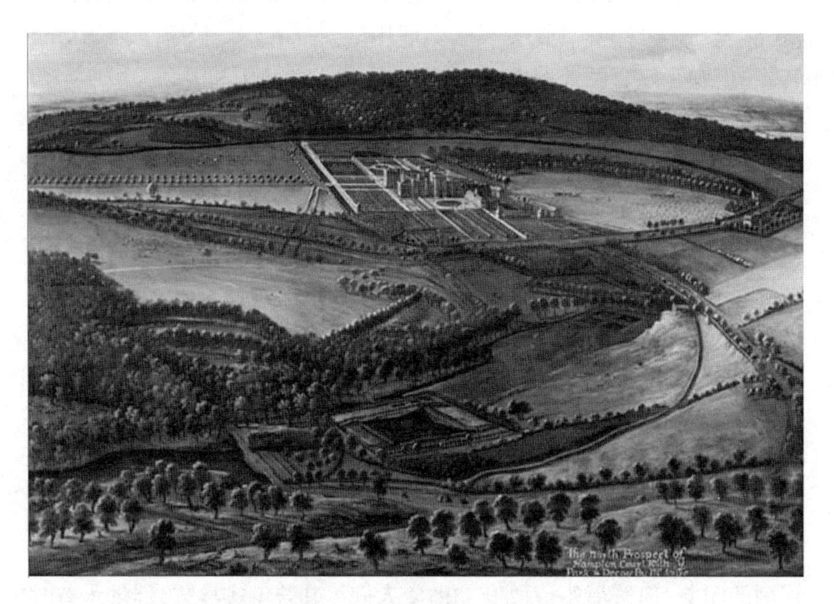

图45. 伦纳德·克尼夫：《汉普顿宫的北部景色》（ca. 1699）。

72　Nathan Flis and Michael Hunter, *Francis Barlow: Painter of Birds and Beasts* (Oxford: The Robert Boyle Project, 2011); John Evelyn, *Diary*, August 23, 1681; John Aubrey, *Natural History and Antiquities of the County of Surrey* (London, 1718), 3: 198.

作为人造的草本沼泽和泥炭沼泽，这些诱捕鸭子地只是对原生沼泽进行了少量再创造的人为模仿，往往位于沼泽地带的边缘，或被移植到了国家的其他地区。但它们有一点很不一样。诱捕鸭子地在精神上忠实于培根式的对模仿目的的理解，是一种被设计成有成倍回报的自然资源的缩影。拉尔夫·佩恩-加威，《诱捕鸭子地之书：它们的构造、管理和历史》的作者，估计东部各郡的诱捕鸭子地每年至少向市场贡献了五十万只鸟类。[73]此外，当我们转向珀福德或者汉普顿宫的诱捕鸭子地时，我们看到，曾经可免费获得的丰富的自然资源，变成了为一个贵族家族的利益而创造和开发的资源，那些曾经自由的觅食者或狩猎者118（通常来自林肯郡），现在变成了受雇用的诱捕者。诱捕鸭子地的历史转变，反映了随着圈地的发展，全国各地的土地使用和劳动人民所经历的更大的转变。

风车时代

如果17世纪排水的历史看上去是一个技术战胜困难的故事，那么接下来一个世纪的叙述就更加模棱两可了。当丹尼尔·笛福在18世纪20年代穿越沼地时，他发现它们“几乎都像大海一样被水覆盖着，那一119年的米迦勒节雨非常大，洪水从高地乡村倾泻而下”。而且，尽管“一群被称为冒险家的绅士”承担的排水工程，以及他们如何“耗费巨大代价开凿新的河道甚至整条河流，以至于任意两条河之间都有排污通道，以便当洪水或清水从某一侧流下时能够排走大量的水流”给他留下了深刻的印象，但笛福还是指出，“即使人们尽其苦工或技艺，但洪水有时

73 Ralph Payne-Gallwey, Preface, *The Book of Duck Decoys: Their Construction, Management, and History* (London: John Van Voorst, 1886).

仍泛滥成灾，冲毁河岸，溢出到整个平地”。[74]

1713年，丹佛水闸——维尔穆登的主要作品之一——受到异常高的潮汐和汹涌洪水的袭击，它在洪水的猛攻下被砸得粉碎。这项工程（对乌斯河的排水至关重要）的损坏导致整个沼泽南段的水文条件迅速恶化。但是，除了风暴和其他自然灾害造成的灾难，另一种力量正在阻碍17世纪排水系统的正常运行，即泥炭地表本身的水位变化。

直到19世纪，人们才明白为什么排水会导致芬斯沼地的水平面下降；但在18世纪初，人们发现整个排水地区的海拔原来是高于海平面的，现在则已经下降到海平面以下，曾经与农田两侧平行的排水渠道现在都耸立在它们上面。因为事实证明，一旦水从沼泽中抽干，泥炭本身就会收缩，就像海绵里的水被挤压出来了一样。此外，由于沼地中的植物物质被暴露在光和空气中，它们被分解了，因此地表本身也受到了损耗。地表的下沉意味着曾经与平原表面齐平的排水沟变得越来越高，需要更高的堤坝，也越来越需要风车驱动的水泵从被淹没的田地中抽水。于是，芬斯沼地进入了H. C. 达比所称的“风车时代”。[75]

1652年，沃尔特·布莱斯曾建议使用风车“在数日内将一片土地上的水抽干”，他还出版了一幅版画，展示了他偏爱的“抽水机”的内部工作原理（图46）。[76]没过多久，风车就成为沼泽地景观的一个常见元素，这一点可以从达格代尔出版的许多地图（尤其是关于沼泽地的地图），以及奥格尔比从伦敦到金斯林路线地图中的剑桥郡部分得到证实。在接下来的几十年里，由于维尔穆登方案的效果越来越不理想，风车开始在该地区的排水系统中扮演起了至关重要的角色，成为18世纪沼泽景观的一个典型特征。

74 Defoe, *Tour*, I: 78—79; II: 496.

75 Darby, *Draining*, 83—116.

76 Blith, *Improver Improved*, 56—57.

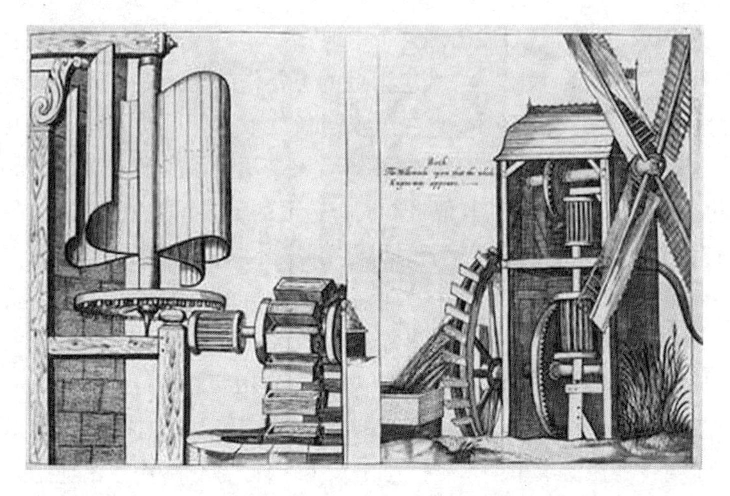

图46. 风车。沃尔特·布莱斯:《英格兰土地改良增订版》(伦敦,1652)。

1726年,有人向议会报告,在过去的七年里,哈丁厄姆平地“经常被水淹没”,它的利润几乎为零。第二年,议会通过了一项法案,使该地区的土地所有者能够联合起来,独立于贝德福德公司的管理,并组织某一特定地区的排水。该法案承认,由17世纪的冒险家建立的排水沟和堤坝系统是不够的,并允许建立一个由较小的排水沟组成的附属系统,这些排水沟的水将通过风车驱动的水泵流入该地区的主要排水沟。通过这一法案,风车在维护沼泽排水系统上的作用得以确立。[77]

但在大多数情况下,即使风车激增也不足以使所有的沼泽地保持排水状态。1754年夏天,瑞士工程师查尔斯·拉贝耶应贝德福德公爵之邀,视察大平地沼地,以便对一项拟议的排水方案发表意见。但他发现沼泽地被洪水淹没,处于“极其悲惨的境地”;他指责维尔穆登“无

77 Darby, *Draining*, 119—120.

知到几近犯罪”。[78]从18世纪下半叶开始，许多关于沼泽地的描述都呼应了这一主题。评论员一个接一个地指出，以前被耕种的土地现在“全是荒地和水”。[79]1777年，约翰·高尔本在《中部与南部平地报告》（*Report upon the Middle and South Levels*）中写道：“无论你朝哪个方向看，都只会看到痛苦和荒凉；离开伊利仅半英里，你就到了中部沼泽，一块一万六千英亩的土地，它遭到了遗弃；在那里你可以看到风车的废墟，这是勤劳人民的最后努力。”[80] 121

对威廉·吉尔平而言，风车是唯一可以冲淡芬斯沼地景观荒凉色彩的东西（图47）。1769年，吉尔平在去霍顿看沃尔波尔的绘画收藏的途中游览了芬斯沼地，他对他看到的景色并不满意。他从剑桥出发去往伊利，不幸地发现自己“被沼泽包围了。树木、丛林、广阔的空间，以及各种各样的景观，现在都完全消失了。一切都是空白。眼前只有沉闷的堤道……绵延平坦的沼泽地；长长的沟渠在狭窄的水道中蜿蜒，并在不同的地方被其他沟渠直角相交，这就是全部的风景了”。再往前走，“一排排树枝上挂着烂泥的树，标志着树篱的界限；随着水的流失，树篱就出现了。与此同时，沼泽地表的边界是我们唯一能看到的远方。如果它足够远，那么它可能会在模糊中失去令人厌恶的形式。但是在大多数时间里，它令人不快的特征还是显而易见的。” 122

沼地是令人不快的、不生动的景观的缩影。单调乏味，“在这沉闷的地面上，唯一的点缀就是风车，那种暴露在外的东西；我们观察到，在一些地方，只有乘船才能到达。风车的用途是将水抽到河道中：在干燥的夏季，风车的部分工作是自动完成的。但是在这样平坦的地面上，水

---

78 Charles Labelye, *The Result of a View of the Great Level of the Fens* (London, 1745).

79 Arthur Young，引自Darby，*Draining*，169。

80 Arthur Young，引自Darby，*Draining*，130。

图47. 沼地的风车。威廉·吉尔平:《对剑桥、诺福克、萨福克和埃塞克斯等郡的几个部分的观察……》(伦敦,1809)。

体通常很长；在许多地方，它可以延伸到目所能及的很远的地方；老远看，穿过河流的道路就像被拉长了身体的鼹鼠。整个场景就像塔西佗所描述的忧郁场景一样；在那里，恺撒损失了其大部分军队”。对吉尔平来说，芬斯沼地成了“一个人出于好奇而想要去看一次的地方，但他绝不想去第二次。有一种看法充分地反映了这一观点”。“的确，”他尖酸地总结道，“只有一种看法的地方，就不会在回忆中产生混乱。”[81]

沼泽，作为一种水景类型，与风景如画的湖泊截然相反：湖泊是水景之美的缩影，沼泽则是最丑陋不快的缩影。湖泊是山乡的产物，由湍

81 William Gilpin, *Observations on Several Parts of the Counties of Cambridge, Norfolk, Suffolk, and Essex. Also on Several Parts of North Wales; Relative Chiefly to Picturesque Beauty, in Two Tours, the Former made in the Year 1769. The Latter in the Year 1773*(London,1809),15—16,18.

急的河流塑造而成；另一方面，沼泽则是在平坦的土地上由“陆地泉水或丰富的雨水形成的；它们没有自然排出的渠道，而是通过蒸发或通过土壤的孔隙，在地表上停滞和腐烂”。当湖面上“点缀”着“轻快的小帆船，它们正沿着河岸漂流，或者拉着渔网的渔船，或者在岸边冲洗身体的成群的牛”；沼泽里“没有快乐的居民”。相反，“到处都可以看到可怜的牛或马（为了寻找一口更好的牧草，冒险走得太远了），拖着沾满烂泥的腿，正在痛苦地努力站稳脚跟”。

至于它们各自的形状，湖泊有“一条美丽的边界线，由起伏的岩石和周围凸起的地面塑造而成”，而沼泽“坑坑洼洼，只有混合着杂草的泥土。当水消退时，各处都会看到被遗留下来的一排排腐烂的莎草和令人讨厌的污物”。湖面点缀着岩石和树林，而与之对应的沼泽地“充其量也只有被烂泥弄脏了的白柳。它们一字排开，构成了标识土地边界的树篱，这些篱墙随着水的退去才会逐渐出现”。最后，从反射性来看，湖泊不啻是“一面闪闪发光的镜子，从它的边缘反射出树木和岩石；它和天堂的拥抱；一切都闪耀着大自然的鲜艳色彩”；而沼泽“到处都是腐烂的植物，或到处都是爬行的动物，还形成了一个没有深度或流动性的地面。而且它远远不能反射出影像，因此，它几乎不属于流体的定义范围”。[82]　123

虽然吉尔平在评价风景时从不拐弯抹角，但他对芬斯沼地的贬损却尤为极端。首先，它很单调。它平淡无奇，没有任何装饰，是“空白的”，只表达了一个想法。此外，这片平淡无奇像纸一样空白的景观，还被长长的、笔直的沟渠沿直角线分割开来，就好像被一个网格覆盖着。但还有更糟的。由于芬斯沼地并没有简单地服从网格的逻辑，变成整

82　William Gilpin, *Observations on Several Parts of the Counties of Cambridge, Norfolk, Suffolk, and Essex. Also on Several Parts of North Wales; Relative Chiefly to Picturesque Beauty, in Two Tours, the Former made in the Year 1769. The Latter in the Year 1773*（London, 1809）, 16—18.

齐的因此在视觉上显得枯燥乏味的方格地块。虽然吉尔平从来不喜欢直线条，也不喜欢直截了当的农业生产力的标志，但芬斯沼地有些不同寻常，而且更令人不安。因为人们试图通过纵横交错的排水沟来进行合理控制，但却没能改变这片景观松软、潮湿和泥泞的基本属性。

对吉尔平来说，芬斯沼地的水是浑浊的、腐坏的；那里的动物“沾满了污泥”；那里的植物正在腐烂，而且“污秽不堪”。退去的河水留下令人厌恶的污秽，柳树枝条上满是烂泥；这些与其说它的产品，不如说是它的副产品。而且，当吉尔平描述沼泽“到处都是腐烂的植物”和“到处都是爬行的动物”时，他并不是在记录一种客观的视觉感受，而是沼泽这个概念所唤起的腐烂、分解和腐败的联想。芬斯沼地“形成了一个没有深度或流动性的地面”，因此它“几乎不属于流体的定义范围”：芬斯沼地既不是固体，也不完全是液体，其边界模糊不定，连轮廓都被腐蚀了；它的不确定性和不可分类性让人感觉到强烈的厌恶。

沼泽这一荒原类型是让人本能地产生厌恶的典型。从古斯拉克在克劳兰德荒原遇到怪诞的恶魔，到农业改良者想要清除这片土地固有的腐烂；从法因斯和笛福对疾病和污染的恐惧，到吉尔平在审美感觉上的不快，这一类型的沼地引发了一致的反应。芬斯沼地的肮脏性、其腐烂的植物群和黏糊糊的动物群，还有其汹涌的河水和不纯净的空气，这些特点往往会引起一种相对直接的、本能的厌恶。在大多数情况下，人们的反应是逃离：尽可能快地将令人不适的风景与自己分隔开来。有所例外的是像古斯拉克这样的宗教人士，其天职要求高度的禁欲；还有当地人，如踩着高跷的沼泽人自己，对他们来说沼泽地不是景观，而是家园。[83]在本书讨论的所有类型中，生活在沼泽内部的人和外部人之间

83　在这种情况下，James Corner对“landskip”和“landschaft”的区分是非常有用的。参见James Corner, “Eidetic Operations and New Landscapes”, in *Recovering Landscape: Essays in Contemporary Landscape Architecture*（New York：Princeton Architectural Press, 1999），153—169。

的区别是影响荒原描述的重要潜在因素；指责沼泽无用并厌恶沼泽的大部分是外部人，而不是当地居民。然而，在许多情况下，这些令人厌 124 恶的反应与这些沼泽地可以被改造的信念并存。作为荒原，沼泽可能会引发人们心中本能的厌恶，但它们也是具有可能性的地带，其多变、不确定、难以定义的本性是其具有改变潜力的关键所在。

对一个根据风景如画的标准来评价景观的人来说，芬斯沼地——或任何沼泽——会因为没有东西可看而让人生气。传统的风景如画，由一个延伸到深处的有纵深的视图以及两个侧图所构成，受到了芬斯沼地的单调和平坦的挑战；在那里，风车提供了唯一的垂直元素。在吉尔平试图使他对芬斯沼地的看法符合风景如画的惯例时，这种景观自身所表现的抗拒是显而易见的。他那拙劣的素描几乎没有表现什么：一片平坦的地面，不时被反射天空的水花照亮；三座风车，被置于前景左侧、中间右侧和背景中部，这是使画面有层次感或距离感的唯一方法。没有了它们，那景观将会化为虚无；一片灰色地面所提供的视觉兴趣将比传统的云层结构提供得更少。尽管吉尔平的图像的确不具美感，但它依旧包含了两个重要的点。

首先，吉尔平捕捉到了芬斯沼地的平坦将房子和其他建筑物衬托得特别突出，西莉亚·法因斯和丹尼尔·笛福都注意到了这一点；笛福评论说，沼泽的辽阔和极端平坦意味着“景观不会受到干扰”，其结果是，“任何高度非凡的建筑都可以从远处看到；例如，波士顿尖塔可以在三十英里外的林肯荒地被看到，彼得伯勒和伊利大教堂几乎可以从整个水平面上看到，林恩、惠特尔西和克劳兰德的塔尖也是如此，远远望去，它们给这个乡村增添了一份美丽”。[84]吉尔平图像所表达的第二个特点是，由于大地景观逐渐变得毫无美感可言，因此人们获得了探索天空的机会。

---

84 Defoe, *Tour*, II: 495.

这些都是美学的经验教训，在19世纪后期得到了拉斯金和透纳的理解。而且，它们也得到了出生于诺维奇的约翰·塞尔·科特曼的理解。像他对该地区的许多其他看法一样，他在画作《芬斯沼地的排水磨坊》中将地平线向下推，以此发挥出沼地景观的美学优势，强调四个风车的存在，这四个风车高耸的外形在暴风雨天空的背景中被戏剧性地勾勒出来（图48）。科特曼的风车磨坊既不是布莱斯所代表的精巧装置，也不是吉尔平所代表的单纯的位置标记。在科特曼画这幅画的时候，风车正迅速成为一项过时的技术，日益被效率更高的蒸汽泵所取代。可以说，这些风车在远处消逝，也意味着它们日后注定退出历史舞台的命运。[85]

这种即将过时的感觉，以及人类试图驯服或开发芬斯沼地最终也是徒劳的感觉，在另一幅画中得到了特别好的表达，这幅画也是（也许是）科特曼创作的。在《圣贝内特修道院》（图49）这幅画中，我们看到了诺福克郡霍姆修道院的遗迹，它那破损的门房已被矮矮的磨坊所取代。虽然此时磨坊可能仍在运营，但这幅画描述了这两座建筑的不合时宜与脆弱，四周都被阴森森的可怕的天空所包围。在这个孤独的前哨，人类居住、改造或开发荒原的计划注定要失败；留下的是失败的象征，当土地与水持续争斗时，磨坊是一位矗立着的沉默的见证人。

《圣贝内特修道院》对沼泽的叙述与沼泽历史学家H. C. 达比的描述大相径庭；达比描述的是“英国故事中的伟大主题之一”、“利用和征服环境的社会力量的胜利的见证”，以及“人类及其征服的自然”这一比喻的完美诠释。[86]与之相反，《圣贝内特修道院》的这一叙述会突出芬斯沼地对人类试图以另一种景观形象重塑它的持续抵制。该画反映了改良观念与启蒙时期永恒的进步意识的联系与割裂。在19世纪20

85 蒸汽泵在19世纪20年代首次使用。Darby, *Draining*, 220—237.

86 Darby, *Draining*, 28.

图48. 约翰 · 塞尔 · 科特曼:《芬斯沼地的排水磨坊》(1835)。

图49. 约翰 · 塞尔 · 科特曼:《圣贝内特教堂》(1810)。

年代，风车被蒸汽驱动的水泵所取代；一个世纪后，蒸汽泵被柴油机驱动的泵所取代。芬斯沼地像一个依靠生命维持系统的病人一样，只能通过不断应用新技术来保持干燥，而这种技术的改进并不能解决问题的根本：芬斯沼地的性质既不是完全潮湿的，也不是完全干燥的，而是一种不确定的、难以驾驭的、泥泞的混合物，构成了一片令人不安的、独立的、永久“格格不入”的景观。127

第四章

山 脉

迈克尔·德雷顿的长诗《多福之国》1622年的版本中附有一张地图，如图50所示，在图的左上方，我们可以看到英格兰中北部的峰区(Peak District)及其所谓具有比喻意义的奇观。[1]峰区不寻常的自然特征是这样被标记并加以说明的：著名的“普尔洞”、“魔鬼腚”，以及“埃尔登洞”，其外形看上去像一座小山；泰兹韦尔和巴克斯顿的泉水——酷似一位沐浴者。但比这些更能引发联想的是，紧挨着图中那部分被标记为“峰”的原文旁边的那个小人物：握着棍棒的驼背老妪的侧影。

这一形象是为了呼应德雷顿在《多福之国》第26首诗中描述峰区时所用的比喻；这首诗通过生动的拟人手法描述景观并赋予其生命，它被比作“一个憔悴的疯子，行动迟缓，眼神黯淡无光”。[2]作为峰区景观化身的那个老妪，她衣衫褴褛、满脸皱纹、睡眼惺忪、弱不禁风。此外，她还肮脏不洁：“她那瘦削且布满皱纹的脸，被铅玷污了，/在工厂里，在

---

1 Sukanya Dasgupta, “Drayton’s ‘Silent Spring’: *Poly-Olbion* and the Politics of Landscape”, *Cambridge Quarterly* 39, no. 2 2010: 152—171.

2 Michael Drayton, *The Second Part, or A Continuance of Poly-Olbion from the Eighteenth Song* (London, 1622), 123.

矿坑中，/她不断地从矿石中提炼出铅。”[3]在德雷顿看来，老、丑、皱、脏的她是令人厌恶的象征。

然而，尽管峰区的化身看起来很虚弱，但她并不是一个慈祥的老奶奶，“因为她是炼金术士，知晓自然的秘密”，“那些神秘的幽灵，她可以控制和驯服，/并在古神萨图恩的恐怖名义下约束它们”。[4]虽然她失去了青春和美貌，但她获得了其他更邪恶的力量：了解矿物及其神秘属性，以及驯服地狱灵魂的能力。因此，除了令人厌恶，这个老妪也很可怕。

德雷顿将这位老妪比作令人厌恶的女巫，这直接影响了他对德比郡的叙述，因为他把这个地区以“峰区奇观”著称的不寻常的自然特征比作老妪的后代：“我可怕的女儿诞生此地/你的母亲们欣喜不已。”[5]这些奇观包括巴克斯顿的矿泉；退潮和流淌的泰兹韦尔河；著名的“普尔洞”和“魔鬼腚”，前者因一个在此藏身的歹徒而得名，后者则因其很像恶魔的臀部而得名；“母亲山”，也称“颤抖的山”，其两侧被页岩覆盖，且时不时就会滑下山，但山体的高度并没有明显降低；埃尔登洞是一个深不可测的峡谷，曾夺去许多人和羊群的生命。然而，这六处自然奇观都只是第七处人工奇观的陪衬：坐落在查特斯沃思的德文郡公爵住宅及花园。

德雷顿的诗运用了既能引起厌恶又能引起恐惧的词汇，目的是将峰区的自然特征——尤其是那些深埋在地下的洞穴和裂缝——生动地表现出来。他用女巫母亲皮克（Peake）对她可憎的后代说话的口吻描写道：“幽暗空洞的洞穴，地狱的轮廓，/那里浓雾缭绕，潮湿的雾

3 Drayton, *Second Part ... of Poly-Olbion*, 123.

4 Drayton, *Second Part ... of Poly-Olbion*, 124. 这一部分摘自威廉·卡姆登在《不列颠志》中对德比郡的描述，参见 *William Camden's Britannia, Newly Translated into English: With Large Additions and Improvements*, ed. and trans. Edmund Gibson（London, 1695）, 493—494。

5 Drayton, *Second Part ... of Poly-Olbion*, 124.

图50. 威廉·霍尔:《德比郡、诺丁汉郡和莱斯特郡地图》,收录于迈克尔·德雷顿:《多福之国第二部或续,始于第十八首诗》(伦敦,1622)。

气持续笼罩大地;/哦,我唯一的爱,我的宝贝,在人们眼里,/恐惧代替了她的位置;久久不动/厚厚的雾气,像地毯一样悬挂在扰攘不安的空气中/你是你母亲皮克的希望和唯一关心的存在。”地下的洞穴和峡谷,就像峰区的女儿,在诗中成为歌颂的对象,诗人将她们令人厌恶和可怕的一面描绘成罕见的魅力。在颠倒的颂词中,越是令人厌恶的特点,就越受到推崇。例如,魔鬼腚,与“黑下颚”一起,因其隐晦而受到赞扬:“在高贵庄严之人中,最暗淡无光者被认定为/他们中最美的,正如令人尊敬的您,/汝愈幽暗,便愈可怕和朦胧/(你的冷酷几乎让人无法忍受)”，普尔洞是以歹徒的姓名命名的，“其坚固的避难所就在此阴暗而粗野之地，/从此作为传家宝，延续给本族后裔”。黑暗的洞穴浓雾缭绕，而这只会进一步加深它们的朦胧感，厚重的雾气弥漫着恶臭，挥之不去，像“地毯”一样悬挂在“扰攘不安的空中”。的确，普尔洞和魔鬼腚是“地狱的阴暗面”，河流将魔鬼腚分成两部分，是如此的“死寂且阴沉”，以至于“每个人都认为/他马上就会前往冥河，并在那里等待卡戎*的到来”。最后，作为最受宠的孩子，埃尔登洞比她的兄弟姐妹更受欢迎，因为她深深地扎根于地下，如果有人在寻找“穿过尘世通向地狱的入口，汝等完全可以断定它即在此”。对德雷顿来说，畸形异样、肮脏阴暗、恶臭可怕的峰区，就是地球上最接近地狱的地方了。[6]

在《厌恶：强烈感觉的理论和历史》一书中，温弗里德·门宁豪斯认为，伴随着美学学科的发展，丑陋老妪之形象的地位逐渐凸显：“关于厌恶的论述，几乎所有被强调和排斥的缺陷都被反复压缩成单一的幻象，那就是丑陋的老妪。这种幻象通常有褶皱、皱纹和麻子，以及比正常身体部位更大的开口（比如：嘴巴和肛门），肮脏而乌黑的牙齿，黝黑黝黑、坑坑洼洼、毫无美感的疙瘩，下垂的乳房，恶臭的呼吸，令人厌恶的陋习，更接近死亡和腐烂……伴随着消极的妄想，美学这门新‘学科’的创始人将老年女性的特质融入他们的体系中，并将其作为最令人厌恶的邪恶。”[7]但是，按照门宁豪斯的说法，这个形象还包含着特殊的力量，因为他认为这对于构建它的对立面来说是不可或缺的。换言之，美学这门新学科的理想身体特征是逐个建构起来的，与巴赫金所说的怪诞的本质特征，即令人厌恶的身体相对立，其中“压力集中施加在身体

130

* 卡戎是古希腊神话中负责引渡亡魂过冥河的神。——译注

6 Drayton, *Second Part ... of Poly-Olbion*, 124—125.

7 Winfried Menninghaus, *Disgust: Theory and History of a Strong Sensation*, trans. Howard Eiland and Joel Golb (Albany: State University of New York, 2003), 84, 86.

上对外敞开的部位，也就是说，外界通过这些部位进入人体内部或者从体内出来，抑或是身体本身通过这些部位来接触外界。这意味着重点是通道或凹陷凸起处，或各种末梢与分支：张开的嘴、生殖器、乳房、阴茎、肚脐、鼻子……身体的年龄最常表现为出生或死亡，从婴儿到老人，从子宫到坟墓，以及从拥抱生命到吞噬生命”。[8]其实，这张丑陋的脸本身常常被简化为它最有力的象征：一张张开的大嘴，不仅模仿了厌恶本身的条件反射，而且还包含了更广泛的联想，包括开放的子宫（生命的开始）和地狱的入口（生命的尽头）。因此，美学家眼中令人厌恶的典范，即丑老太婆的形象，是构成她的对立面——优美的典范——风华正茂的年轻女子的必要条件。当德雷顿将德比郡的景观人格化为干瘪的老妪，将其地下自然景观塑造成让人反感的老妪后代，他不仅将群山延绵的峰区塑造成了令人厌恶的景观的缩影，而且也可能为理想景观的形成奠定了基础。

峰区奇观

1627年8月，也即德雷顿出版《多福之国》第二部的五年后，哲学家托马斯·霍布斯在赞助人威廉·卡文迪什（他刚刚继承德文郡伯爵爵位）以及诗人理查德·安德鲁斯博士的陪同下游览了峰区。在这次旅行中，他们创作了两首诗：一首是安德鲁斯写的英文诗，另一首诗是霍布斯写的拉丁文诗。虽然安德鲁斯的诗很快就销声匿迹，但霍布斯的诗歌《峰区七奇观》（他将此诗献给了他的朋友和赞助人德文郡的威廉伯爵）于1636年出版，并很快成为流行之作。[9]

8　Mikhail Bakhtin, *Rabelais and His World*, trans. Hélène Iswolsky (Bloomington: Indiana University Press, 1984), 26—29.

9　Noel Malcolm, "Hobbes, Thomas (1588—1679)", in *Oxford Dictionary of National Biography* online.

《峰区七奇观》的开篇是对查特斯沃思及其花园的赞颂，它承袭了本·琼森《致彭斯赫斯特庄园》的传统，最初以一首乡村别墅诗的形式出现。然而，霍布斯的诗歌范围很快就超出了他的赞助人和庄园本身，延伸到更广阔的景观和“奇观”：“高耸的峰区有七处奇观，/两个洗礼盆，两个洞穴，一座宫殿、一座山峰以及一个深坑”，换句话说，即巴克斯顿、泰兹韦尔、普尔洞、魔鬼腚、查特斯沃思庄园、母亲山和埃尔登洞。因此，这首诗在艺术和自然之间展开了一场较量，令人厌恶的、地狱般的峰区景观与优美、文明的查特斯沃思庄园形成了鲜明的对比。此外，峰区奇观的特征显然会引起反感。例如，在卡斯尔顿附近，“在一座荒山后面，诚然可见/膨胀成臃肿的两半/当我们把身体弯向地面时，/臀部就充分展现出来。/中间有一个洞穴”，洞口被比作地狱的入口，“它的确有恐怖的嘴巴：/就像火炉，或者画中的地狱，/张开大嘴，吞掉那受诅咒的人群/在大声朗诵这句话后”。埃尔登洞非常恐怖，它的深度比地狱（Hell）、黄泉（Avernus）和炼狱（Dis）要深得多，而黑暗的普尔洞则是一个“巨大、恐怖且畸形的洞穴”。但是普尔洞不仅巨大且畸形；它还会玷污周围的环境。霍布斯提到，经过一番艰苦的攀登之后，“我们疲惫的身躯已经汗流浃背，/我们的双手沾满了潮湿的泥土”。在洞口处，一群寻求施舍的人会向游客们提供装着草药的小碗水，供游客在参观黑洞后洗漱用，尽管这种净化仪式是要付出代价的：“确切地说，我们未曾洁净，/肮脏之物难以除尽，/除非给予报酬（尽管并不丰厚）/对其好客之道，我们理应回报。”霍布斯将峰区描绘成令人厌恶的受污染的景观，这在后来的岁月会产生长久的影响：这首诗在1666年和1675年重印，随后在1678年和1683年以拉丁文和英文的双语形式再版。它在受过教育的公众中广泛传播，并不是要劝阻人们前往这个危险的、令人厌恶的和污染严重的地区，而是鼓励人们前往该地——事实上，这首诗激发了新一代的冒险旅行家前往德比郡山区寻找奇观和险境，而一旦抵达，他们的期望和反应则是丰富

131

多彩的。[10]

在《奇观与自然秩序》中，洛林·达斯顿和凯瑟琳·帕克根据近代早期观察者的反应——是恐惧、愉悦还是厌恶——将怪物分为三类。引起恐惧的怪物是"违背自然和道德秩序的"，比如那些被阐释为"预示着神明的愤怒和即将降临的灾难"的怪物。另一方面，奇迹也能带来令人惊奇的愉悦：它们"比较自然，较为罕见且不具威胁性"。最后，厌恶是由畸形或自然的错误引起的，这些错误"既不危险，也不值得赞扬，但令人遗憾的是，它们偶尔也会为自己过于偏离自然的朴素和规律性付出代价"。[11]峰区奇观包括三种类型的景观：诱发恐惧的埃尔登洞裂缝和母亲山悬崖；引起厌恶的普尔洞和魔鬼腚；巴克斯顿和泰兹韦尔的水域以及查特斯沃思庄园的人造奇观，则属于奇迹的范畴，它们引起的更多的是令人意外的快乐，而不是恐惧或厌恶。 132

这种反应在年轻的爱德华·布朗写给父亲托马斯·布朗爵士的一封信中得到鲜明的体现。信中描述了他在1662年前往德比郡的一次旅行，其中洋溢着青春的故作勇敢和幼稚的幽默，生动地展示了戏剧性的景观所唤起的本能反应。9月8日，爱德华和弟弟托马斯以及其他同伴从诺里奇出发，沿西北方向朝一个从未见过的景观前进。他写道，在这个"奇山盘踞、薄雾笼罩、沼泽丛生、岩石密布的野外，瀑布从山顶直泻而下，冲刷着泥土，使得每个山谷都成了泥潭，道路崎岖不平，山峰高耸入云，峭壁垂直入地"，这些景观使旅行成为让人胆战心惊的计划。在描述德比郡的危险旅程时，布朗的记述尤其引人注目，在当地人的引导下，他和同伴行走在高山的崎岖小路上，"朵朵乌云从山尖呼啸而来，仿

10 Thomas Hobbes, *De Mirabilibus Pecci: Being the Wonders of the Peak in Darby-Shire, Commonly called the Devil's Arse of Peak*（London, 1678）, 14, 31—32, 42—48, 74—76, 80.

11 Lorraine Daston and Katharine Park, *Wonders and the Order of Nature*, 1150—1750（New York: Zone, 1998）, 209.

佛它们自己也因为爬山而气喘吁吁”，途中还遇到了层层叠叠的迷雾和震耳欲聋的雷鸣暴雨。在最后一座高山的山顶上，他们见到了比途中所见更触目惊心的景观：一片广阔的荒野，“我们曾经听过这个故事，我们可以想象遇见一头野生的猪（野猪）”，到处都是像房子一样大的石头，坑坑洼洼的大洞里满是积水。他们的向导，在匆忙穿过这片危险的土地时，掉到了一个“肮脏的洞”里，并且他的脸部摔到了一处“泥泞的地方”。布朗推断，这个男人口中满是“泥土和木头腐烂后的残渣，因为在我们看来，他似乎吐了好一会儿唾沫。如果他的下巴磕到了石头，我怀疑他很快会吐出他的牙齿”。在这段文字中，我们发现景观扮演了令人厌恶的角色：它压迫着对象，甚至要融入他的身体。他的反应是恶心想吐。而极为重要的是，正是在这一点上，当景观引发了典型的厌恶反应时，优美出现了。游客们从地面上见惯了的场景转过身来，薄雾中浮现出一幅近乎海市蜃楼的景象：德文郡伯爵的查特斯沃思庄园。[12]

在接下来的几天里，布朗及其同伴游览了德比郡的名胜古迹：他们游览了母亲山、泰兹韦尔和埃尔登洞。但布朗在对以魔鬼腚（位于卡斯尔顿下方的“山峰的左臀”处）著称的洞穴的描述中，我们可以见识到厌恶这一词汇的全面运用（但也并非没有掺杂一丝欢快幼稚的幽默）。133 布朗回忆道：“在高耸的岩石山脉背面的底部，我们发现了一个巨大的洞穴，其顶部分为两半且垂直到地面，我们很快就发现这是一个臀部的形状。”他们进入这个洞穴，开始了一种开创性的、排泄系统式的旅游：“在火把和向导的帮助下，我们不仅进入而且深入了直肠内部，在直肠上游走了一段距离，如果路况良好，而且通道里没有排泄物的话，我们还能进一步探索肠道内部；但是那怪物前一天喝得酩酊大醉，现在也吐得非常快，我们认为逆着潮水在冥河航行不合适；经过一番考察，带着

12 Edward Browne, “Tour in Derbyshire”, British Library MS Sloan 1900, reprinted in *Sir Thomas Browne's Works*, ed. Simon Wilkin (London, 1836), I: 27—29.

对这些地狱般的景观的钦佩，我们又回到了地上的世界。”这种混合了厌恶（让人联想到充满排泄物的直肠）和恐怖（对地狱的提及）的比喻，延伸到了洞穴里的生物身上，布朗把它们比作肠道寄生虫：“我们甫一进去，便发现该国度已有居民安家，但我们很难根据生活习性猜测他们究竟为何物，他们究竟是在恶魔的后宫之中上下蠕动的蛔虫，就像人类身上的寄生虫那样，还是住在地狱洞穴里的阴魂，乍看之下我们满腹狐疑。他们看上去确实很愤怒，但为了礼貌起见，我们问了问他们是不是吉卜赛人”对布朗来说，这些穷困潦倒的男男女女几乎不能算是人，他们的住所对身体和灵魂来说都是危险的——“这些怪物的居所（位于臀部的位置），总是或多或少地在流水，因此这个地方随时会被淹没”。[13]

在旅行接近尾声时，他们参观了巴克斯顿，并探索了普尔洞，遇到了“脏兮兮、粘糊糊的泥浆”。在最后的玷污体验之后是一个仪式性的净化环节：当爬出洞穴时，他们遇到“一群非常干净的女人，每个人都端着一小盘盛满了甜味香草的水，她们把水递给我们洗手”。一旦这片风景最后的痕迹被水冲走，就好像咒语被打破，他们就可以自由离开了。第二天早晨，他们动身去切斯特，在沿着大路行走了几英里之后，他们遇到了“整个英格兰所能提供的最美的景观”。他们站在高处，俯瞰着“英格兰的皇家山谷，在我们看来，它就像天堂，欢快的河水、晶莹的山泉、有趣的建筑和高耸的树林，后者仿佛被甜美的风所征服，正弯下腰来欢迎我们靠近”。如果德比郡景观令人厌恶的特性是通过威胁、闯入和污染身体的方式被认识的，这也为美的体验创造了条件；美被理解为对有序和仁慈景观的直观欣赏，与布朗及其同伴刚刚经历过的地狱相比，这里“宛如天堂”。[14] 134

在查尔斯·科顿写于1681年的《峰区奇观》一诗中，我们又一次

13　Browne，“Tour”，32—33.

14　Browne，“Tour”，35—36.

发现了山峰令人厌恶和被诅咒的特点。科顿的诗以霍布斯的《峰区七奇观》为原型，描述了峰区及其七大奇观，旨在引发读者的恐惧和厌恶。这首诗以可怕的抗议开场："我敢向上帝抗议，/我应该问，圣洁却在何地/我那不幸而天然的婴孩时期，/天堂黑暗，以至如此境地，/哪般罪行诅咒我沦落此地/这里的自然别无其他，只有耻辱而已。"从某处高地往下看，科顿审视了两处同样令人厌恶的景观：峰区，"如此丑陋的地区，旅行者/咒骂这里的自然如同阴部：/山的一侧像疮与囊肿般胀起，/除本地人外，无人得以接近"，以及荒原，"蓝色结痂污秽之峡谷，/从那地上腐烂的脓肿里流出"。他还将峰区比喻成"那些阶梯（山上有山）/巨人们猛攻的雷霆宝座"，而从他的角度来看，沼泽地就像"含有硫黄之洪水，/在罪恶的索多玛和俄摩拉肆虐"。[15]

回到峰区独特奇观的话题上，科顿将普尔洞描述为"地狱的秘密入口"，"地狱大厦"回荡着"凄惨的叫声/灵魂在地狱的火焰中煎熬"。母亲山用一种冰冷的、颤抖的恐惧打击了来访者。埃尔登洞是一个"恐怖的地方"，一个"可怕、陡峭、黑暗、充满恐怖的洞穴"。但最恐怖的是"令人畏惧的洞穴/即便最勇敢之人视之，亦难掩惊诧"，这即是阴曹地府，也即所谓"魔鬼腚"。它不仅黑暗，而且只能靠"穴居之人"举着的蜡烛发出的"闪烁且迷离"的光前行，他们引导着那些"将穿过此地之人，/穿越恶魔的直肠"，但它臭气熏天，"似干草与泥炭层层堆叠产生的气味/只有撒旦的肛门才能散发出来"。在游览期间，科顿受到了恶臭、震耳欲聋的噪音以及其他有害的、可怕的感觉的攻击。然而，这些经历都是在为诗人最后的邂逅——查特斯沃思的奇迹——做准备。作为艺术的产物，它的无瑕和优美与该地区畸形的自然景观形成了鲜明的对比。查特斯沃思庄园被"自然的耻辱和疾病包围，/黑色的荒野、荒凉的岩石、荒芜的峭壁和裸露的山丘"；周围的景观既"畸形又粗俗"，

15 Charles Cotton, *The Wonders of the Peake*（London, 1681）, 1—2.

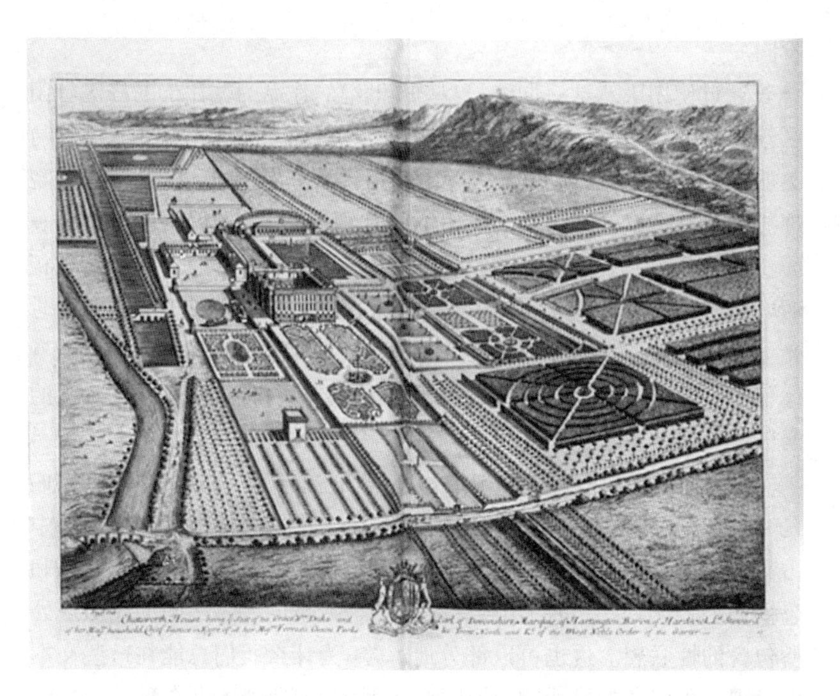

图51. 简·基普和伦纳德·克尼夫:《德文郡公爵和伯爵的宅邸查特斯沃思庄园》,收录于《不列颠图说》(伦敦,1699)。

就像刚从混沌中诞生的“新生自然”一样。相比之下,查特斯沃思却似天堂,这证明了“不管自然如何,艺术皆能创作”。[16]简(约翰内斯)·基普和伦纳德·克尼夫有一幅查特斯沃思版画(图51),它于1699年刊登在他们的《不列颠图说》(*Illustrata*)上,和前述秩序与混乱、美丽与厌恶的对比相呼应,该画突出了规则、几何、有序的花园以及道路、喷泉、花坛、水渠、小树林,与野生的、多岩石的以及无规则的景观之间的

135

16　Charles Cotton, *The Wonders of the Peake*(London, 1681), 5, 19, 30—31, 47, 49, 76—77.

不同。

通过使用厌恶这一词语，这些17世纪的作品为德比郡的峰区等山区景观建立了一套特殊的联系。正如令人厌恶的老妪的身体可以与美丽少女的身体形成对比一样，山脉提供了一种衬托，这是构建景观理想的关键。就像那干瘪的老妪的疣和鹰钩鼻一样，群山就是地球表面变形的凸起，岩石斜坡尖锐的轮廓也与老妇人下垂的皮肤和褶皱相似。但与此同时，参差不齐的外形意味着它们经历了成千上万年的时光，也让人想起地球最初是从混沌中诞生的。就像巴赫金的"怪诞的身体"一样，群山和它们的联系也因此聚集在出生和死亡、创造和毁灭的两极。

136

凹凸不平、坑坑洼洼、褶皱的山体表面也会产生裂缝和洞穴：（它们是）高地景观的洞口。这些开口在描写令人厌恶的群山的文学作品中占有突出地位，并引发了最强烈的反应。这些地下空间唤起了厌恶和恐惧，这种巧合只是进一步强化了景观与疲惫的人体之间的相似之处所包含的性联想。这也可以部分地解释，为什么我们总能在这些文本中发现一种混杂的排泄物（或厌恶）和地狱（或罪恶）的关系，例如，对魔鬼腚的探索（隐含着一种被禁止的性行为）在作品中被明确比喻为前往地狱深处的探索。在所有这些描述中，潜藏着一种对罪恶和惩罚的恐惧，一种以两种不同但又相关的方式得到表达的焦虑：首先，群山景观本身被解释为人类罪恶所引发的神之愤怒的后果；其次，通过这类景观提供和激发的各种活动与其接触，不仅危及身体，还会危及灵魂。

从奇观到资源

然而，峰区奇观并非总是令人印象深刻。在将峰区奇观塑造成令人厌恶的景观的同时，另一种趋势出现了，这种趋势最初似乎更关注使用的问题，而非恐惧的快感。威廉·卡姆登在《不列颠志》一书中冷冷地指出："[卡斯尔顿下面是一个地下洞穴(如果可以原谅我粗鲁的措辞的话),它被称为魔鬼腚,里面非常宽阔且洞穴众多,还有很多小隔间……这个洞被视为英格兰的神迹之一。在其附近的另一个洞穴里,也有同样的寓言故事,该洞穴也被叫作'埃尔登洞',奇妙之处在于它的巨大、险峻和幽深。"卡姆登被眼前的景观弄得不知所措,他打趣道:

> 目之所及,峰区令人愉悦之九处景观,
> 山洞、兽穴,和裂口,竟是全部奇观;
> 铅矿、羊群,和牧草,有用之物仅三;
> 查特斯沃思庄园、城堡和浴场,唯此欣然;
> 你将发现更多事物,但并不值得一看。[17]

137

"更多"的东西主要是在地下发现的。卡姆登指出,该地区"乱石嶙峋、崎岖不平、群山连绵,虽然十分贫瘠",但是它"富含铅、铁、煤等矿产资源,而且很适合养羊"。峰区尤其以矿工们所说的"铅矿"而闻名,这些铅石被开采得非常多,卡姆登继续说道:"炼金术士(他们将行星宣判为矿坑,就好像它们犯了重大罪行一样)荒谬又错误地引导我们,掌管铅的土星对我们非常仁慈,因为它允许我们使用这种金属;但土星对法国人不满,因为他们否认了铅的价值。"除了铅,矿井还蕴含"锑(Stibium),在商店里也被称为锑(Antimony);从前,希腊妇女用锑来给眉毛上色",以及磨盘和磨刀石的原材料,"有时在这些矿井里还会发现一种白色的萤石……就像水晶一样"。[18]

群山表面看起来很贫瘠,但底层矿藏却无比丰富,这种悖论性质蕴含着一个熟悉的比喻,在普林尼的作品中就有,后来也被后世的许多

17 Camden, *Britannia*, 495.

18 Camden, *Britannia*, 490, 493.

评论家不断重复。[19]我们发现西莉亚·法因斯多次使用了这一比喻，她试图通过这一比喻来帮助自己更好地理解在英格兰北部遇到的奇特的陌生景观。在“1698年去往纽卡斯尔和康沃尔的伟大旅途”中，法因斯穿越了德比郡，在那里，她对荒无人烟且令人生畏的景观既敬畏又厌倦。“德比郡到处都是陡峭的山，”她写道，“在这个郡的大部分地区，除了一座座层峦叠嶂的高山之外，什么也看不见，长途跋涉的旅行无比乏味，既看不到树篱也看不到树，只能看到一些低矮冰冷的岩石围墙，以及你能想象到的最绵密的山峰和峡谷。”然而，她还指出：“尽管地表看起来很贫瘠，但这些高山中蕴含着丰富的大理石、铁矿、铜矿和煤矿，从中我们可以看到伟大造物主的智慧和仁慈，它创造了多种多样的物质资源，来弥补此地的不足，并增加其魅力。”在巴克斯顿，她意识到小镇被“那些崎岖不平的山丘所包围，山上蕴含黑色的、白色的、纹理分明的大理石，有些地方有铜矿，另一些则有锡矿和铅矿，从中还能开采大量的银”。[20]

在德比郡的时候，法因斯游览了峰区奇观：她在巴克斯顿沐浴，在圣安妮井饮用了少量矿泉水；她爬进了普尔洞，参观了洞里的钟乳石。

---

19 论山的效用，参见Marjorie Hope Nicolson's *Mountain Gloom and Mountain Glory: The Development of the Aesthetics of the Infinite*(Seattle: University of Washington Press, 1959), chapters 2 and 3。也参见Numa Broc, *Les montagnes vues par les géographes et les naturalistes de langue ançais au XVIIIe siècle: Contribution à l'histoire de la géographie*(Paris: Bibliothèque Nationale, 1969); Gavin Rylands de Beer, *Early Travellers in the Alps*(London: Sidgwick and Jackson, 1930); Robert Macfarlane, *Mountains of the Mind: A History of a Fascination*(London: Granta, 2003); Simon Schama, *Landscape and Memory*(New York: Knopf, 1995); Francis Spufford, *I May Be Some Time: Ice and the English Imagination*(London: Faber and Faber, 1996); 以及Rosalind Williams, *Notes on the Underground: An Essay on Technology, Society, and the Imagination*(Cambridge, MA: MIT Press, 1990)。

20 Celia Fiennes, *The Journeys of Celia Fiennes*, ed. Christopher Morris(London: Cresset, 1949), 96—97, 102.

在埃尔登洞里，她把那块“必扔石”(obligatory stone)扔了下去，尽管没有打算攀登，但还是去探索了母亲山。在卡斯尔顿，她参观了魔鬼腚，138 那里的居民和他们“像猪舍一样的”小房子，比洞穴给她留下的印象更深刻。她进入洞里，但只走到第一条河：虽然有一条小船可以让游客过河，但她很害怕，“不敢冒险”。法因斯还参观了矿井，在那里她发现了铅，“铅闪闪发亮，像刚从矿井里取出来的一样”，以至于看起来像银，还有一种她称之为晶石(Sparr)的矿物质，看起来很像“水晶或冰糖”。[21]

1698年，西莉亚·法因斯在德比郡的旅行经历证明了一种更为普遍的趋势：人们对奇迹和奇观的兴趣正逐渐减退，随之出现的是一种对待自然景观的不同态度，即更加关注自然资源的使用问题。我们在第二章中提到了英国皇家学会及其调查问卷的发展情况，这对旅游业也有重大影响。埃德蒙·吉布森和许多皇家学会成员共同修订的卡姆登1695年版《不列颠志》、奥格比尔地图以及一种新型书籍(郡自然史)的出版，都对人们在乡村旅行中观察和寻找景观产生了重要影响。法因斯对她所走过的群山景观的描述包含了恐惧、不满和疲惫，但也有一些看似散文的段落表现出了一种清单式的经验主义特征。在法因斯的结论中，我们可以看到这种新态度的痕迹，她指出，峰区视觉吸引力的“不足”被其丰富的矿产资源——“大理石、铁矿、铜矿和煤矿”——所抵消。当法因斯更加具体地描述某种自然资源时，我们能意识到：她的文字特别注重物体的感官特征，比如像银一样亮的铅，或者像“水晶或冰糖”一样的“晶石”。[22]

1700年，兰开夏郡的内科医生、皇家学会成员查尔斯·利出版了《兰开夏郡、柴郡和德比郡峰区自然史》。与罗伯特·普洛特的开创性作品《牛津郡自然史》一样，这也是一部郡自然史。利的书包括自然哲

21　Celia Fiennes, *The Journeys of Celia Fiennes*, 107, 108; 102.

22　Celia Fiennes, *The Journeys of Celia Fiennes*, 108.

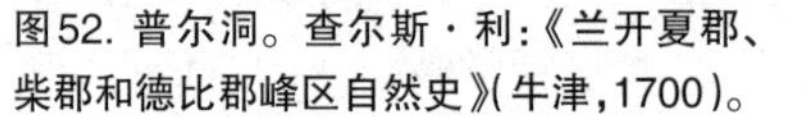

图52. 普尔洞。查尔斯·利:《兰开夏郡、柴郡和德比郡峰区自然史》(牛津,1700)。

图53. 魔鬼腚。查尔斯·利:《兰开夏郡、柴郡和德比郡峰区自然史》(牛津,1700)。

学、医学和风俗古迹三个部分。论及自然史的第一部分参考了普洛特的模板,并在根本上遵循着弗朗西斯·培根在《自然史和实验史概论》中给出的自然史编纂指南,即将研究目标分类为空气、水、土地、石头、植物和动物等主题。每一部分都有一个附录,涵盖了文中最著名的物体和自然现象的插图。其中的图六和图七(见本书图52和图53)展现了峰区最著名的两个奇观:普尔洞和魔鬼腚。[23]

23 Charles Leigh, *The Natural History of Lancashire, Cheshire, and the Peak in Derbyshire*(Oxford,1700).

与利的专著中的其他插图一样，这两幅图都将关于奇观的不同图像排列在一起展示：图六除了普尔洞以及各种钟乳石的远景之外，还 139 展示了化石和“洞中代表性的植物”，一个出生时胸部就带有火焰状胎记的婴儿，以及利在兰开夏郡的惠利修道院见过的一个长着角的女人。图七除了“一个绝妙的拱门，俗称魔鬼腚”外，还有一块在兰开夏郡发现的鹦鹉螺化石，及柴郡72岁的女人玛丽·萨维斯的画像，她在28岁的时候“头上长了一个瘤，并一直保持了32年，再往后瘤长成了两只角；3年后她将其切断，但没过多久又长出了两只新角；4年后她又再次将角切断”。[24]这些图像的并列更加凸显了这两幅画的主题：它们所描绘的特征属于培根“异常衍生物”的范畴，换句话说，也就是怪物。[25]对培根来说，怪物的存在进一步证明了自然的正常秩序：作为一种失常状 141 态，它们起到了强化规范的作用。因此，我们可以说，通过这两幅画，利试图（像培根一样）通过使它们从属于一个更为普遍的分类模式，来遏制这些歪曲自然的令人不安的力量。

这些图提供了极具说服力的证据，证明了新的科学方法试图适应关于奇观和怪物的旧观念。新的分类精神激励了利的事业，他将那些看似不相干的物体放在同一插图里的决定，植根于我们一直在追溯的历史悠久的基于厌恶的相关性。甚至利的论述从表面上看也是科学的，丑陋的老妪与地下洞穴、畸形的瘤与群山景观相互呼应，玛丽·萨维斯的可憎面目，或者说，这位不知名的兰开夏郡女性象征着德比郡自然风光中的令人厌恶的特征。

1724年出版的丹尼尔·笛福的《大不列颠全岛纪游》展示了进一

24　Charles Leigh, *The Natural History of Lancashire, Cheshire, and the Peak in Derbyshire*, 187, 192.

25　Francis Bacon, “The Great Instauration”, in *The Works of Francis Bacon*, ed. James Spedding, Robert Ellis, and Douglas Heath (London, 1860), IV: 253.

步转变的痕迹。笛福在1704年第一次访问北部地区，他最终发表的文章证明了他对德比郡文学的了解：吉布森的升级版，同时融合了卡姆登、霍布斯、科顿和利的观点（尽管提到了科顿，但他十分尖锐地指出，科顿“对诗歌的好奇总是多于对峰区的好奇；幽默感十足，但少有佳句”）。作为一名政府代理人，笛福旅行的目的是考察当地的自然资源和制造业：与其他评论家相比，他更倾向于从使用的角度来看待乡村。因此，当看到所谓峰区奇观时，他与卡姆登的厌恶态度产生了共鸣。他写道，“峰区居民非常喜欢在陌生人面前尽其所能地展示自己，称道每件事都是奇迹”，但真正的奇迹是“像霍布斯先生以及之后的科顿先生一样伟大的人，他们在这里庆祝着这些无关紧要的东西，好像它们才是最尊贵的世界奇观；前者用的是拉丁文诗，后者用的是英文诗”。德比郡的奇观在于别的地方。笛福邀请他的读者“和我一起穿越这片你想象中的凄凉荒野”，保证他们“很快就会发现其中的美妙之处”。[26]

笛福对母亲山、魔鬼腚（“真是起了个粗俗的名字……我们必须仔细寻找其中的任何东西来创造奇观，即使是陌生、奇怪、庸俗的东西，正如它的名字一样”）、泰兹韦尔和“地球上最巨大的洞穴普尔洞”（他认为这是“峰区另一处平淡无奇的奇观”）等景观不屑一顾。相反，他认为，德比郡山区的矿藏，如“黑铅、锑、水晶和其他物质，比他们所说的奇观要稀有得多”，最大的奇观应该是，“在一个如此古怪、稀有、重要的地区，任何令人不满、愚蠢、无用的东西，却被误认为是奇观，就像母亲山、泰兹韦尔、普尔洞等那样”。[27]

142

最后，笛福把峰区奇观简化为三个地方：巴克斯顿、埃尔登洞和查特斯沃思，他把埃尔登洞比作“一扇通向地狱的窗户，只要看一眼，就

26 Daniel Defoe, *A Tour Thro' The Whole Island of Great Britain*（London：Frank Cass，1968），II：564，566—568.

27 Daniel Defoe, *A Tour Thro' The Whole Island of Great Britain*，II：576—580，585—586.

会在想象中激起恐怖”，与之相反，查特斯沃思则被视为“一处完美的美景”。笛福针对查特斯沃思的文学描述强调了自然的畸形与艺术的完美之间的对比。因此，他对查特斯沃思的访问始于他徒步穿越“相距正北方向十五或十六英里的一片广袤的荒原，这里没有树篱、房屋和树木，而是荒芜凄凉的荒野，当陌生人在此旅行时，他们必须带上导游，否则一定会迷路”。笛福强调了这个“荒凉之乡”，这个“毫无舒适感的”、“贫瘠的”和看似“无边无际的荒野”与查特斯沃思庄园所在的“欢乐谷”之间的对比。然而，对于笛福来说，也对于他之前的霍布斯和科顿来说，“正是这些障碍，以及我所说的[查特斯沃思]所在的不利位置，衬托出了它的优美”。但圣经中与笛福描述的相似之处——周围“荒芜凄凉的荒野”景观烘托出天堂般“无瑕优美”的遗产——也证明了一种不同视角的存在。笛福认为，查特斯沃思真正的奇观是建立在“这样一个苍白的地方，群山凌云，遮天蔽日，如果地震频发，就可能刚好将这些小镇（更不用说其中的房屋）掩埋在废墟之中”。就这样，他将人们业已熟悉的优美与厌恶并置而论，并为其注入了一种新奇的色彩。正是在这种将德比郡视作“末世荒原”的设想中，我们能够发现一颗孕育新的景观美学的种子。[28]

我们肮脏的小星球

1959年，马乔里·霍普·尼科尔森的经典作品《山阴山耀》开篇即提出了一个论点，他认为近代早期人类对山的态度发生了巨大的变化：“在基督时代的前十七个世纪，‘山阴’使人们一叶障目，以至于诗人们从未在我们的眼睛所习惯的灿烂光辉中看到过山。之后不到一个世纪——实际上是五十年之内——这一切都改变了。‘山耀’破晓，光

28　Daniel Defoe, *A Tour Thro' The Whole Island of Great Britain*, II: 581, 583, 585.

143 芒四射。为什么？”她问道。[29]为什么像德雷顿这样的诗人，在1622年写的诗会把山视为畸形，认为山毁坏了地球的面貌（在《多福之国》第二十七首诗歌中，他吟唱兰开夏郡“暴露的脸，/群山如疣，自然如恩典/赐予这片土地”[30]），而19世纪早期的诗人华兹华斯和拜伦则认为，山是自然的大教堂，山是引发最崇高、最虔诚的情绪反应的地方。在书中进行了令人信服的论证后，尼科尔森给出了答案：这种根本变化的动力是所谓“无限美学”的出现。托马斯·伯内特是其中的关键人物：他的著作《地球神圣理论》在将英国人对山的态度从恐惧和害怕转变为敬畏和仰慕中发挥了关键作用。

然而，尼科尔森开篇那个论点的基本前提（实际上也是其整本书的前提）在于："山阴”和“山耀”是截然对立的。她的中心假设是，对一种特定景观的态度在很短的时间内就转变成了它的对立面。但如果“山阴”和“山耀”不是那么对立的呢？相反，如果它们实际上可以被看作相互依赖的呢？换句话说，如果我们能将“山阴”特有的厌恶理解为“山耀”之崇高得以出现的必要前提呢？不过，在我们开始讨论这个问题之前，我们必须重新考虑托马斯·伯内特在其中扮演的角色。

托马斯·伯内特在第一次登山时已经30多岁了。1671年夏天，他与年轻的助理查尔斯·波莱，即后来的第二代博尔顿公爵一起踏上了旅途。聪明博学、有教养的伯内特准备好扮演“私人教师”的角色，却没有想到自己将在旅途中遇见怎样的景观。在去意大利的路上，他被迫攀登的群山是一片荒凉之地，只有可怕的乱石堆、裸露的岩石和冰封的积雪，头顶上是一片危险的绝壁。两边是悬崖峭壁，乌云在他脚下翻滚，发出轰隆的雷声，这一切都吓得他直打哆嗦。这次旅行所穿越的阿

29 Nicolson, *Mountain Gloom*, 3. 关于伯内特，参见Ernest Lee Tuveson, *Millenium and Utopia: A Study in the Background of the Idea of Progress*（Berkeley: University of California Press, 1949）。

30 Drayton, *Second Part ... of Poly-Olbion*, 135.

尔卑斯山是他前所未见、无法想象的景观，这些景观也从根本上改变了伯内特看待、了解世界的方式。

对伯内特来说，没有什么比他所经历的这种恐怖而荒凉的环境更能说明人类的罪恶了。如此荒凉、广阔、杂乱的石堆和土堆，如此混乱不堪的景象显然不能反映出上帝最初的计划。伯内特作为剑桥柏拉图派哲学家亨利·莫尔的追随者，相信上帝显然会按照他自己的形象创造世界，这一原初世界的平滑和对称代表了他自己的完美。现在的地球，“我们肮脏的小星球”，却成了一片荒原。 144

伯内特与阿尔卑斯山的相遇颠覆了他对世界的理解。他所经历的强烈的厌恶感和迷恋感促使他创建一种理论，来解释他所看到的触目惊心的景观。回到英格兰几年后，他将自己的想法撰写成书，名为《地球神圣理论》，并将该书献给了他年轻的旅伴。为了调和科学与《圣经》之间的矛盾，换句话说，为了证明《圣经》中关于地球形成的记载是由地质记录证实的，伯内特撰写了一篇关于地球从形成到最终毁灭的扣人心弦的报告。这本书于1681年首次出版，取得了巨大成功。查理二世对这本书进行了推广，并鼓励伯内特将其翻译成英语：英语版《地球神圣理论》——拉丁语版《地球神圣理论》的增订版——于1684年诞生，并被献给了国王。[31]

该书的卷首插图（图54）是伯内特论证的一个缩影。耶稣站在七个代表星球的圆圈上，每个星球代表地球历史的一个阶段。这个循环从他的左脚开始，在那里一个乌黑阴暗的球体描绘了构成原始混沌的旋转的粒子团。根据伯内特的理论，粒子聚集在一起，当较重的粒子沉降时，就会形成土地、水、油和空气等不同的地层。随着时间的流逝，这些地层继续合并。最后形成一层黏稠的泥浆，并裹住水层；在太阳

31　Scott Mandelbrote, “Burnet, Thomas”, in *Oxford Dictionary of National Biography* online.

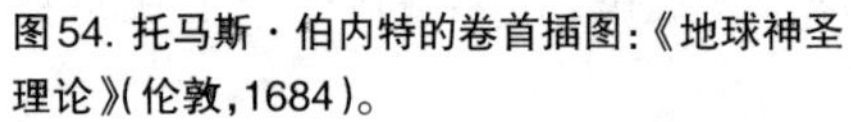
图54. 托马斯·伯内特的卷首插图:《地球神圣理论》(伦敦,1684)。

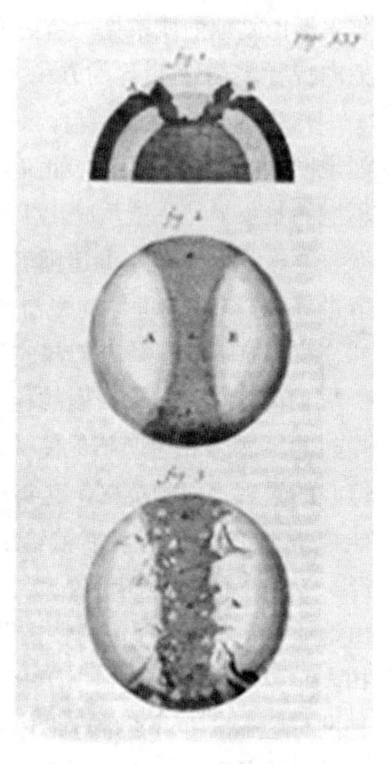

图55. 对洪水及其影响的说明。在第一张图中,地壳破裂,释放出水。在第二张图中,水覆盖了地球的光滑表面。在第三张图中,海水又回到了地球,留下了“破碎世界的废墟”,还有山(b)和岛屿(c)。托马斯·伯内特:《地球神圣理论》(伦敦,1684)。

的炙烤下,这个浑浊的球体慢慢变干,其厚厚的外壳将水包裹在里面(图55)。这个过程的结果就是初生的地球,即卷首插图中的第二个球体。人类未堕落之前的地球是一个完美的球体,它光滑的表面包含着水,就像蛋壳里含有蛋黄一样。整个地球是座天堂。它平坦的表面造就了永恒的春天，动植物繁盛，处处皆是伊甸园。但这种状态并没有持续多久。人类的恶行激起了上帝的愤怒，被困住的洪水猛烈爆发，粉碎了地壳，淹没了地球。卷首插图上的第三个球体代表了洪水：我们看到诺亚方舟，渺小且飘忽不定，在水面上漂荡。对伯内特来说，这是地球地质史上的关键事件。洪水蹂躏着地球，把完美的球体变成了一堆废墟，形成了山脉、参差不齐的海岸线、嶙峋的岛屿和海岬，最终形成了他所了解的不规则的、不完美的地球。

但这并不是故事的结局。伯内特预测，基督再临之时，地球将被火山点燃，并在以煤炭和其他矿藏（尤其是英格兰的丰富矿藏）为燃料的熊熊大火中被吞噬，转化为熔化的物质。随着大火的平息，地球将逐渐冷却，再次沉降成光滑的球体。最后，在重获这种几何学上的均匀状态后，地球将作为永恒的恒星飞行于宇宙之中。《地球神圣理论》的卷首插图说明了这个从黑暗到光明的循环。这幅图通过对应和重复清楚地表明，上帝的本意在于地球应该是一个完美的球体。作为对人类罪行的惩罚，地球曾被水淹没，而在末日审判之后，地球将会通过火得到修复。地球目前的不完美状态只是这个循环中的一个阶段：通过将我们所知的地球的表象定位在耶稣的正下方（非洲大陆和欧洲大陆清晰可辨），这幅画表达了救世主耶稣在地球命运中的关键作用。 145

对伯内特来说，地球是一个堕落的世界，它的毁灭性状态证明了人类的罪行。与第二章讨论的农业改革者不同，伯内特不相信人类进步的救赎力量。伊甸园不是人类可以重新创造的东西：上帝安排了原初地球的毁灭；只有他才能实现其复原。到处都是上帝愤怒的迹象。

地球表面“是一堆支离破碎、混乱不堪的物体，彼此之间毫无秩序可言，也没有任何对应的部分或规律性”；世界无非是“大废墟的形象或图画……世界的真实面貌就在垃圾堆中”。到处都是混乱与无序：大陆的轮廓扭曲而破碎，岛屿就像是“从身体上扯下的四肢一样零散地分布着"；海洋通道"尽管非常宏大，但畸形且不规则"。伯内特问道："想象一下，如果海洋干涸了，我们从高高的云层之上俯瞰这个空壳，那将是多么可怕和荒芜？当看到它像一个空旷的地狱，或是一个无底洞时，我们会有多么诧异？深邃、空旷且宽广；如此破碎、混乱，以至于每一条道路都崎岖不平、怪异恐怖。"海底的"荒野与多重混乱"使它变得"异常且难以名状；这是另一种混乱，谁能描绘出这样的场景呢？峡谷、悬崖和大瀑布；山洞与岩石层层叠叠，参差不齐的群山和凌乱的岛屿，看起来仿佛是被连根拔起后移植到海里的"。甚至地球的内部也被不规则的开口、洞穴和石窟撕裂成了破碎的空洞。那些"我们称之为山的土堆或石头"是最有力的证据，它们"可怕且恐怖"，是真正的"破碎世界的废墟"。"在自然界中，没有什么比一块古老的岩石或一座山更不成形、更难看了，"伯内特说，"而它们之间的一切变化，只不过是各种不规则的形式而已；因此，简言之，除了说它们具有各种不规则的形式和形状之外，你无法更好地描述它们的特征。"

对伯内特而言，缺乏秩序和规则的设计在地球表面随处可见，这就表明，人们所了解的地球"并不是大自然的杰作，不是按照其最初的意图，也不是按照最初模型的大小和比例用直线和铅锤绘制出来的；它是次等作品，是用破碎的材料所能做的最好的东西"。毫无疑问，造成这种破坏的原因是人类的罪行，因为"在人类带头堕落之前，大自然是不会陷入混乱的"。从这个角度看，除了"我们的世界是一个多么粗俗的肿块，我们太容易溺爱它了"之外，不可能得出其他结论。对伯内特来说，世界曾经是——直到基督再临时——也将继续是一片荒原。[32]

147

但这片荒原并非没有奇观。虽然伯内特对荒凉的阿尔卑斯山景观的描述（堆积如山的岩石和积雪）旨在生动地阐释这是人类罪行的

32 Thomas Burnet, *The Sacred Theory of the Earth*(London, 1684), 102, 104—105, 112, 115; 108, 109.

后果，但他的文章清晰地表明，群山也具有强大的魅力。然而，无论人类堕落之前的地球多么完美，作为一个没有瑕疵、均匀光滑的球体，它也可能有点无趣。群山可能以戏剧性的、混乱的和丑陋的形式变成废墟，但这种废墟"展现了某种壮丽的自然；就像从罗马人古老的庙宇和破碎的斗兽场中，我们可以看到罗马人的伟大"。将山理解成废墟会让人联想到末日的概念；它将人们的注意力引向了上帝的愤怒以及这种愤怒的破坏力。在对基督再临时的全球性大火的描述中，伯内特要求读者反思"这个可居住世界的虚荣和转瞬即逝的荣耀。通过某种元素的力量，冲破其他的一切，大自然的一切变化、一切艺术作品以及人类的一切劳动都将化为乌有。我们之前所有敬仰和膜拜的伟大事物都将不复存在。而事物的另一种形式和面貌，朴素简单且到处都相同的景观，覆盖了整个地球"。伯内特问道："世界历史上的那些伟大的帝国及其伟大的都城现在在哪里？它们的石柱、战利品和荣耀的丰碑又在何处？向我展示它们的位置：读读碑文，告诉我胜者的名字。在这团火中，你还能看到什么，留下什么印象，或者事物之间的任何差异吗？"这时，在神圣力量面前，人类的劳动和傲慢显得一文不值。虽然这些人类文化的作品被证明是脆弱和短暂的，但与自然作品的命运相比，它们的毁灭显得微不足道。因为

> 不仅仅是城市和人类的杰作，永恒的小山、地上的山岳和岩石，在太阳面前都像蜡一样融化了；变得无处可寻。这里矗立着阿尔卑斯山，一块巨大的岩石山脉，地球的重担，它覆盖了许多国家，从大洋延伸到黑海；这块巨石已经软化并溶解，就像温柔的云化作了雨。这里矗立着非洲山脉，阿特拉斯擎天一柱直冲云霄。这里有冰封的高加索、托罗斯、伊摩斯和亚洲群山。更北边的是瑞菲亚山脉，覆盖着冰雪。所有这一切都消失了，像飘落在它们头上的雪一样一点点消失；在通红的火海中被吞灭。万能之主啊，你的作为大

148

哉，奇哉。万圣之王啊，你的行为义哉，诚哉。哈利路亚。[33]

最重要的是，伯内特的论述是对力量的持续思考。神对人类罪行的厌恶引发了审判和惩罚：现在地球的毁灭状态在群山景观中表现得最为明显，它提醒着我们神之愤怒的可怕。伯内特要求读者将地球想象成毁灭肆虐的样子："火与硫黄交融的湖泊：被溶化的发光物质流淌其中的河流；万座火山同时喷发火焰。夜幕降临，浓烟滚滚升到空中，天堂坠落到熊熊大火之中。"这类似于地狱本身的景象，因为"很难找到宇宙的某一部分，或事物的某一状态，来回应这么多的地狱属性和特征，就像我们现在看到的一样"。伯内特很喜欢用修辞手法来想象这种地狱般的景象，但他承认"从任何地方都不可能对地球的最后一幕有一个全面的展望：因为它是火和黑暗的混合物。这座新的圣殿在献祭时烟雾弥漫，任何人都无法进入"。地狱黑暗而朦胧；这是可以想象的，但并不直观。同样，地球表面也不过是一堆乱七八糟的岩石。这两种景观都缺乏规律性和设计感：对于伯内特而言，完美的自然是均匀的、成几何状态的；堕落的自然则是不规则的、模糊的。因此，《地球神圣理论》在堕落者和无形者之间建立了强有力的一致性。地狱和地球都是景观，它们的不规则和模糊表明了它们共同的处境：它们都是罪恶之地；它们都代表着上帝愤怒的惩罚。这样的景观见证了神的全能，令人敬畏和恐惧，并最终使它们的观众敏锐地意识到自己的无能为力和微不足道。[34]

伯内特为新一代人重新定义了荒原概念。《地球神圣理论》在18世纪上半叶多次重印（1759年出版了第七版），并节选发表在《旁观者》和其他期刊上。显然，这部著作经久不衰，与其说是因为它的地质学理

33 Thomas Burnet, *The Sacred Theory of the Earth*, 109, 306.

34 Thomas Burnet, *The Sacred Theory of the Earth*, 305.

论，不如说是因为伯内特的修辞风格，他那先知般洪亮的声音，振聋发聩地唤起了灾难和惩罚的场景。山脉对伯内特和第二章中提到的农业改革者来说都是荒原，道德问题也对他们都很重要。但是，对那些聚集 149 在哈特利布周围的人（他们后来成立了英国皇家学会）来说，他们的分类主要基于效用问题，而对伯内特而言，这是美学问题。

伯内特用以描述大洪水后被毁坏的地球的词汇显然表达了一种厌恶。透过伯纳特的眼睛，我们看到了代表原始混沌的不规则景观，并触及了地狱底部。我们"肮脏的小星球"，这个"粗鲁的大块头"，是"破碎和混乱的""变形的""不规则的""畸形的"。群山"巨大而可怕""无形而丑陋"，岛屿则被比作被肢解的四肢。但在这种语言中，令人惊讶的是一种混合着排斥和迷恋的语调，卡罗琳·科斯迈耶认为这种矛盾的组合是厌恶在审美层面的一个典型特征。[35]当农业改革者们试图根据改良的思想和技术来根除荒原时，伯内特却满足于（我们甚至可以称之为欣喜地）将荒原看作"后世界末日的景象"。通过伯内特对群山的厌恶、反感但又同时迷恋的行为，现代美学的最典型特征开始显现。

我们无法确定西莉亚·法因斯是否读过《地球神圣理论》，但她对魔鬼腚内部河流的解释似乎显露出这一迹象。她疑惑地凝视着水面，发现它很奇怪：它又黑又深，虽然看上去似乎是静止的，但她确定那里有"一条穿过大地的通道"；因为"它似乎蠢蠢欲动"，从而证明"我们神圣造物主的伟大智慧和力量，能够使一切事物都保持在自己的界限和范围内，如果不遵从神的命令，整个世界就有被毁灭的趋势"。[36]查尔斯·利发现，要解释德比郡的"巨大洞穴"是不可能的，除非人们接

35 Carolyn Korsmeyer, *Savoring Disgust: The Foul and the Fair in Aesthetics* (Oxford: Oxford University Press, 2011).

36 Fiennes, *Journeys*, 108.

受“宇宙毁灭”的假设，即“整个地球表面都已裂开”。他紧接着说，当它们“在洪水中来回颠簸时，大部分地层都变成了斜坡，有时会有两个相对的山峰碰巧相遇，并在这种可怕的混乱中结合在一起，这样就很容易形成那些巨大的拱门和山洞，就像我们如今在山上看到的奇观”。对利来说，“如果我没弄错的话，这些现象确实证明了洪水的普遍性”：作为破碎世界的废墟，德比郡的群山和洞穴，都是上帝不悦的有形证据。丹尼尔·笛福在对普尔洞的描述中特别提到了伯内特，他说这个洞穴“无疑和山本身一样古老，是上帝创造万物时，因岩石的位置而偶然形成的，或者根据伯内特的理论，可能是在地壳大断裂时，地表被大量吸收或流入深渊形成的；在我看来，这似乎证实了地壳断裂的假说”。[37]由伯内特唤起的这种转变（从将群山看作疣或疖子到将其理解为末日浩劫后的废墟）可以在德雷顿《多福之国》中引用的威廉·霍尔的德比郡地图（见图50），与现存最早的、由调查员斯蒂芬·佩恩约在1732年绘制的科尼斯顿湖（Coniston Water，或Coniston Lake）风景图［见图56；佩恩称其为瑟斯顿湖（Thurston Water）］的对比中得到生动的展现。霍尔的地图将德比郡的群山描绘成从景观表面突然冒出来的瘤子，那些浓厚的阴影只是用来强调一种红肿的疙瘩的效果。另一方面，佩恩绘制的景象则与伯内特描绘的废墟地球高度相似（见图55），当然这是指从鸟瞰的角度来看的。它生动地表达了一种连续的结构被撕裂的印象——让人感觉湖的两侧可以很容易地被缝合在一起——群山不是孤立的隆起，而是连续的褶皱。彼时受过教育的人都阅读过伯内特的作品，他们在参观群山、洞穴和其他壮丽荒凉的景观时会想起他的文字，他们的思想和解释也受到了其理论和基调的影响。

37 Leigh, *Lancashire*, 187—188, 576.

图56. 斯蒂芬·佩恩:《兰开夏郡弗内斯的瑟斯顿湖西南方向景观》,收录于《兰开夏郡科尼斯顿湖西南远景》(1732)。

令人愉快的恐惧和无限的快乐

约瑟夫·艾迪生就是这样一名受过教育的人士。1699年,他追随伯内特的脚步前往法国和意大利,在这一“文艺圣地”上担任向导。虽然他乘船到达意大利,但他是环山而归的:1701年12月,在向北返回维也纳的途中,他越过塞尼峰穿过阿尔卑斯山。艾迪生那时已是伯内特作品的忠实崇拜者:1699年,他发表了一首拉丁文颂歌《献给伯内特先生》,以庆祝《地球神圣理论》,他可能在旅行中携带了一些伯内特的作品。[38]从艾迪生的描述中可以明显看出,伯内特的散文对他的想象力

38　Joseph Addison, “Ad D. Tho. Burnettum”, *Musarum Anglicanarum Analecta* (London, 1699), English trans., *Mr. Addison's Fine Ode to Dr. Thomas Burnet, on His Sacred Theory of the Earth* (London, 1727).

产生了巨大影响，塑造了他对亲眼所见的群山景观的期望和反应。艾迪生在他的旅行日记（1705年在伦敦出版，名为《对意大利若干地区的评论》）中写道："在意大利的自然景观中，没有什么比散布在阿尔卑斯山和亚平宁山脉的诸多断崖和峡谷中的湖泊更让旅行者感到愉快的了。因为当这些巨大的山脉不规则地、混乱地聚集在一起时，形成了各种各样中空的底部，这种底部非常类似于人造水槽的形状。"他在环游日内瓦湖时注意到，在那些"山脉越来越厚、越来越高，最后几乎会合在一起"的地方，同时也能"看到山顶上有几块突出的岩石鹤立鸡群地耸立着"。他推测，这种现象的成因是："过去这些山无疑比现在要高出许多，雨水冲走了大量的土壤，留下了岩石脉络，就像在腐烂的身躯里的骨头一样。"对艾迪生来说，这些岩石是灾难的征兆；他评论道："在瑞士的自然史中，有许多关于这些岩石崩落的记述，它们因地基瓦解或地震而倒塌，有时也会造成巨大的破坏。"

在艾迪生对阿尔卑斯山风景的描述中并没有提到肉瘤或脓肿。相152 反，他用的词语是一种审美判断和情感反应。他写道，"阿尔卑斯山的景观被分割成许多陡坡和峭壁"，构成了"世界上最不规则的畸形景观之一"，让他的脑海里充满了"一种令人愉快的恐惧"。[39]艾迪生的这段话证明了一种新的反应，一种最初专门针对奇异的群山景观的反应：一种混合了恐惧和喜悦的情感反应，或者换句话说，"一种令人愉快的恐惧"。在这一背景下，特别有趣的是那个典型的厌恶形象——腐烂的尸体——的出现。在艾迪生看来，这座山的石质结构更像是一具正在腐烂的尸体，"骨头上的肉还在萎缩"。他选择的比喻一方面是一种生动传达特定形象的有用的文学工具，但更重要的是，通过把山比作一具腐烂的尸体，从而获得厌恶的完美力量，艾迪生也为他对山景的回忆提供

39 Joseph Addison, *Remarks on Several Parts of Italy*（London, 1705）, 445, 455, 458. 感谢罗宾·米德尔顿让我留意到这段话。

了最强有力的情感控诉。事实上，艾迪生的评论指出了群山和厌恶在发展一种新型审美反应中起到的核心作用，这种审美反应融合了那些看似对立的恐惧和愉悦反应。换句话说，艾迪生的描述表明，在英国的哲学传统中，厌恶实际上可能对后来被认为是美好崇高的事物的发展起到了至关重要的作用。

1711年，约瑟夫·艾迪生和理查德·斯蒂尔在《旁观者》杂志上刊登了伯内特关于基督再临的启示录式描述。第二年，艾迪生撰写了11篇系列文章，专门分析“想象的乐趣”，并于6月21日至7月3日连续在期刊上发表。艾迪生的美学理论是建立在约翰·洛克的认识论基础之上的，而在这种感官主义美学的早期阐述中，景观起着核心作用。

正如艾迪生定义的那样，想象的快乐介于感官的“粗俗”愉悦和理解的“精致”愉悦之间；总的来说，它们是从视觉给我们带来快乐。艾迪生说：“我们的视觉是所有感官中最完美、最令人愉悦的，它会让人的头脑充满各种各样的想法，可以与离得最远的对象交谈，持续最长的时间而不感到疲倦或满足于某种适当的乐趣。”[40]从视觉对象中衍生出来的愉快的想法分为三类，艾迪生称之为崇高、非凡和优美。关于崇高的例子大多是景观：艾迪生列举了“开阔的乡村平原、广袤的未开垦沙漠、巨大的群山、高耸的岩石悬崖，或广阔的水域”。在这样的景色中，我们不再被它们的新奇和优美所打动，而是“被许多伟大的自然作品中描述的那种粗犷的壮丽所震撼”。根据艾迪生的说法，这是因为“我们 153 的想象力喜欢被一个物体填满，或是去抓住任何超出其承受范围的东西。我们对这些无边无际的景象感到欣喜和惊讶，在理解这些景象的

40　Joseph Addison, “An Essay on the Pleasures of the Imagination”, *The Spectator*, nos. 411—421 (June 21—July 3, 1712), no. 411.

过程中，我们的灵魂会感受到一种令人愉悦的静谧和惊奇”。[41]

对艾迪生来说，厌恶范畴并不作为单独的范畴存在。尽管他认为，“可能的确存在一些可怕的和具有进攻性的东西，使一个物体的恐惧或憎恶超越了它的伟大、新奇或优美所带来的快乐”，但他观察到，“在它给予我们的厌恶中仍然会有这样一种混合的喜悦，因为这三个条件中的任何一个都是最突出和最普遍的”。事实上，新奇的特质拥有能够赋予“怪物魅力，甚至能让大自然的不完美取悦我们”的力量。[42]由于艾迪生不愿意或不能将厌恶与其他审美反应区分开来，所以门宁豪斯草率地否定了他。与门德尔松、温克尔曼或莱辛等18世纪的德国理论家不同，英国美学作家对厌恶的分析往往不够精确。但这种模棱两可的说法可能有其结构性原因，因为英国人对厌恶的理解有所不同，也不那么明确。其中一个原因可能与以下事实相关：英国人倾向于以景观而非雕塑为主要焦点来阐述其美学体系。

对艾迪生来说，和他之前的许多理论家一样，当我们通过感官直接感知物体，或通过模仿的中介过程接触物体时，我们对它们的反应是有所区别的。借助经典的先例，特别是普林尼对讽刺画家皮雷西乌斯的评论，艾迪生注意到，“如果用适当的表达方式将图像呈现在我们的脑海中”，那么即使是对像粪堆这样恶心的东西的描述也会很有魅力。即使是最典型、最令人作呕的排泄物，如果作为一种表现，也能提供快乐。但这种看似矛盾的现象引出了另一个问题，一个可以追溯到古典时期（在卢克莱修和其他作家的作品中都有发现）的问题：当遇到令人恐惧或厌恶的东西时，作者对这些令人厌恶或可怕事件的描述是如何让人愉悦的？艾迪生的回答（同样，这也要归功于先辈）是，表象行为所产生

41 Joseph Addison, “An Essay on the Pleasures of the Imagination”, *The Spectator*, nos. 411—421 (June 21—July 3, 1712), no. 412.

42 Joseph Addison, “An Essay on the Pleasures of the Imagination”, *The Spectator*, nos. 411—421 (June 21—July 3, 1712), no. 412.

的距离感使快乐得以出现:“当我们看到这些令人厌恶的东西时,一想到我们没有受到它们的威胁,我们便欣喜不已。我们认为它们既可怕又无害;因此,它们的外表越可怕,我们从自身的安全感中获得的快乐就越大。简而言之,我们看待所描述的恐怖之处时,就像看待死去的怪物一样,充满了同样的好奇心和满足感。”相反,如果我们看到“一个人实际上处于我们在描述中看到过的酷刑之下”,那就丧失了乐趣,因为“在这种情况下,这个主体过于靠近我们的感官,给我们带来的冲击太大,以至于我们没有时间或闲暇来思考”。通过表象行为所固有的距离感,厌恶的对象给我们施压的倾向被预先制止了,因此它的力量也被削弱了。[43]

154

正是通过表象,荒原才完全进入审美领域。艾迪生写道,伟大的诗人荷马,“赋予读者崇高的理念”:阅读《伊利亚特》就像是与形形色色的荒原的一次邂逅,类似于“穿越在一个无人居住的国度,在那里,人们可以想象广阔无垠的沙漠、尚未开垦的沼泽、浩瀚浓密的森林、奇形怪状的岩石和悬崖峭壁”。荷马用畸形和野性的景观来反对维吉尔的观点,维吉尔的《埃涅伊德》被喻为“一个井然有序的花园,在那里我们不可能找到任何未经修饰的部分,也不可能把我们的目光投向一个不能产生美丽植物或花朵的地方”。艾迪生坚持认为荒原的价值会随着教育程度的提高而增加;对他来说,想象的乐趣也是社会分化的工具。他指出,有些快乐是“富有高雅想象力的人”能够享受的,而“庸人则无福消受”。“富有高雅想象力的人”能够与绘画、雕像等艺术作品进行交流。此外,艾迪生暗示,他常常“在田野和草地景观中感受到比别人更大的满足”,这方面约翰·麦克阿瑟也有表述,他在《风景如画:建筑、厌恶和其他不规则之处》中将其描述为一种审美冷漠,这种冷漠正是针

43　Joseph Addison, “An Essay on the Pleasures of the Imagination”, *The Spectator*, nos. 411—421 (June 21—July 3, 1712), no. 418.

对私人财产问题的回应。最后，“富有高雅想象力的人”能够让“大自然中最粗鲁、最荒芜的地方为其提供快乐：让他以另一种角度看待世界，发现诸多隐藏在人类普遍性背后的魅力”。换句话说，艾迪生将荒原的体验重新定义为一种精致的审美享受。[44]

但为了实现这一点，另一个关键的发展是必要的。在门宁豪斯所调查的18世纪美学文学中，厌恶也经常扮演着另一个角色：它是一种警惕，能防止快乐之人陷入过度满足的危险境地。1760年，摩西·门德尔松提出：“仅仅是令人愉悦的事物很快就会使人产生满足感，最终产生厌恶感……相比之下，与愉悦混合的不愉快会吸引我们的注意力，防止我们过早地感到满足。日常感官体验表明，纯粹的愉快很快就会导致厌恶。”[45]此外，正如门宁豪斯所言：“除了纯粹的甜蜜、令人厌烦的重复和过于详尽的阐述等讽刺价值之外，最重要的是，厌恶（Eckel）的一种范式在18世纪占据了主导地位……对性满足的厌恶。”从这个角度来看，“问题重重、令人厌恶的满足时刻，并不是‘足够’的快乐满足，而是‘溢出’的满足——也就是说，在某种程度上，已经实现欲望的对象却在不断获得新的刺激”。这种由满足感引起的厌恶情绪的解决方法，就是无穷无尽的变化和前戏，或“无穷无尽的前戏，变成无穷无尽的后戏，中间没有任何多余或高潮”。换句话说，“美学提供了一种独特的愉悦感，这种愉悦感有其自身的规律……符合专门规定的、无限定形式的满足”。[46]

155

44 Joseph Addison, “An Essay on the Pleasures of the Imagination”, *The Spectator*, nos. 411—421 (June 21—July 3, 1712), no. 417; John MacArthur, *The Picturesque: Architecture, Disgust and Other Irregularities* (London: Routledge, 2007), 57—109.

45 Moses Mendelssohn, “Rhapsodie oder Zusätse zu den Briefen über die Emp ndungen” (1761), in *Ästhetische Schriften in Auswahl*, 139—140, as cited in Menninghaus, *Disgust*, 26.

46 Menninghaus, *Disgust*, 26—27.

艾迪生关于崇高的讨论提到了体积大的物体，比如绵延的群山、高耸的岩石和悬崖；以及其他广阔的地方，如大片荒芜的沙漠或宽阔的水域，但也有这样的风景，身在其中，“眼睛有足够的空间眺望远方，饱览广阔无垠的景色，并迷失在可供其观察的各种各样的物体之中。”他指出，宽广而“未确定”的风景“对幻想来说是令人愉快的，正如对永恒或无限的思考对理智来说是令人愉快的一样”。他继续说道：“但是，如果有一种美丽或非凡与这种壮丽相结合，就像面对波涛汹涌的海洋，点缀着星星和流星的夜空，或融合了河流、树林、岩石和草地的开阔景观，快乐仍旧会在我们心头滋长，因为快乐的来源不止一个。”[47]艾迪生将海洋、星空或广阔的景观等特殊自然场景诠释为多样性、无限性和永恒性，是尼科尔森所说的“无限美学”的早期例证。然而，在这里，厌恶并不像以前那样，以美的陪衬形式出现，而是作为对过度满足的恐惧使审美转向了无限的领域。

荒原变成艺术品

著名画家德比郡的托马斯·史密斯在18世纪40年代崭露头角，当时他正着手一项计划，通过出版一系列版画作品，将令人厌恶的峰区奇观转化成合适的美术题材；其版画作品的标题是《德比郡和斯塔福德郡山区通称为峰区和荒原的八处最为奇特的景观》。这组画作包括在马特洛克巴斯、多夫代尔和卡斯尔顿发现的河流、瀑布、悬崖、洞穴，以及奇形怪状的岩石（图57和图58）。与这组版画相关的还有两幅画：一幅是《峰区之景：野鸽洞》（图59，这幅画是约翰·哈里斯的作品；它的构图与德比郡的史密斯有关同一景观的画作相同），另一幅是德比郡的史密斯的《景观：德比郡的山谷》（图60）。1745年，德比郡的史密斯在

47　Addison, “Pleasures of the Imagination”, no. 411.

图57. 德比郡的托马斯・史密斯:《岩石景观和卡斯尔顿的盐洞,被称为峰洞,又名the D_ls A_se》,出版于1743年5月31日,参见《德比郡和斯塔福德郡山区通称为峰区和荒原的八处最为奇特的景观》。

图58. 德比郡的托马斯・史密斯:《阿什本以北五英里野鸽谷上部的远景》,出版于1743年7月7日,参见《德比郡和斯塔福德郡山区通称为峰区和荒原的八处最为奇特的景观》。

图59. 约翰·哈里斯二世（1715—1755）：《峰区之景：野鸽洞》。

图60. 德比郡的史密斯:《景观：德比郡的山谷》(ca. 1760)。

156 这个系列之后又有四幅画作问世，其中包括查特斯沃思的风景；1751年，他发行了《四处浪漫的风景》，该系列画作描绘了约克郡的马特洛克高突岩、索普云金字塔山和戈代尔（或戈德尔）峭壁等不同寻常的岩石构造景观。参见图61，德比郡的史密斯将注意力集中在高大的石墙上，这些石墙满是裂缝，奔腾的瀑布下面是散落的碎石。地平线非常高，因此只能看到一小片天空，右下角的游客和导游的微小尺寸营造出一种压倒性的规模感。画作详细刻画出了一种灾难感，这是整个作品的主题，它告诉我们这幅图旨在记录十八年前那场席卷该地区的大风暴的影响，当时，聚集的洪水“在岩石上冲出一条通道（起初看起来像是从一个拱门中翻滚而过），并以凶猛的速度混杂着破碎的岩石奔流而下，直到山谷底部四分之一英里处，那里曾经是一片沙滩。”。正如蒂莫

西 · 克莱顿在《英格兰的版画(1688—1802)》中所言,德比郡的史密斯以洞穴、悬崖、大瀑布、自然灾害和破坏性场景为特色的戏剧性的景观作品集,对英格兰的景观再现史具有极其重要的意义,因为它们是最早出版并广为传播的,描述与崇高特征相关的景观案例。[48]

德比郡的史密斯的版画作品不仅为早期文学作品再现峰区奇观提供了视觉上的对应,还重新定义了该地区的奇观,并通过"厌恶产生好奇"这一逻辑,将其打造为适合艺术表现的主题。这些风景画采用了一系列由克劳德 · 洛兰和萨尔瓦多 · 罗萨等17世纪景观大师创建的标准构图技巧:他们倾向于用高而暗的元素(如岩石峭壁);他们经常构思一个中央明亮的水景,蜿蜒到远处,产生一种向深处消退的效果;他们常利用暗淡的前景和明亮的背景之间的对比来吸引眼球。然而,这些图像不仅仅是简单地将景观再现的传统应用于人工场景。因为这些特殊景观的吸引力还来自高高的地平线,以及高耸的悬崖和矮小的游客之间的巨大反差,这给人一种悬崖巨大到压倒一切的印象。德比郡的史密斯将当地的奇观重塑为景观,但与此同时,他也确信这些奇观几乎没有失去原本的风采。像野鸽洞和魔鬼腚这样的洞穴就是这片土地上的污点,因而图画并不鼓励人们主动去探索它们地狱般的深处。相反,我们的注意力被拉回到山谷,即那些从山谷中凸起的山峰。在德比郡的史密斯的《景观:德比郡的山谷》(见图60)中,岩石隆起成倍增加并聚集在一起;它们的色彩以某种方式逐渐变弱直至远处的浅蓝色,这暗示着它们在向远处无限延续。在这幅画中,我们看到的是厌恶的景观变成了永远无法完成的景观。 159

这种转变也可以在文学记录,尤其是在当时的旅行记载中找到。17世纪40年代末50年代初乔治 · 史密斯发表在《绅士杂志》上的一

48　Timothy Clayton, *The English Print, 1688—1802*(New Haven: Yale University Press, 1997), 157—158.

图61. 德比郡的托马斯·史密斯：《位于约克郡克雷文的马勒姆的戈德尔峭壁》，出版于1751年12月。

系列文章，就有关于这种新感觉主义的最早的文本案例。[49]乔治·史密斯是当下的探险旅游者的现代早期典范——一个积极探索偏远的、难以接近的、危险且恐怖的景观的人，他也很喜欢讲述自己的冒险经历。1747年，史密斯发布了在家乡坎布里亚郡最偏远、最荒凉地区的两次探险记录：攀登克罗斯-菲尔山以及前往科德贝克山岗的探险。

160

49 Emily Lorraine De Montluzin, in "George Smith of Wigton: Gentleman's Magazine Contributor, Unheralded Scientific Polymath, and Shaper of the Romantic Sublime", *Eighteenth-Century Life* 28, no. 3 (Fall 2004): 66—89; and in "Topographical, Antiquarian, Astronomical, and Meteorological Contributions by George Smith of Wigton in the Gentleman's Magazine, 1735—1759", *ANQ* 14, no. 2 (Spring 2001): 5—12.

史密斯对自然史非常感兴趣，他还因创作了一篇关于彗星的论文和一张1748年的日食图而闻名一时。[50]他的描述为其实验倾向提供了有力证据：他对坎布里亚山脉的描述提供了很多地质参考资料，这最初是以矿物质清单的形式出现的。史密斯回忆说他"发现了一种钟乳石类型的萤石，也可能是类似于白色石头的晶体，上面缀有六角形晶石（其尖头能像坚硬的石头一样切割玻璃，但很快就会因其脆弱的本质而立即失去这种特性）"，和"一种含铅的白铁矿石，但它们与砷硫混合在一起，并会在分离过程中蒸发消失"，以及其他"铜类矿物；所有这些矿物的成分都含有这样那样的异质，好像永远不会让实验者得到满足"。他继续说道，该地区的采石场，"只有大量易裂的蓝色板岩，可以用来盖房子，但与金属性质相去甚远"，而"在北部地区往下"，除了异极矿之外，"从很早之前就开始开采铜矿了，矿山早已被挖空殆尽"。因此，虽然这是"一句广为人知的坎伯兰谚语——科德贝克山比除此之外的整个英格兰都值钱，但他承认这还没有得到实践的证实；如果从河流和采石场中发现的石头特征来推测的话，很难说这句话什么时候能成真"。这些山脉——这个景观被理解为一张清单——可能含有丰富的矿物质，但它们的用途尚未明确。[51]

161

但史密斯的旅行叙事也为另一种观点提供了证据，这种观点与其说源于实用主义，不如说是由托马斯·伯内特的著作所塑造的。在他对"荒芜贫瘠"的克罗斯-菲尔山的探险中，史密斯被迫穿越了一个"几乎不能穿越的荒原，这个地区在我们所有已出版的地图上都极度缺乏存在感"。经过泰恩河和布莱克本河的交汇处，史密斯和他的同伴们进入了一片"广阔的荒野"，地表布满了他所说的"落水洞"（Swallow,

50　George Smith, *A Treatise of Comets*（London, 1744）.

51　George Smith, "A Journey to Caudebec Fells, with a Map and Description of the Same", *Gentleman's Magazine* XVII（1747）: 523.

诺亚洪水留下的无可争辩的遗迹)。其中有些遗迹直径长达三四十米,“深浅接近,呈完美的圆形,但在任何季节里都没有水,因为在海水下沉的时候地面也逐渐下沉”。史密斯指出,在“比利牛斯山脉、纳尔伯恩山脉以及德比郡的埃尔登洞(其深度从未有人测量过)”中也有这样的坑洞。所有这些都证明了洪水的世界性。[52]

162

因此,尽管史密斯的散文包含了许多早期英国皇家学会态度变化的痕迹,但他也暗示了对群山所带来的“后末日景象”的欣赏。例如,他在科德贝克山岗考察时,“科德贝克以无法逾越的峭壁和两座环抱的山峰而出名,它展示了与一般山脊任何部分都截然不同且更浪漫的景观,或许更接近于瑞士的阿尔卑斯山”。[53]他出版的地图及描述恰好地表现出了功利主义和情感主义的交织(图62和图63),他注意到铜矿和板岩采石场等自然资源,但也乐于描绘萨德尔巴克山和斯基多山的奇异轮廓,并将整个地区描述为“荒无人烟、崇山峻岭”。

1749年8月,史密斯开始了另一场旅行,去参观两年前他曾尝试过但没能看到的黑铅矿。他写道,斯基多附近的山“海拔都很高,大部分的尽头都是陡峭的悬崖,这些悬崖看起来像是巨大的岩石碎片,彼此之间不规则地堆积在一起”。他穿过一个“狭窄蜿蜒的山谷,在荒芜的群山之间”,然后抵达位于矿山下面的西斯怀特(Seathwaite),“现在出现的景象是可以想象的最可怕的景象:我们要爬一座700米以上的山,几乎笔直耸立,以至于我们怀疑是否应该尝试攀登它”。史密斯和同伴们鼓起勇气,下马之后开始攀登这座山,“峭壁上满是惊人的山尖、突起物、喷涌的水流和瀑布,从山中倾泻而出的水流发出令人震惊的声音”。参观完矿坑后,他们爬得更高,爬到了黑铅山的山顶,到了那里之后,

52 George Smith, “A Journey up to Cross-fell Mountain”, *Gentleman's Magazine* XVII (1747): 384—385.

53 Smith,“Caudebec Fells”,522.

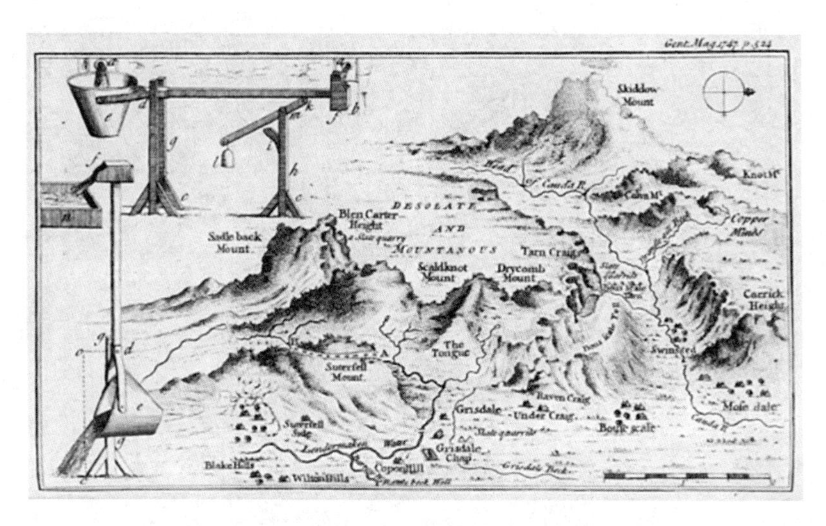

图62. 乔治·史密斯:《科德贝克山岗地图》,收录于《绅士杂志》(1747)。

"他们惊讶地发现西边有一片大平原,在那里又有一条500米长的陡峭的斜坡"。他们下定决心要爬到山顶,并在继续前进大约一个小时后,他们终于抵达了山顶。史密斯将他们走的路径标记出来并发表在《绅士杂志》上(见图63):标题为《坎伯兰的黑铅矿等地图》,它展示了坎伯兰地区的斯基多山西南部的景观,标明了铅矿和板岩采石场的位置,以及令人印象深刻的标题:"异常陡峭的岩石"、"所有的山都布满了岩石和尖角"、"从博罗代尔峡谷到沃斯代尔的唯一通道……障碍重重糟糕之极"和"这里是鹰飞倒仰之处"。这张地图还显示了史密斯通过博罗代尔峡谷到达山顶的路线,他称之为"尤尼斯特雷(Unisterre),或者我猜是菲尼斯特雷(Finisterre,拉丁语,意为大地的尽头),因为它看起来像是这样的"。从山顶上往下看就像是世界末日,"这是一幕可怕的景象:所见之处寸草不生,只有生长在裸露岩石空隙中的荒野峡谷;巨大海岬的可怕投影;附近的云层,板岩采石场的爆炸声,可怕的孤独,与

163

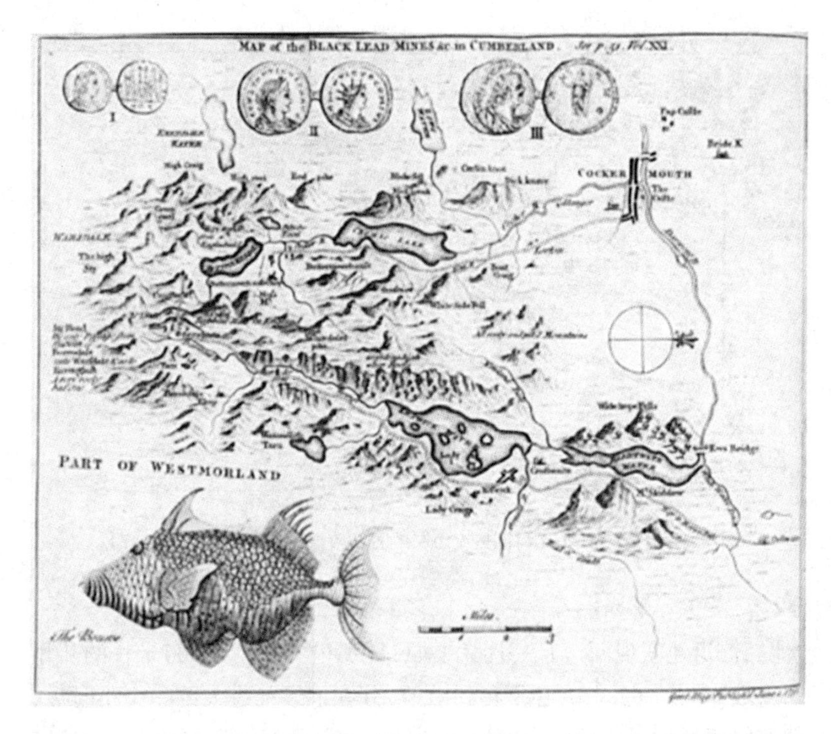

图63. 乔治·史密斯:《坎伯兰的黑铅矿等地图》，收录于1751年6月1日的《绅士杂志》第21期。

下面平原的距离，堆积在我们周围的群山，荒野和荒原，就像一个只有我们幸免于难的世界废墟，激起了无法言表的恐惧”。他们转过身来，“甚至连我们自己都害怕，随后立刻向如此危险的山区告别”，并逃回了山下。[54]

乔治·史密斯是坎布里亚本地人，他对探索这里最荒凉的北部地

54 George Smith, “A Journey to the Wad, or Black Lead Mines”, *Gentleman's Magazine* XXII (1751): 51—53.

区的兴趣可以理解为一种渴望；渴望对周围日日相见的景观有更多的了解。然而，我们也可以将他的描述视为旅游业模式发生更普遍转变的证据。1746年，史密斯进行了一次从德比郡到湖区的旅行，但他对 164 这座山峰及其奇观的印象显然远不及温德米尔湖周围景色那样深刻。在穿越“荒凉的峰区”的过程中，史密斯参观了马特洛克巴斯、查特斯沃思庄园和普尔洞，但他对查特斯沃思庄园感到失望，该庄园对他来说并不是美的典范，它看起来“平庸且乏味”；而他对普尔洞这个“沉闷的洞”的印象更是微乎其微，它那“可怕的模样”更多地存在于“观众的想象中，而不是与事物本身的面貌相似”。史密斯迅速穿过德比郡的其他地方，继续向北越过“英国最荒凉的一些山丘”，最终到达肯德尔。正是在湖区而不是德比郡，他看到了“旅行者眼中最壮丽的风景之一”——温德米尔湖。史密斯写道：“湖长11英里，宽2英里，四面环绕着岩石、树林和围墙。在一些地方，峭壁从悬在水面上的树木中显露出来，在另一些地方，可以看到山丘之间的小山谷，小河从山谷流入湖中；在所有地方，边界都很圆润，显示出它自己的精致和优美。在湖中央有几个凸起的岛屿，岛上森林茂盛，让人眼前一亮。”他和同伴们走到湖边租了小船，在湖上划船、钓鱼、游览岛屿，“探索我们周围各种各样的美丽事物”。但这次旅行的高潮出现在他坐在其中一个“浪漫”岛屿的高地上时，四周的美丽景观让他屏住了呼吸：“清澈的湖水在我们面前绵延数英里，四周树荫接着树荫，岩石挨着岩石，山峰连着山峰，甚至一直延伸到云端，形成了最壮丽的场景，呈现出人类视觉所能达到的最崇高的景色。”在温德米尔湖，乔治·史密斯邂逅了“无限美学”。[55]

55　George Smith, “Letter from Carlisle, June 9, 1746”, *Gentleman's Magazine* XVIII（1748）: 562—563.

厌恶和崇高

“无限美学”，或者换句话说，崇高美学，是整个18世纪的人们对群山景观态度发生根本转变的主要方式。伯内特对世界末日景象的生动描述和艾迪生对“伟大”的诠释，为人们表达他们对景观的反应提供了新的方法，尽管这些景观可能不属于传统意义上的美，但仍然令人深受触动。埃德蒙·伯克的《论崇高与优美概念起源的哲学探究》以手抄本形式流传多年之后，最终于1757年出版。这部著作的出版确立了崇高作为一种美学反应的范畴，并认为崇高在各方面都可与优美相提并论。[56]伯克严谨的感觉主义美学将崇高和优美都定义为身体与世间万物接触所引起的反应：它们是本能的、无意识的情绪反应，且先于理性和判断。在这两者中，崇高尤其具有影响力，它涉及一种状态，在这种状态下，“心灵完全被它的对象所占据，以至于不能容纳任何其他的对象，也不能对使用它的对象保持理性”。崇高的力量恰恰就存在于这种本能的基础上，因为“崇高决不是由它们产生的，它预示着我们的理性，

165

---

56 关于伯克思想对18世纪文艺的影响，参见Peter de Bolla, *The Discourse of the Sublime*（Oxford：Basil Blackwell, 1989）；Walter J. Hipple, *The Beautiful, e Sublime, and the Picturesque in Eighteenth-Century British Aesthetic Theory*（Carbondale, IL：Southern Illinois University Press, 1957）；Samuel H. Monk, *The Sublime：A Study of Critical Theories in XVIII-Century England*（Ann Arbor：University of Michigan Press, 1935）。也参见Timothy J. Costelloe, *The Sublime：From Antiquity to the Present*（Cambridge：Cambridge University Press, 2012）；Immanuel Kant, *Observations on the Feeling of the Beautiful and Sublime*, trans. John T. Goldwaithe（Berkeley：University of California Press, 2003）；Immanuel Kant, *Critique of Judgment*, trans. Werner S. Pluhar（Indianapolis, IN：Hacke ，1987）；James Kirwan, *Sublimity：The Rational and the Irrational in the History of Aesthetics*（London：Routledge, 2005）；Jean-François Lyotard, *Lessons on the Analytic of the Sublime*, trans. Elizabeth Rottenberg（Stanford：Stanford University Press, 1994）；Philip Shaw, *The Sublime*（London：Routledge, 2006）。

并以一种不可抗拒的力量驱使我们前进”。崇高源自害怕和恐惧的情感，伯克写道：“无论是公开的还是潜在的，恐惧在任何情况下都是崇高的统治原则，因为没有哪种激情能像恐惧那样有效地剥夺大脑的所有行动和推理能力。”这是因为恐惧“是对痛苦或死亡的恐惧……以类似于实际疼痛的方式运作”。尽管伯克没有详细阐述厌恶和崇高之间的关系（他将蟾蜍和蜘蛛等令人讨厌但不危险的生物斥为“仅仅是可憎的”），但是可以说厌恶的本能反应，以及它对事物的排他性和压倒性的强烈欲望，就是伯克理解的崇高审美反应的模板。[57]

对伯克来说，崇高的源头或根源是力量，他宣称：“我所知道的一切崇高，无一不是对力量的某种修饰。”力量制造恐惧，“因为痛苦的观念，尤其是死亡的观念，影响甚大，以至于当自身停留在被认为具有折磨任何一方之力量的事物面前时，我们就不可能完全摆脱恐惧”。因此，崇高“不是以牛或马的形式，而是以狮子、老虎、美洲豹或犀牛的形式出现在阴暗的森林和狂风呼啸的荒野中”。伯克解释道：“只要力量是有用的，并为我们的利益或快乐所用时，它就永远无法变得崇高，因为没有任何事情能够顺从我们的意志行事；要按照我们的意志行事，就必须服从我们；而这就是它永远不可能成为一个伟大而威严的概念的原因。”因此，对于伯克而言，决定一个物体的价值不是它的用途，而是它唤起强烈情感反应的能力。正是由于恐惧与力量之间的联系，以及崇高与人类无法控制的事物之间的联系，崇高的概念最终指向了上帝。当我们思考浩瀚无边和无所不能的存在时，伯克写道：“我们退缩到自己本性的渺小之中，在某种程度上，在它面前被消灭了。”但是，如果崇高最终指向了上帝，那么它在地球上的存在就与景观密不可　166

57　Edmund Burke, *A Philosophical Enquiry into the Origin of our Ideas of the Sublime and Beautiful*, ed. James T. Boulton（Notre Dame: University of Notre Dame Press, 1968）, 57,65,58,86.

分。自然事物和自然现象——特别是各种景观——是崇高的主要启发者，它们联合在一起，激发了观者的恐惧。伯克提到的景观包括辽阔的平原、一望无际的水域、雷鸣般的瀑布、肆虐的风暴、高耸入云的山脉、令人眩晕的悬崖峭壁以及爆发中的火山，这些景观具有抽象的物理性质，譬如广袤或巨大的维度，昏暗或眩目的光线，响亮、沉默或间歇的声音，苦涩和恶臭等。因此，伯克的作品有助于为野生和未开垦的景观构建一个新的价值尺度，一个基于美学效应而不是经济生产力的尺度。[58]

伯克对美学的处理特别有趣，因为他不仅没有将讨论局限于所谓高级的视觉和听觉，而且还延伸到那些黑暗、恶心、难闻的味觉和嗅觉感官。在标题为《味觉和嗅觉：苦涩和恶臭》的章节中，他指出，“这是真的，当这些气味和味道的情感发挥到极致并直接作用于感官时，它们确实会让人感到痛苦，不会伴随任何愉悦感；尽管如此，当它们得到节制时，正如在描述或叙事中那样，它们就会成为崇高的源泉，同其他事物一样真实，并遵循同样的缓和痛苦的原则”。正是这种距离感，或者说适度，将崇高与纯粹的厌恶区分开来。当谈到痛苦如何能成为快乐的源泉时，伯克解释说，恐惧是一种劳动，是“对系统中更精细部分”——他指的是感官——的锻炼，就像体力劳动是对身体的锻炼一样。如果“痛苦和恐惧被调整到不那么令人厌恶的程度；如果痛苦没有转化为暴力，而恐惧也与人类目前的毁灭无关”，它们就会致力于清理生理系统，并“能够产生愉悦感；不是单纯的快乐，而是一种愉快的恐惧，一种略带恐惧的平静；它属于自我保护，是所有激情中最强烈的一种”。因此，厌恶感觉的表现，尤其是在文学作品中，但也（有条件的）在绘画中，

---

58 Edmund Burke, *A Philosophical Enquiry into the Origin of our Ideas of the Sublime and Beautiful*, ed. James T. Boulton（Notre Dame：University of Notre Dame Press, 1968），65,66,68.

将本能转化成了美学。以维吉尔的阿尔布尼亚硫黄泉为例，它位于蒂伯丁森林“神圣的恐怖和预言的黑暗”深处，抑或是地狱的蒸汽，它毒害了亚维努斯湖畔锡比尔黑暗洞穴附近的空气，伯克含蓄地将产生厌恶的感觉与我们所认定的荒原景观联系起来，同时验证了艺术的改造力量。[59]

然而，在伯克提到的所有品质中，无限和模糊是最重要的。对于伯克来说，模糊有两种相关的理解方式：一种是字面意义上的昏暗，另一种是指无法完全理解物体的轮廓、界限或范围。模糊是恐惧的 167 产物，因为“当我们知道恐惧的全部程度，当我们的眼睛习惯于恐惧时，大部分恐惧就会消失”。因为知识和情感反应是对立的，所以“在自然界中，黑暗、混乱和不确定的形象比那些清晰、确定的形象更能激发人的想象力，形成更宏大的激情”。正是这种无法确定事物边界或界限的能力，使得模糊和无限达成一致：模糊成为一种赋予事物无限联想的形式化手段。正如伯克所解释的那样，“几乎没有任何事物能以其伟大震撼人心，而不在某种程度上接近无限；倘若我们能感知它的界限，它们就做不到这一点；但清晰地看到一个物体和感知它的边界，是一回事”。在最后一个例子中，对于伯克来说，正是无限“倾向于用那种令人愉快的恐惧来填充心灵，这是最真实的效果，也是对崇高的最真实的考验”。[60]通过掩饰物体的轮廓或界限，模糊会给人一种无限的印象，即“对崇高的最真实的考验”。然而，将无限与模糊联系起来的一个重要影响是，视觉在审美体验中的传统主导地位被削弱了。通过阻碍视线，模糊允许其他感官——尤其是那些“低级的”、最接近厌恶的触觉、味觉和嗅觉——来扩展其领

59　Edmund Burke, *A Philosophical Enquiry into the Origin of our Ideas of the Sublime and Beautiful*, 85—86, 136.

60　Edmund Burke, *A Philosophical Enquiry into the Origin of our Ideas of the Sublime and Beautiful*, 59—63, 73.

域。虽然没有直接说明，但伯克的崇高隐含着对以厌恶反应为模式的审美鉴赏的理解。

伯克将模糊、无限、崇高和上帝明确地联系起来，极为深刻地影响了人们对群山态度的变化。他对崇高的书写，使旅行者看到并理解群山景观是地球上最接近神的体验，以此将尼科尔森的“山阴”变成了“山耀”(尽管这些术语来自拉斯金)。然而，通过观察这些对群山景观之反应的转变，我们也可以看到，这两种看似对立的观点实际上是由一种共同的厌恶暗流联系在一起的。在这里，我们也发现了科尔奈的观点，即厌恶是“一种明显的审美反应”，这是由美学学科本身的诞生和发展所证实的。18世纪美学的新颖表达建立在最初位于自然科学领域的经验主义基础之上，它确立了对客体的感观反应的主导地位。随着人们对群山的态度从本能的厌恶发展到对使用的关注，再从对世界末日的惊骇欣赏发展为对无限的沉思，最后发展到崇高，本章的各个小节追溯了由本能的厌恶所引起的集中感官反应，逐渐转变为一种同样以感官为基础的审美反应形式的路径。正是通过这一系列的发展，荒原才得以进入美学领域。但伯克的《论崇高与优美概念起源的哲学探究》不仅为群山和其他荒地的审美体验、叙述和再现建立了一种全新且精确的词汇编纂体系，还引发了景观消费模式的转变。通过崇高这一载体，山地荒原获得了作为旅游商品的价值。崇高美学的发展也促进了旅游模式的变化，这导致峰区在旅游目的地中的受欢迎程度下降，取而代之的是坎伯兰、威斯特摩兰郡和兰开夏郡的湖区风光。

168

优美、崇高、风景如画和厌恶

牧师约翰·布朗写作了一封关于凯西克湖区及其周围的景观的信，该信于1766年4月首次出版在《伦敦纪事报》上。这封信长期以来被认为是欣赏英格兰湖区风景的转折点。[61]布朗的短文生动描述了需要“克劳德、萨尔瓦多和普桑的联合力量”来表现的景观，并对后来的从威廉·吉尔平到威廉·华兹华斯等湖区崇拜者产生了深远的影响。就像之前的乔治·史密斯一样，布朗首先将德比郡和英格兰湖区进行了一个鲜明的对比。布朗对峰区深感失望，他甚至发现它最著名的风景，如多夫代尔山谷，也不过只是“凯西克湖区可怜的微缩模型；而且凯西克湖区比我想象的还要壮观；如果可能的话，它的特点更在于优美，而非壮观”。他对这两个地区的特点逐一进行比较：“与在多夫代尔看到的狭长山谷斜坡不同，凯西克湖区有一个巨大的圆形剧场，周长20多英里。它不是一条狭窄的小溪，而是一个方圆十英里的湖泊，整个湖泊呈椭圆形，点缀着各种树木繁茂的岛屿。的确，多夫代尔的岩石完全是天然的、尖锐的、不规则的；但是这些山丘既小又没有生气；溪边长满了杂草、沼泽草和灌木丛。”尽管凯西克湖区的“完美无缺”是由“**优美、恐怖和无限的统一**”构成的，但在多夫代尔，他发现了第二个特征：“大自然几乎把它变成了一片荒漠。”[62]

马尔科姆·安德鲁斯认为，布朗笔下的凯西克湖区拥有“高耸入云的岩石和悬崖，其倒影在湖面上也显得气势磅礴”，在这些岩石和悬崖上，“雄鹰筑巢，山顶的瀑布倾泻而下，宏伟壮丽”，这些都对德比郡艺术家托马斯·史密斯的作品，《从乌鸦公园看德温特沃特湖等风景》具有重要影响（图64）。[63]尽管，正如我们所见，德比郡的史密斯是这一时期最擅长表现崇高的自然美景的伟大艺术家，而这幅作品 169

61 James E. Cummings, “Brown, John（1715—1768）”, in *Oxford Dictionary of National Biography* online.

62 John Brown, *A Description of the Lake at Keswick, (And the adjacent Country) in Cumberland*（Kendal, 1770）, 3—5.

63 Malcolm Andrews, *The Search for the Picturesque: Landscape Aesthetics and Tourism in Britain, 1760—1800*（Stanford: Stanford University Press, 1989）, 184.

有着其早期作品所缺乏的情感暗流。当我们将德比郡的史密斯与威廉·贝勒斯的风景画进行比较时，这一点就尤为明显，后者的作品取自乌鸦公园湖岸的同一地点，但在大约十五年前就发表了（图65）。相较于贝勒斯的克劳德·洛兰式风景画传统，德比郡的史密斯则继承了萨尔瓦多·罗萨的风格，通过夸大周围景观的形式塑造自己的景观构图，以至于熟悉这个地区的人都很难辨认出相关地点，从而赋予景观崇高的特征。昏暗的山峰耸立在湖面上，远处的博罗代尔峡谷似乎正处于可怕的雷雨袭击之中。在近景中，曾经茂密的橡树林只剩下被砍伐后的树桩，突出一个荒凉的印象，整个场景都在传达一种崇高恐怖感。

尽管威廉·吉尔平1772年在英格兰北部之旅中绘制的凯西克湖区水墨素描（图66）与贝勒斯和德比郡的史密斯的版画方向相同，但目的不同。吉尔平的素描附有注释，会在空白处对地形细节加以注解（例如中央的岛屿被标记为圣赫伯特岛、领主岛和牧师岛，左边是被称为“女士的耙子”的山，甚至在远景的空白处标记了洛多尔瀑布的位置），并试图根据风景画的原则分析景观。吉尔平在其素描左侧写道，“这是最漂亮的部分”，位于他称之为“东侧景观”的上方。然而，在通往博罗代尔的中心部分，吉尔平的“前景太破碎了”。但更糟糕的是右侧，或者说“西侧景观”，它“更破碎，而且山线也很糟糕”。[64]1786年吉尔平的旅行记录得以出版，书名为《1772年对主要与如画美景相关的英格兰几个地区特别是坎伯兰和威斯特摩兰郡的群山和湖泊的观察》。吉尔平在他最初的笔记上进一步写道：

170

64 William Gilpin, “The general idea of Keswick-lake”, MS Lakes Tour notebook (1772), Bodleian Library, University of Oxford MS Eng. Misc. e. 488/3, drawing between fols. 303 and 304.

图64. 德比郡的托马斯·史密斯:《从乌鸦公园看德温特沃特湖等风景》,出版于1767年。

图65. 小威廉·贝勒斯:《德温特沃特湖风景,朝向博罗代尔峡谷。坎伯兰凯西克湖区附近的一个湖》,出版于1752年10月10日。

图66. 威廉 · 吉尔平:《凯西克湖的总体概念》,摘自他的旅游笔记(1772)。

> 沿着右侧的西部海岸,它们(群山)平缓而均匀地上升;因而显得比较崎岖。这条山脉中较远景的部分是优雅的;但在某些部分,优雅被打乱了。在东部,山势雄伟,风景如画。山脉线条十分优美;布满了各种各样的东西,破碎的土地、岩石和木头,它们结合得很好,可以减轻山的沉重感,从而使山变得轻快。前景(如果我们可以把它视为圆形的一部分)比两侧更令人生畏。但它的线条没有东侧景观的线条优雅。[65]

171

对吉尔平来说,群山可以是崎岖不平、令人讨厌的,也可以是宏伟壮丽、风景如画、赏心悦目的。它们引起的反应是一种有距离感的、审美化的感觉,而不是我们在早期描述中发现的直接的、发自内心的反应。现如

65 Gilpin, *Observations on Several Parts of England, particularly the Mountains and Lakes of Cumberland and Westmoreland*(London,1786),I: 182.

今，吉尔平将厌恶抽象为完全正式的术语，即以视觉特性为基础来区分如画的风景和非如画的风景。但为了让画面更生动，或者换句话说，为了适合表现，事物需要去除它令人厌恶的特性。温弗里德·门宁豪斯将18世纪美学的理想身体描述为符合赫尔德理想的“轻柔的仿佛轻风吹拂的肉体”，即一个展现出优美、柔软、流动线条的身体。为了使身体成为一种审美对象，它需要伪装、抑制或以其他方式摆脱所有产生厌恶的特征——它的各种突起、小孔、伤口和内脏。因此，18世纪的理想身体美学（借用贺加斯的话）可以想象为一个“内在（已经）被完全挖空的物体，只剩下一个薄壳，它的内表面和外表面与物体本身的形状完全一致”。[66]

172

吉尔平通过去除掉群山的雄伟形象、参差不齐的表面和令人毛骨悚然的地下深处，并将其缩小成为一个裸露的轮廓，改变了景观的形象。我们可以在吉尔平的《1772年对主要与如画美景相关的英格兰几个地区特别是坎伯兰和威斯特摩兰郡的群山和湖泊的观察》一书的插图中看到这一过程，它分析了各种山体的轮廓形状（图67）。吉尔平的插图既包括真实的山，也包括虚构的山，而且在很大程度上是一份令人不愉快的目录名单。但吉尔平的厌恶与本章开头提到的厌恶相去甚远。对吉尔平来说，山是根据其表现能力来分析的对象，而厌恶是一种抽象的反应，与高雅的品味观念息息相关。因此，苏格兰的伯恩沃克、德比郡多夫代尔附近的索普云金字塔山、坎伯兰的萨德尔巴克山“都形成了令人厌恶的线条”。即使是阿尔卑斯山，其尖尖的峰顶，“与其说是优美的，不如说是奇异的”。那些“以规则的、几何线条出现的山，或者滑稽可笑、奇形怪状的山，都会让人讨厌”，因为“任何连续不变的线条，无论是凹的、凸的还是直的，都会让人讨厌”。此外，“即使山

66　Johann Gottfried Herder, “Plastik”（1778）, and William Hogarth, *The Analysis of Beauty*（1753）, cited and discussed in Menninghaus, *Disgust*, 52—56.

图67. 威廉 · 吉尔平：《对山脉形状和线条的阐释》，收录于《1772年对主要与如画美景相关的英格兰几个地区特别是坎伯兰和威斯特摩兰郡的群山和湖泊的观察》（伦敦，1786）。

的线条有间断，但如果间断是规律的，那么其效果也很差”，而那些“让人联想到沉重的形状是令人厌恶的——圆的、肿胀的形状，且没有任何间断来消除它们的沉重感”。如图片的第四行所示，只有流动的不规则线条，才是“美的真实源泉”。吉尔平总结道，如果群山“分裂成几何或奇异的形状——如果它们以块状紧密地连接在一起——如果它们以直角相交——或者它们的山线保持平行——在所有这些情况下，或多或少都会令人厌恶”。

173

这种正式的分析是基于一种从远处观察群山的假设，吉尔平解释说："关于山，首先可能有这样一种假设，在风景如画的景色中，我们只把它们当作遥远的物体；巨大的体型使它们无法成为手边之物。"距离作为减少厌恶的力量是必要的：它使山缩小到可以"被眼睛接受"的大小；失去畸形这样可怕的特征，呈现出一种不属于它们本身的柔软。这种空洞化地将山缩小成轮廓的过程，是从根本上改变了荒原含义的另一种版本。然而，与第三章讨论过的沼泽地的制图惯例和农业改良技术不同，我们在这里发现，美学的改造力量可以将价值赋予曾经被贬为无用的东西，从而实现了其商品化。[67]

模糊、无限与启示录

崇高美学的规范化和发展以多种方式影响着针对群山的视觉表现。伯克对无限与模糊的结合，以及对模糊观念的力量的讨论，在其论述发表后的几十年里一直在给艺术家们提供灵感。我们可以通过考察以下两件绘画作品看出这一点：乔治·坎伯兰的《在德比郡卡斯尔顿的山顶洞穴内》，(约1820年)和詹姆斯·沃德的《戈代尔峭壁》(约1812—1814年)。乔治·坎伯兰对魔鬼腚内部的描绘运用了崇高的词汇，将他对洞穴的印象融入了一种放大的效果中(图68)。与之前查尔斯·利等人对这一地下奇观的看法不同(见图53)，在坎伯兰的版本中，洞穴的细节特征——河流、棚屋和钟乳石——都被黑暗的阴影遮住了，几乎什么都看不见。当岩石直逼洞穴顶部的脊状拱顶时，洞穴底部轮廓形成的高地平线造成了一种幽闭恐怖的压迫感，而一种危险的预感则通过矮小的人像和他头顶弯曲的大岩石传达出来。坎伯兰利用模糊和比例并置的技巧，来表达他对这一旅游胜地的感受。通过将模糊作 174

67 Gilpin, *Mountains and Lakes*, I: 88—90.

图68. 乔治 · 坎伯兰：《在德比郡卡斯尔顿的山顶洞穴内》(ca. 1820)。

为一种艺术手法，从前由魔鬼腚的特征所引起的厌恶，已经被一种崇高的审美反应所取代。

詹姆斯 · 沃德的《戈代尔峭壁》(图69)的主题是18世纪50年代德比郡的托马斯 · 史密斯描绘的约克郡岩石(见图61)。沃德为约克郡的里布斯戴尔勋爵所创作的《戈代尔峭壁》采用了伯克所识别的崇高的正式特征，并将其运用到壮观的效果之中。最引人注目的是这幅画的巨大尺寸：我们可以推测，他很清楚伯克不情愿凝视画作，特别是作为小尺寸的、带框的、彩色的物体，它们并不能引发真正崇高的反应。因此，沃德使用了约高11英尺、宽14英尺的大尺寸画布来拓宽视野范围。高耸入云的《戈代尔峭壁》旨在让观众感受到一种与原场景本身相媲美的实实在在的效果。

在这幅画中，植被十分稀少：稀疏的树木看上去已枯死或奄奄一

图69. 詹姆斯·沃德:《戈代尔峭壁(戈代尔一景,位于约克郡克雷文的东马勒姆庄园,里布斯戴尔勋爵的财产)》(ca. 1812—1814)。

息,它们扎根在岩石峭壁和岩层之上,以不稳定的角度倾斜着,其树叶要么是棕色的,要么已经凋落。暗色调部分主要由黑色、棕色和灰色组成,裂缝内部的阴影最深。但是,沃德对崇高语汇的运用在画作的中心处表现得淋漓尽致,其裂缝内部的模糊阴影与周围岩石景观的“无限”直接对应。在这里,嶙峋的峭壁直接从无法穿透的黑洞的激流中垂直而立,形成无限上升的山脊;它吸引着观众的目光,却又使他们感到沮丧,从而让他们意识到视觉的局限性。 175

这部作品的主题是力量。我们可以在画作的中心清楚地看到这一特点,翻滚的瀑布与咆哮的云层形成了平行关系,云层黑暗且低沉的形态预示着一场史诗级规模的风暴即将到来。沃德的画作在描绘自然现象的破坏力的同时，也反映了早期的灾难性事件（首先是伯内特的洪水，然后是暴风雨，二者促成了这片景观的野蛮状态），并展望了灾难持续不断的未来。《戈代尔峭壁》将“我们肮脏的小星球”塑造成最模糊、最广阔的世界末日景观的化身，亦即崇高的缩影。通过这种方式，沃德运用美学定位和确保了群山的价值，并发现它们能够唤起最为强烈的情感反应，这是一种堪比与神相遇的体验。176

第五章
森　林

亨利·皮查姆的标志性作品《密不透风》发布于他1612年出版的《不列颠的密涅瓦,或一座由英雄设计的花园》中,以星空下的一簇树和十四行诗为特征(见图70)。就像《仙后》开篇描写的"遮天蔽日的树丛",其粗大的树冠"任何星辰都无法穿透",皮查姆的"遮天蔽日的树林"同样不可穿透,阻挡了光线和视觉。[1]皮查姆的寓意画有意参考了斯宾塞的史诗,并呼应了他的措辞。《仙后》的"漫游的树林"是一座骗人的迷宫,它有一片美丽的树林,看上去是安全的港湾,但其迷宫般的小径反而通向错误的地方,即"可怕、肮脏、令人厌恶的"半女身半蛇身怪物的巢穴。同样地,皮查姆笔下的森林是"在眼前倾泻而出的,/有粗犷的小径,隐藏着未知的东西:/像是混乱,或是可怕的夜晚"。森林黑暗,光线无法穿透,像迷宫一样且居住着凶猛的动物,这些特点都在斯宾塞的诗歌中和皮查姆的寓意画中有所体现,而且这些特点也是近代早期英国人关于森林的主要观念之一。

1　斯宾塞显然是皮查姆这一标注的灵感的来源:比较Edmund Spenser, *The Faerie Queene*(London, 1590)I: 1: vii和Henry Peacham, *Minerva Britanna*(London, 1612), 182。也参见 Christopher Burlinson, *Allegory, Space, and the Material World in the Writings of Edmund Spenser*(Cambridge: D. S. Brewer, 2006): 172。

Nulli penetrabilis. 182

A SHADIE Wood, pourtraicted to the sight,
With vncouth pathes, and hidden waies vnknowne:
Resembling CHAOS, or the hideous night,
Or those sad Groues, by banke of ACHERON
With banefull Ewe, and Ebon overgrowne:
Whose thickest boughes, and inmost entries are
Not peirceable, to power of any starre.

Thy Impresse SILVIVS, late I did devise,
To warne thee what (if not) thou oughtst to be,
Thus inward close, vnsearch'd with outward eies,
With thousand angles, light should never see:
For fooles that most are open-hearted free,
Vnto the world, their weakenes doe bewray,
And to the net, the first themselues betray.

Cc1

图70. 亨利 · 皮查姆:《密不透风》,收录于《不列颠的密涅瓦,或一座由英雄设计的花园》(伦敦,1612)。

皮查姆笔下的森林是由树木组成的:树木占据并主导了整个画面的空间;树根凸出、树干密集的树木将整个景观挤得水泄不通,整幅画只剩一小片天空。同样地,斯宾塞笔下“挺拔且高耸”的森林是通过著名的森林物种目录的方式来描述的:

> 支撑海船的松树,高傲挺拔的雪松,
> 爬满藤蔓的榆木,永不干枯的白杨,
> 建造者橡树,森林唯一之王,

高山植物适于雕像，柏树适于坟墓。[2] 177

但是树木绝不是近代早期英国森林的主要特征。更确切地说，“森林”是一个法律术语，一个可以强加在任何一片土地上的术语，不论它是否树木密布，其主要目的是严格界定在一定范围内被允许和禁止的各种活动。1598年，与斯宾塞同时代的作家，权威著作《论森林法》的作者约翰·曼伍德，将森林定义为“一块由树木繁茂的土地和肥沃的牧场组成的特定领地，为皇家森林、猎场、猎苑中的野生动物提供特权，让它们在国王的安全保护下休息和居住，为王公贵族提供快乐和愉悦”。因此，在中世纪和近代早期的英格兰，森林包括林地和开放的牧场；以及荒野、沼泽、村庄、教区教堂、道路和住宅。英格兰的森林与其他类型土地的区别不在于树木是否存在，而在于使用权问题。

英语“forest”(森林)一词来源于拉丁语foresta或forestis，意思是外面的东西，或是超出封闭的家庭领域之外的场所。拉丁语中也有其他词语指代森林地区，包括silva或sylva、nemora、saltus和lucus，但由于foresta常与阴性的silva或sylva连用，指代字面意思上的“超出围场之外的”树木，因此，树木繁茂的地区与“森林”一词之间的联系是通过习 178 惯用语而建立起来的。这样，虽然从定义上讲森林不是真正封闭的地区，但其范围仍然是被严格限定的，其边界由诸如河流、山丘或道路等永久的、“不可移动的标记和边界”确定；这“要么根据记录要么通过规定而让人知晓”，它们的作用与划定森林区域并将其与周围领地区分开来的“石墙”没有什么不同。在这些边界的范围内是一个不同的世界，特殊且受到保护，区别于其他类型的土地，是专门为了举行皇家狩

2 整个目录都在斯宾塞的书中，参见Spenser，*Faerie Queene*，I：1：viii—ix。

图71. 乔治 · 加斯科因:《狩猎的高贵艺术》(伦敦,1575)。

179 猎的血腥仪式而保留下来的(图71)。[3]

3 John Manwood. *A Treatise and Discourse of the Laws of the Forrest*(London, 1598), 1, 2. 参见J. Charles Cox, *The Royal Forests of England*(London: Methuen, 1905); Raymond Grant, *The Royal Forests of England*(Stroud: Alan Su on, 1991); Thomas Hinde, *Forests of Britain*(London: Victor Gollancz, 1985); Ralph Whitlock, *Historic Forests of England*(New York: A. S. Barnes, 1979); Charles R. Young, *The Royal Forests of Medieval England*(Philadelphia: University of Pennsylvania Press, 1979)。约翰 · 兰顿和格雷厄姆 · 琼斯目前正在进行一项关于英格兰和威尔士早期现代森林的大型研究项目，参见 *Forests and Chases of England and Wales c. 1500—c. 1800: Towards a Survey and*(转下页)

曼伍德曾担任沃尔瑟姆森林的猎场管理员，也曾是新森林地区的一名法官，他撰写了《论森林法》，以传播中世纪的森林法体系并使它变得通俗易懂，而他写作的时候（伊丽莎白女王统治末期），这一体系已因废弃而尘封。《论森林法》既是一部晦涩难懂的术语词典，也是一份森林法目录和摘要。其开篇就规定一片土地要成为一片森林，必须存在以下四种事物：野味或野生动物；森林中的草木，为动物提供食物和庇护的叶状覆盖物；特定的法律和特权；以及被任命来确保这些法律得到尊重和遵守的特别官员。

根据曼伍德的说法（尽管后来的评论家对他的定义颇有微词），野味的种类包括皇家森林的野兽——雄鹿和雌鹿（或雄赤鹿和雌赤鹿）、野兔、野猪和狼；猎场的野兽——公羊、雌羚羊、狐狸、貂和狍子；还有猎苑的小野兽和飞禽——野兔、兔子、野鸡和鹧鸪（图72）。[4]森林中的草木指的是森林中长有绿叶的任何木本植物，它又分为三个亚类：高冠树或参天大树；矮冠树或灌木、荆棘、金雀花和其他低矮木本植物；以及特殊的草木，其中包括所有能结果的植物（高的和矮的都包括），例如海棠树、野梨树、黑荆棘丛（能长黑刺李）和山楂丛（能结山楂果），它们是特别重要的食物来源。

特定的法律和特权使得皇家森林成为野味的避难所和国王的娱乐圣地。对于破坏皇家森林的野味或草木，森林法制定了严厉的惩罚措施——在最极端的情况下甚至会致残和处死，而非法侵入者要在特别

（接上页）*Analysis*, ed. John Langton and Graham Jones（Oxford：St. John's College Research Centre, 2005）。其他关于森林和木材的文献，参见Robert Pogue Harrison, *Forests: The Shadow of Civilization*（Chicago：University of Chicago Press, 1992）；Joachim Radkau, *Wood: A History*, trans. Patrick Camiller（London：Polity, 2012）；Simon Schama, *Landscape and Memory*（New York：Knopf, 1995）；以及*Invaluable Trees: Cultures of Nature, 1660—1830*, ed. Laura Auricchio, Elizabeth Heckendorn Cook, and Giulia Pacini, *SVEC*（Studies on Voltaire and the Eighteenth Century）（Oxford：Voltaire Foundation, 2012）。

4　Manwood, *Laws of the Forrest*, 2.

图72. 尼古拉斯·考克斯:《古代狩猎笔记》,收录于《绅士的娱乐》(伦敦,1674)。

的森林法庭受审和判刑,较轻微的案件在伍德莫特法庭和斯温莫特法庭受审,更为严重的罪行则由高等巡回法庭每三年审判一次。这些法律由负责监督管理森林的特别官员来执行,包括王室护林官、林务员、看守、代牧、森林管理员以及伍德莫特法庭、斯温莫特法庭和巡回法庭的法官等。

“皇家森林”是专门为狩猎而保留的土地的最高等级,法律规定“皇家森林”只能是国王的财产。但是,还有一些不那么重要的土地类别也与狩猎有关,它们可能是国王或某个贵族成员的财产:这类土地包括猎场(Chase)、猎园(Park)和猎苑(Warren)。猎场是一块未圈围的土地，多数情况下由贵族占有，主人可以在这片土地上猎鹿；它既没有森林法庭，也没有官员管辖，并且不属于森林法的管理体系，而隶属于普通法。用来饲养和照料鹿的猎园，与皇家森林和猎场的区别在于圈围：它们是被墙或篱笆圈起来的区域，既可以归王室管辖，也可以由国王授予特定的臣民。最后，猎苑——像猎园一样，既可以是属于王室的也可以是未被占用的——是为猎杀家兔、野兔、野鸡和鹧鸪等小动物而授予、保留的土地。尽管这些术语在针对特定土地区域的使用和应用上存在一定程度的偏差，但在大多数情况下，除非猎场、猎园和猎苑位于皇家森林范围内，否则它们统一受普通法而非森林法的管控。 180 181

森林是一个特别的地方，被专门用来追逐和屠杀野生动物，并且拥有一套复杂的体系，用以维护森林相对于其他类型土地的优越地位；这些森林概念与王室特权和王权职责等概念密切联系在一起。根据曼伍德讲述的起源故事，在古代，英格兰是一片“荒野”，遍布着“巨大的树林……到处都是野兽”，有狼、狐狸和野猪。从撒克逊人埃德加的时代开始，为保护平民而消灭凶猛的野兽（尤其是狼）被认为是国王的职责，但当国王和贵族开始享受狩猎活动和某些美味的猎物时，这种责任最终演变成了一种娱乐。这样，“这片土地的国王们……开始给那些野兽生息的林区和地方赋予特权，于是大森林中的土地得到保护，以至于没有人能损害或毁了它们，而这些野兽出没的地方就变成了皇家森林”。皇家森林被界定为供皇家娱乐并从宫廷喧嚣中得到喘息之所；在这里，国王和王子们有机会“呼吸片刻，以便他们焕发自由精神”。[5]这也是国王作为人民保护者的角色在狩猎仪式中象征性地展现出来的地方，正如西蒙·沙玛所说，这项活动的功能是“对（国王）宫廷的纪律和秩序

5　Manwood, *Laws of the Forrest*, 12, 34.

的仪式性展示”。[6]

尽管森林和皇家娱乐活动之间的联系可以追溯到最早的盎格鲁-撒克逊国王，但正式的森林法制度是“诺曼入侵”时代的遗产，由狂热的猎人威廉一世引进，并强加给他的新臣民，这使得他们大为不满。他在大片地区“植树造林”，这本质上是一场大规模的土地掠夺，包括大规模疏散村庄、摧毁许多教区教堂，以及剥夺公共权利。威廉的继承人——其子威廉·鲁弗斯，以及后来的安茹国王亨利二世、理查一世和约翰一世——以供王室子弟消遣娱乐的名义接管了大片土地，极大地扩张了皇家森林的范围。到12世纪末，正如曼伍德所写的，“王国大部分土地变成了皇家森林，以至于这片土地上所有优秀的居民都感到巨大的悲痛和惋惜”。[7]虽然从严格意义上讲造林后的土地仍然属于原来的主人，但根据森林法，森林中的草木和野味都是国王的财产，任何被逮了个“正着”的人（即偷猎被抓的人）都将受到“丧失生命、眼睛或生殖器”的惩罚。[8]

182

如果一个人会因为杀死一只鹿而被处死，那么伤害森林里的植物同样是重罪。对森林狩猎空间的保护取决于对特定栖息地的维护：如果森林植被被毁，野生动物就会离开该地区前往别处寻求庇护，而没有野生动物的森林“根本就不是森林，而是一片空荡荡的无利可图的土地”。森林中草木的重要性主要体现在三个方面。首先，它为野味提供了掩护，也就是为森林里的野生动物提供了藏身处和庇护所；其次，无论林地还是森林草地都是野生动物的食物之源——林子里有橡子、山楂和黑刺李，森林草地和牧场上有甜草；最后，森林提供了曼伍德所称的适当的礼仪（propter decorum）或视觉愉悦。他写道，草木

6 Schama, *Landscape and Memory*, 145. 参见 Daniel Beaver, *Hunting and the Politics of Violence before the English Civil War*（Cambridge：Cambridge University Press, 2008）。

7 Manwood, *Laws of the Forrest*, 127.

8 Manwood, *Laws of the Forrest*, 35.

对于“森林的清新和美观至关重要。因为在王子眼中，看到和观赏森林中郁郁葱葱的宜人树林，好比看到森林和猎场中的野兽一样令人欣喜愉悦。因此，森林的优美之处在于用大量赏心悦目的绿色丛林来装饰和整修，就像令人愉悦的绿色凉亭那样，供国王自娱自乐”。[9]因此，对森林中草木的任何破坏，也就等同于对国王、对环境以及对美学的冒犯。

对森林中草木的破坏分为三类：浪费、开垦和非法侵占。所有这些都对森林栖息地造成了破坏，但造成破坏的方式不尽相同。浪费指的是对森林管辖范围内的土地管理不善。在大多数情况下，这指的是非法砍伐木材。任何人都不得故意砍伐皇家森林中的活木，即使是持有森林土地所有权的人，在自己的土地上砍伐木材也需要特别许可。一旦获得许可，他就可以在自己的自由土地内合法砍伐木材，但前提是必须在适当的季节进行，并采取措施将该区域围起来，使树木和植被能够安全生长，免受放牧牲畜的破坏。开垦是一种更为极端的浪费形式，它不仅仅指砍伐树木，还包括将树木和植被全部连根拔起、夷为平地，使其变成耕地或牧场。最后，非法侵占是指在森林边界内修建房屋或其他建筑物的占地行为。因为森林里的建筑越多，居民、家畜家禽和狗的数量就会越多，所以非法侵占是“森林野生动物的噩梦”：通过改变驯养动物和野生动物之间的平衡，它对森林本身构成了威胁。

183

浪费、开垦和非法侵占都是严重的犯罪行为，因为这些行为“浪费”或破坏了森林。浪费森林意味着对一片土地管理不善，但也不止于此：它还会危及森林的森林性（forest-ness）。正是在这个意义上，我们才能理解曼伍德那令人费解的做法，即将砍伐森林木材、翻耕森林草甸并将其变成耕地的做法，与普通法中任凭草地被洪水淹没并泡在水里“从而使其变得荒芜和贫瘠”的犯罪行为等同起来。乍一看，这些例子似乎天

9 Manwood, *Laws of the Forrest*, 33, 34.

差地别，无法相提并论：砍伐树木，或者让草地持续被洪水淹没，进而让它既杂草丛生又荒芜不堪，怎么能等同于在草地上耕作，以此来播种庄稼呢？这三种行为——一种是破坏性的，一种是被动的，一种是生产性的——怎么能理解为类似行为呢？答案取决于"浪费"这个词，曼伍德解释说，这个词"是诺曼人带到这片土地上的，它源自法语动词Gaster，也就是Vastare，之后才变成英文中的wast的意思：因为我们英格兰人从法语中借用了许多单词，但经常将某些单词里的G发成W的音"。它的意思就是破坏，"因为对'森林的浪费'（wast of the forrest）就像人们常说的那样，是对森林的草木或草场的破坏……Gaster和Vastare，就是指浪费、破坏或消耗，因此浪费森林就是破坏森林"。总之，"浪费、破坏或消耗"这三个词被认定为是等同的。在曼伍德列举的所有例子中，由于疏忽大意或过度驯化，土地的性质已经发生改变。被淹没的草地不再是草地，而是泥沼；被犁过的草地不再是草地，而是旷野；被砍伐的森林也不再是森林，而是"一片空荡荡的无利可图的土地"。[10]基于"浪费"这个词的双重含义，即"忽视使用"和"耗尽"，对森林的浪费指的是一种破坏其野性的使用，一种与森林自身的本性背道而驰的使用。

森林要想成为皇家森林，实现其作为贵族娱乐场所的主要目的，就需要健康的野生动物种群；为了让那些野生动物留在森林里，它们的栖息地就必须得到保护，不受人类的侵占。森林法主张保护森林的野性，因为这种野性通过与狩猎仪式结合在一起，成了王权彰显权势的灵丹妙药。但是，国王和森林里的野生动物所享有的特权使得当地居民的权利受到严重限制。即使在自己拥有所有权的土地上，一个人在林中砍伐树木、开垦草场或建造庇护所也被证明是有罪的；此外，放牧、林地放养猪、木材供应和泥炭采掘等权利的消失，也引起了民众的不满，进

10 Manwood, *Laws of the Forrest*, 46, 48; 33.

而演变成地方起义。王室特权在谁有权使用森林以及为什么使用等问题上与传统的共同所有权发生了冲突，并成为即将爆发的不满情绪的导火索。

184

1215年，一群贵族将其不满带到了约翰王那里，并在距离温莎宫不到三英里的地方安营扎寨。他们提出了一些要求，包括废除安茹王朝时期的植树造林地，恢复森林土地上的公共权利，取消针对偷猎和非法入侵的严厉惩罚。这些要求得到了批准，并于1225年由小国王亨利三世正式通过成为法律，称为《森林宪章》。1300年的大巡视（Great Perambulation）通过大幅缩小皇家森林的面积，进一步削弱了王室特权，从而将其界限恢复到据称是亨利二世统治时期的水平。68处皇家森林的边界被确定下来，其中面积最大的是新森林、温莎森林和迪恩森林。

《森林宪章》修改了森林法中一些极其严厉、颇具争议的条款，但并未改变其主要意图：保护森林的野性。人们常常将森林法视为一种残酷、专制、不人道的用来消灭古老的自由和公共权利的工具，但正是在森林法中我们发现了保护主义议程的一个早期案例：将一些特定区域的土地与农业、工业和家庭用途隔离开来，以便为精英阶层保留一种被定义为与野生动物相遇（并被视为神圣不可侵犯）的娱乐活动。与森林法相关的这些问题，对于日后荒原概念的发展至关重要，因为在迄今为止涉及的景观类型中——沼泽地和群山——荒野和荒原类别都是指处于假定的原始状态下的土地（或者换句话说，是由自然或上帝赐予的）；就森林而言，原始的荒芜和后来因人类占领、使用而造成的荒废状态是不同的。

浪费、开垦和非法侵占被视为相似的活动，它们都因为破坏了森林的野性而受到谴责，我们发现，在其他情况下被标榜为改良的行为，在森林里却被视为浪费。因此，考虑到森林这一类别，我们可以在荒原概念史上追踪到一条不同的轨迹；在这条轨迹上，人类的工业被定义为有害而非有益的活动。此外，观察森林让我们发现了另一种厌恶的方式。对森林空间内特定活动的谴责与社会阶级差异是相辅相成的。狩猎，属于王室的精英活动，是被允许的；而采集、偷猎、伐木、农业和建筑等，这些大部分由平民从事的活动，则是被禁止的。因此，我们在后来有关森林的文学作品中发现的厌恶并不是针对景观的，而是针对那些被认为滥用了森林的人；他们或者是犯了开垦罪和非法侵占罪的平民、敢于为了猎捕野味而无视阶级界限的偷猎者、在西部反抗运动中聚众闹事的工匠、迪恩森林里的烧炭工和矿工、在内战中横冲直撞的士兵、为了牟利卖掉大片森林树木的毫无原则的投机商，或者是克里斯托弗·希尔在《违反法律的自由》一书中讨论的将森林作为庇护所的亡命之徒（在这种情况下，民间传说中的英雄罗宾汉的特殊地位尤其有意思，因为随着他越来越受欢迎，他的阶级地位从自耕农变成了贵族）。[11] 正是在精英阶层对形形色色的局外人群体的谴责中，我们发现了各种等级差别，这种差别是厌恶的决定性特征，体现在最受文化影响的（也是最不发自内心的）社会和道德层面上。

185

作为木材的树木

即使是保护也要付出代价。自从《森林宪章》将罚款而不是身体酷刑作为对偷猎、浪费和开垦的惩罚后，人们就清楚地意识到，除了惩罚非法侵入行为，在森林区域内授予权利也可以是王室收入的一个重要来源。从亨利二世开始，越来越多的钱进入了王室的金库，以换取在森林范围内砍伐树木、放牧或采矿的许可证。不出所料，在许多情况

11　Christopher Hill, *Liberty Against the Law: Some Seventeenth-Century Controversies* (London: Allen Lane/Penguin, 1996); Buchanan Sharp, *In Contempt of All Authority: Rural Artisans and Riot in the West of England* (Berkeley: University of California Press, 1980).

下，这导致了管理不善和滥用，包括在许多新的不受森林法约束的地区大规模砍伐成熟的树木。到伊丽莎白女王统治时期，森林制度的调控和管理作用已经降到了谷底。森林法庭很少开庭，而且随着越来越多的土地所有者购买了地产中不受森林法约束的土地，皇家森林的面积在持续减少。

树木的工业用途只会加速森林的衰败。因为树木不仅对建筑和供暖等家庭用途很重要，而且对国家事务，比如钢铁工业和为皇家海军造船也很重要。威廉·卡姆登曾在《不列颠志》中写道，古老的迪恩森林"从前树木茂密，阴森恐怖，道路纵横交错，它使当地居民变得野蛮，并使他们胆大妄为犯下许多暴行"。不过，他也指出，由于发现了"如此丰富的铁矿脉……那些茂密的树林逐渐变得稀薄"。[12]虽然在古罗马人统治时期和中世纪，迪恩森林里的铁矿就有被开采过，但记录表明，直到16世纪，因为铁矿石变得更加有利可图、大量可用于炼铁炉生火的木材储备，以及可通航的怀伊河和塞文河，那里的铁矿才开始真正得到开发。王室也正是利用了这一点，授予了当地土地所有者在森林里经营炼铁炉的权利。但是，随着国家的森林状况似乎岌岌可危，认为现行的森林制度既不合时宜又无利可图的论点开始激增，同时越来越多的人认为，皇家森林的管理迫切需要得到关注。 186

詹姆斯一世即位伊始，就立即试图重申王室对森林的传统权利。1603年5月16日，他颁布了一项法案，宣布要恢复森林法体系，该举措只是为了利用罚款和权利授予等方式，作为对抗其治下日益增长的债务的手段。[13]到1616年，通过执行过时的森林法，王室已筹集25 000英镑以上的钱款。[14]与此同时，呼吁保护和改善森林管理的声音也越来

12　William Camden, *William Camden's Britannia, Newly Translated into English: With Large Additions and Improvements*, ed. and trans. Edmund Gibson (London, 1695), 231.

13　Act of 16 May, I James (London: Robert Barker, 1603).

14　Grant, *Royal Forests*, 192.

越多。

1609年，约翰·曼伍德在发表《论森林法》11年后，向财政大臣尤利乌斯·凯撒爵士提出了一个“通过圈围荒地来提高土地收入的项目”。曼伍德建议将皇家森林、猎园和猎场中的“大片空旷、荒芜之地”圈起来，分成100英亩的小地块，并将这些地块出租给5 000名自耕农，要求他们圈围土地、建造农舍、每年支付租金，并确保木材、鹿以及其他猎物继续得到保留和保护。[15]两年后，阿瑟·斯坦迪什因1607年米德兰叛乱事件而忧心忡忡，他在《公地控告》中哀叹道：“在这个王国内对木材的普遍破坏和浪费……在过去的二三十年间比之前任何一个世纪都多。”斯坦迪什通过编制树木作为燃料和木材的用途目录论证了木材的至高重要性，呼吁在各种类型的荒地和边缘土地上种植木材和果树；这包括多石、多砾的碎石土壤、草本沼泽和泥炭沼泽、贫瘠的荒地、公地以及矮树丛。“**无林无王国**”，他有力地总结道。[16]在1612年出版的《旧时繁盛的新复兴》中，国王的测量员鲁克·丘奇设计了一位测量员、一位森林管理员、一位绅士和一位农民之间的对话，以展示树木栽培的方法，他主张将衰败的林地、公地及荒地圈围起来进行种植。第二年，阿瑟·斯坦迪什又发行了另一份小册子，即《木材和木柴种植经验的新动向》。据他估计，在全国2 956.8万英亩土地中，有1 000万英亩土地要么是荒地要么是灌木丛生的土地，几乎没有任何收益可言。于是，斯坦迪什告诫每个教区在高密度的地块上植树造林，用作木材和木柴。[17]

---

15 John Manwood, “John Manwood’s Project for improving the Land Revenue, by inclosing Wasts. For Sir Julius Caesar. 27 April, 1609”, published in John St. John, *Observations on the Land Revenue of the Crown*（London, 1787）, Appendix 1, 1—2.

16 Arthur Standish, *The Commons Complaint*（London, 1611）.

17 Rooke Churche, *An Olde Thrift Newly Revived*（London, 1612）; Arthur Standish, *New Directions of Experience by the Author for the Planting of Timber and Firewood*（London, 1613）.

查理一世对森林砍伐将产生可怕后果的警告充耳不闻，迫不及待地接受了以出售林权换取现金的做法。当查理在新的地区开展造林活动时，他只是为了立即将与之相关的权利出售给自诩为“改良者”的人，因此这一行动加快了皇家森林向圈围草地和耕地的转化。随后，吉林厄姆森林、布雷顿森林和迪恩森林的骚乱（一场被统称为西部反抗的叛乱）接踵而至。在内战和共和国时期，特别是在议会没收王室土地之后，森林持续遭受破坏。鉴于时代的不稳定性，大片古老的森林被那些投机商买走，他们为了快速获利，将成片的成熟树木砍伐出售。因为这些新的圈地行为而失去了传统权利的平民们开始带头发起反抗，相关暴动持续不断。

187

在许多人看来，到了17世纪中叶，王国的森林已陷入可悲的衰败状态。正如埃德蒙·吉布森为卡姆登的《不列颠志》所做的增补中提到的迪恩森林，尽管“这片森林里橡树的数量非常可观，但据说摧毁这个地方的木材是西班牙无敌舰队收到的指令的一部分……然而一个外国势力无法做到的事，我们的内战纷争却做到了；因为森林在内战中惨遭破坏”。[18]在乡村暴动和对木材短缺的担忧的刺激下，越来越多的农业活动家，包括塞缪尔·哈特利布圈子的成员，都开始将注意力转向林地的管理问题。[19]

17世纪中叶以来，关于木材管理的出版物往往分为两类：一类主要涉及森林，一类集中于树木种植，当然有时两者之间存在一定程度的重叠。第一类是小册子和论文，常常危言耸听，哀叹皇家森林的恶化状

18 Camden, *Britannia*, 245.

19 参见R. G. Albion, *Forests and Sea Power: The Timber Problem of the Royal Navy, 1652—1862*, (Harvard: 1926); G. Hammersley, “The Crown Woods and Their Exploitation in the Sixteenth and Seventeenth Centuries”, *Bulletin of the Institute of Historical Research* XXX(1957): 136—160。也参见John Brewer, *The Sinews of Power: War, Money, and the English State, 1688—1783*(New York: Knopf, 1989)。

况，呼吁森林法改革，鼓励圈地和植树造林。除了破败的林地之外，这些出版物的作者还赞成使用边缘的和生产力低下的土地，比如山区、沼泽和荒地等，作为新的木材种植园。第二类是那些试图鼓励不同阶层的土地所有者的作品（尽管越来越多的目标受众是贵族），鼓励他们在私人土地上种植树木，以达到既赚钱又享乐的目的。

罗伯特·蔡尔德在其收录于1651年问世的哈特利布《遗产》的《长信》中讨论了“荒原”：他不仅谴责了疏忽猎场和森林以及未充分利用猎园的问题，而且将关于第十二个“缺陷”的篇幅完全用来谈论林地管理。蔡尔德开篇说道：“整个岛上的森林基本都被毁坏了，这是一个很严重的问题；因此在很多地方，燃料以及建筑和其他用途所需的木材都很紧缺；因此如果没有纽卡斯尔来的煤、挪威来的木板、普鲁士来的犁铧和烟斗，我们可能会陷入绝境。”虽然保护森林的法律已经存在，但是由于人们在不断砍伐树木且树林没有得到很好的补充，现在的森林已经很稀薄，以至于“如今在森林里已经很难看到一棵好树了”。[20]关于这些紧迫问题，他的补救措施旨在保护林地的现行法律，因为“众所周知，我们有好的法律；但更为人所知的是，它们没有得到有效的执行”；利用山地、崎岖不平的土地种植树木；制定相关法律，限定每英亩土地上种植木材的数量；实施一项附加法律，确保那些砍伐树木的人也能种树或栽植新树；最后，“那些严重破坏森林的东西要加以限制”，比如迪恩森林中臭名昭著的钢铁厂，它是该地区滥伐森林的罪魁祸首。[21]

188

1652年，在《公共利益，或通过圈地改良公地、森林和狩猎场》一书中，泰勒围绕林地管理问题进行了专门的讨论，他提议将“适于种

20 Robert Child, “A Large letter Concerning the Defects and Remedies of English Husbandry”, published in Samuel Hartlib, *Samuel Hartlib his Legacie* (London, 1651), 58—59.

21 Child, “Large letter”, 59—62.

植木材且灌木覆盖的公地”，与森林和狩猎场视为同种类别的土地，这些土地将从更好的管理和集中植树活动中受益。泰勒撰写此书的时候，“所有人的眼睛都盯着皇家森林，而议会对是否应该将以前的林地卖给私人这一紧迫问题仍悬而未决”。[22]泰勒不像蔡尔德那样对鹿皮的实用性和野味的美味赞誉有加，而是认为国王保护的赤鹿和幼鹿主要是有害生物，而森林法制度对森林教区的居民和整个共和国都是有害的。因此，泰勒提出的改良英格兰的构想要求保护迪恩森林、新森林、温莎森林、沃尔瑟姆森林和恩菲尔德猎场的大片树林，以确保为海军供应充足的木材，并将剩余的皇家土地进行圈地和出售，从而将其转变为私人所有的土地，鼓励种植新树和谷物，养殖牛群和羊群。然而，泰勒也认识到，他的原始保护主义提议很可能是一个不切实际的目标，他主张对皇家森林的必要砍伐应该有条不紊地进行，而且海军方面应该预测出未来几年内对船舶的需求，并提供所需木材的清单。

16世纪出版了一些关于植树主题的作品，包括1557年托马斯·塔瑟的《持家务农五百良策》，1572年伦纳德·马斯科尔的《一本关于艺术和风度的书，如何种植和修剪各种树木》(图73)，以及1577年巴纳比·古奇翻译的康拉德·赫斯巴乔斯的《农耕四书》(*Foure Bookes of Husbandry*)。而在1649年沃尔特·布莱斯的《英格兰土地改良》及其1652年的《英格兰土地改良增订版》中，植树被视为一种贵族活动，并被定位为国家进步这一更大问题的一部分。

189

布莱斯的论点体现在两个方面：在庄园里植树将会抵消“这个王国的树木损害”；同时用“小树林或树丛……装饰庄园、宅邸或公寓，是

22 Sylvanus Taylor, *Common Good: or the Improvement of Commons, Forests, and Chases by Inclosure*(London, 1652), 29.

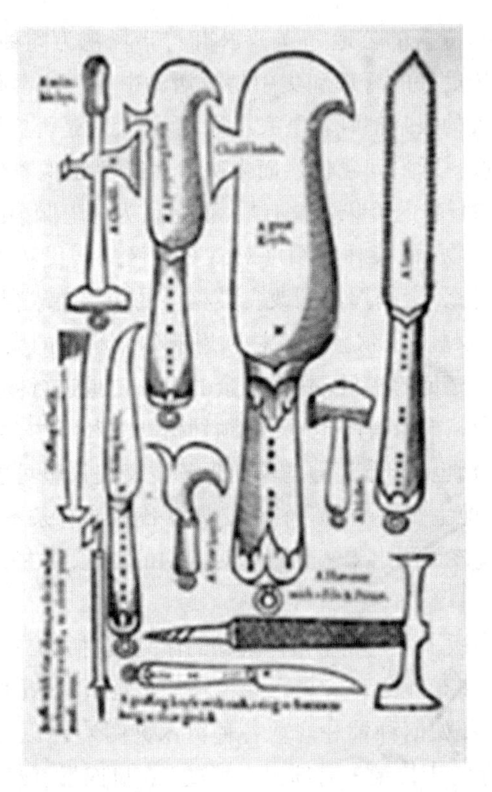

图73. 修剪工具。伦纳德·马斯科尔：《一本关于艺术和风度的书，如何种植和修剪各种树木》，（伦敦，1572）。

为了收获快乐和满足”。[23]布莱斯介绍了在正方形、三角形、椭圆形或圆形的地块上种植树丛的基本技术，他坚持认为“将树或树苗栽植到一块人工的规规整整的地块上，与粗暴或混乱地栽种树木一样容易，而且不

23 Walter Blith, *The English Improver, or A New Survey of Husbandry*（London, 1649）, 123.

需要额外的支出”，他还指出，只要稍加设计，树木种植园就能提供“跟你的独特花园、果园、步道和凉亭一样多的快乐、满足和消遣”。[24]在《英格兰土地改良增订版》中，布莱斯悲哀地说道，“对树林的破坏使我们遭受的损失越来越大”，他还增加了对木材种植的讨论，其中一节专门讨论了从橡树到柳树等九种树木的种植问题。布莱斯著书的目的是鼓励每个“名门望族”每年在自己的土地上种植一千棵树，他希望其建议能成功地“让一些人相信种树有利可图，让另一些人相信种树可行；让一些人相信树木的商品性，让另一些人相信树木的实用性；以后，当古老的森林因人类的创造性工作而被浪费得更严重的时候，所有这些都有可能成为救赎的希望”。[25]在布莱斯的论述中，我们看到了一些关注点的重合——对森林管理问题的关注，对木材供应减少的焦虑，尤其是对皇家海军需求的担忧，以及对森林景观的审美享受——这些关注点也将成为约翰·伊夫林的《林木志》的核心内容，而这本书后来成了已经出版的最著名的树木栽培书籍之一。 190

由于这些17世纪中期作品的作者在大多数情况下都是哈特利布的同僚，因此他们也是改良思想的狂热推广者，并且认为圈地是影响国家景观转变的关键手段。在这种情况下，圈地运动产生了一系列相关的后果。首先，它允许土地的合并和扩张，以便将大片土地用于植树造林；其次，它鼓励将土地用于工业而不只是家庭的用途——人们普遍认为，植树是一种满足海军木材需求的爱国活动，这是该转变的核心；最后，圈地，也即用树篱和沟渠将原来的敞田分割成有边界的地块，也影响了人们对井然有序的景观应该是什么样子的看法。因此我们在当时的文献中发现，在推广植树造林的过程中，人们强调了植树造林在美学、政治和经济方面的综合效益，而植树造林之所以得到推广，正是因

24 Walter Blith, *The English Improver, or A New Survey of Husbandry*, 125.

25 Walter Blith, *The English Improver Improved* (London, 1651), 162.

为圈地运动带来了土地占有模式的改变。而将美学、政治和经济这三种因素融为一体,就产生了一种新的设计景观,即森林花园。

约翰·伊夫林的《林木志》

斯图亚特王朝复辟后不久,皇家海军的军官就向英国皇家学会提出了一系列问题,要求学会成员将该组织的注意力转向国家森林和木材供应状况。而填写调查问卷的任务就委派给了约翰·伊夫林。伊夫林对园艺事业颇为热情,而且他曾与农业委员会密切合作,参与了撰写农业综合史的项目,这种种经历让他成为不二人选。1662年10月15日,伊夫林在皇家学会会议上对皇家海军的提问做出了回应;两年后,这份报告以《林木志,或论林木以及国王陛下治下的木材繁殖》为名,由皇家学会印刷商约翰·马丁和詹姆斯·阿利斯特出版。《林木志》是一部惊世骇俗的成功之作,伊夫林同时代的人对它推崇备至,《林木志》在伊夫林有生之年共出版了四版(第四版将书名确定为《林木志》),此后再版越来越多,形式也越来越丰富,并一直持续到20世纪初。《林木志》不仅是用英文写作的关于森林和木材管理的最重要的书籍之一,也是17世纪最著名的书籍之一。[26]

191

查尔斯·霍华德在关于农业委员会活动的报告(参见本书第二章)中,确定了农业和园艺历史规划的四个调查领域:畜牧业和农作物种植;常绿植物、厨房调味品和蔬菜等花园植物;果树和林木;土壤改良。

---

26 Lindsay Sharp, "Timber, Science, and Economic Reform in the Seventeenth Century", *Forestry* 48, no. 1(1975): 51. 关于伊夫林《林木志》的更多的内容,参见E. S. De Beer, *The Diary of John Evelyn*, 6 vols.(Oxford, 1955); Geoffrey Keynes, *John Evelyn: A Study in Bibliophily and a Bibliography of his Writings*(New York: Grolier Club, 1937); Arthur Posonby, *John Evelyn: Fellow of the Royal Society, Author of "Sylva"*(London, 1933)。

伊夫林在1664年出版的书中提到了这四个主题中的三个。最初的版本由三部分组成:《林木志》,或“关于森林树木的论述”;《波摩娜》(意指果树女神),或“关于果树与苹果酒关系的附录”;以及《园艺日历》,或“园丁年鉴”。[27]后来的《土地,关于大地的哲学论述》先是于1676年独立出版,之后于1679年被《林木志》第三版所收录;还有《沙拉:沙拉专论》,1699年首次出版,并被1706年的《林木志》第四版所收录。伊夫林在序言中谈到,《林木志》只是建立“完整的农业体系”的伟大尝试的一部分,他认为这是“皇家学会的主要目标之一”。[28]事实上,这个由伊夫林毕生心血所打造的、百科全书式的、从未完成的“完整的农业系统”,也被称为“不列颠极乐世界”,伊夫林在世时它一直以手稿形式保存。[29]《林木志》中所包含的内容以及逐渐添加到其中的材料都源自这项伟大事业。本着这种精神,《林木志》并不是作为一部完结的专著呈现的,而是作为实现这一目标的第一步,是一系列建筑材料、一些片段和“零散部件”的组合。[30]

《林木志》是皇家学会的第一份官方出版物,它承担了拯救国家主要防御形式的双重任务——这一形式即“木墙”,以建造船舶所需的木材库存为代表——同时也通过鼓励土地所有者在其庄园种植木材和果

27 在第一版出版之后,《林木志》在伊夫林去世前又出了三个版本(1670年、1679年和1706年)。

28 John Evelyn, *Sylva, Or a Discourse of Forest-Trees, and the Propagation of Timber in his Majesties Dominion*(London, 1664),“To the Reader”.

29 《林木志》中的大部分资料都来自伊夫林的“不列颠极乐世界”, British Library Evelyn MS45。参见John Evelyn, *Elysium Britannicum or the Royal Gardens*, ed. John E. Ingram(Philadelphia: University of Pennsylvania Press, 2001)。也参见Geoffrey Keynes, *John Evelyn: A Study in Bibliophily and a Bibliography of his Writings*(New York: Grolier Club, 1937): 126—161, 206—211, 234—239; *John Evelyn's "Elysium Britannicum" and European Gardening*, ed. Joachim Wolschke-Bulmahn and Therese O'Malley(Washington, DC: Dumbarton Oaks, 1998)。

30 Evelyn, *Pomona*, 4, published in *Sylva*(1664).

树，积极参与种植活动，来推广皇家学会自己的议程。因此，它的目标同时具有经济、社会和美学三重性质。《林木志》从讨论橡树开始，逐章依次探讨了如下树木：主要的落叶树，包括榆树、山毛榉、白蜡树、栗子树和胡桃树；次要的落叶树，如唐棣、枫树、悬铃木、鹅耳枥、酸橙树和花楸；水生树种，包括桦树、榛树、杨树、桤木和不同类型的柳树；最后是常绿树，从大的冷杉、松树、落叶松、柏树到小的桃金娘、茉莉、紫杉、黄杨和冬青等。除了提供这份树木物种目录外，《林木志》还关注了使用问题。1670年的第二版增加了一幅插图，展示了制作木炭的三个步骤（图74）。这幅图以一片林中空地为背景，说明了这种活动对森林的利用至关重要，而它对森林的破坏也是如此。 192

然而，《林木志》的主要目的是促进新的树木种植园的建设，因此，它还介绍了与树木栽培、维护和砍伐相关的技术。为了给人们留下植树可以盈利的印象，1670年的版本还包含了将树木转化为木材的机器

图74. 林中制炭。约翰·伊夫林：《林木志》第二版（伦敦，1670）。

的图像。"德国魔鬼"(German-devil)是一种用来帮助从地面上铲除大树根的器械,不过伊夫林推测它也可以用来铲倒大树。另一张图展示了"挪威发动机"(Norway engine),即大型锯机,它能利用水力或风力将原木切割成横梁和厚木板;还有一台专门用来在榆树或其他树木上钻孔以制造管道和渡槽的机器(图75)。

图75. 挪威发动机或大型锯机,以及一种为榆树钻孔的机器。约翰·伊夫林:《林木志》第二版(伦敦,1670)。

但对伊夫林来说，植树不仅仅是为了赚钱。伊夫林将种植树木当作一种高尚追求的愿望，在《林木志》开头几行就表露无遗。他说，他的目标是“鼓励被这个时代过分忽视的一种勤劳和有价值的劳动，也许是因为这种劳动过于肮脏和粗俗，贵族和绅士们都不愿从事”，伊夫林认为，恢复英格兰的木材供应是一项“每一个土地所有者都可以为之做出贡献的活动；我们发现，那些怀着无限的喜悦，怀着一种值得称赞的模仿最显赫祖先的雄心的人，他们的名字与国王、哲学家、爱国者和善良的平民混杂在一起”。[31]《林木志》大量地引经据典，这不仅展现了作

193 者的博学多识，同时也假定了读者有同样的学识：它将其读者团结在一起，作为受过良好教育的、彬彬有礼的精英阶层成员。除了提升农耕的地位并建立一个共同的参考框架外，伊夫林引用的典故和引语还在古代和当代文化之间构建了对应关系。他通过鼓励其同胞效仿古代的“国王、哲学家、爱国者和善良的平民”，将植树视为一种崇高的道德追求，并让人联想到古典的黄金时代。通过改良耕作活动，英格兰可以变成世外桃源阿卡迪亚。

将英格兰视为新伊甸园的这种愿景，依赖于一种景观美学；在这种美学中，树木发挥了重要作用。《林木志》对英格兰乡村的改善提出了独特的看法，即在复兴辉煌的过去的同时，也要将这个黄金时代的再

194 创造投射到未来。例如，在关于橡树的讨论中，伊夫林描绘了一幅田园诗歌般的景象，“在这片土地上每间隔一段距离就种植一棵树，通过这种方式可以改善放牧条件，保障树下有足够的草喂养鹿和牛，阳光和煦地照耀着这片土地，远处的景观从林间空地和山谷中露出，点缀着森林”。当谈到常绿树黄杨和紫杉时，伊夫林热情洋溢地将其故乡萨里郡的山丘比作一片春意盎然的伊甸园：“他希望在冬天可以看到萨里郡几座最高的山，四周全是长着这两种树的树林……他也许可以毫不

31 Evelyn, *Sylva*, “To the Reader”, n.p.

费力地想象自己到了一个多少有些新鲜或迷人的国度。"为了满足美学和经济两方面的考虑,《林木志》提倡在花园和猎园种植不同种类的树木。伊夫林建议,榆树"可以在大人物们住宅的入口处栽种,因为树与树之间间隔十五到十八英尺,不出几年,它们就会长出漂亮的枝丫,枝繁叶茂,令人羡慕"。胡桃木"为我们的乡间住宅提供了最优美的道路",栽种在小沟小渠里的鹅耳枥"为花园和猎园里长长的小路或任何会落叶、冬天树枝会脱落的树木提供了最高贵、最庄严的树篱",他还认为酸橙树(或椴树)是"小路上最适宜、最美的树,因为它的树干笔直挺拔,树皮光滑均匀,叶大,花香,遮荫好"。在结语中,伊夫林唤起了一副关于英格兰的愿景,"我们国家的绅士们的大部分领地……顶端和四周环绕着……一排排庄严的酸橙、冷杉、榆树以及其他大量、成荫的珍贵树木"。[32]

通过《林木志》,伊夫林试图将林地美学引入私人土地,让土地所有者相信园艺和植树是精致的精英活动。事实上,在《林木志》出版后的几十年里,我们看到了那些以贵族的举止和娱乐为主题的书籍在题材方面不断扩展,园艺成功加入狩猎和垂钓的行列,并得到绅士的认可和追捧。例如,虽然1674年尼古拉斯·考克斯的《绅士的娱乐》和1686年理查德·布洛姆的《绅士的娱乐》主要关注狩猎、鹰猎、垂钓和捕鸟,但是1715年斯蒂芬·斯维泽的《贵族、绅士和园艺师的娱乐》及其后续作品1718年的《乡村园林设计,或贵族、绅士和园艺师的娱乐》都是重要的园艺著作。杰维斯·马克汉姆在17世纪初也写过一系列该题材的作品(像《英国农夫》或《乡村的满足》等),这些作品在他于1695年去世后被全部集结成册并重新发行,名为《熟练农场主与绅士娱乐》(*The Compleat Husbandman and Gentleman's Recreation*),书中不仅包括垂钓、捕鸟、鹰猎和狩猎等活动,还涉及种植和栽培木材和果树

32　Evelyn, *Sylva*, "To the Reader", 9, 65, 66; 18, 115.

的内容。[33]在这种出版热潮的推动下，伊夫林劝告那些社会地位与他相同以及比他高的人植树，这产生了广泛的影响，在《林木志》初版问世后的几年里，这片国度的贵族花园里开始大量栽植观赏树木。

195

与这一时期皇家学会在问卷调查基础上产生的其他许多作品一样，《林木志》、《波摩娜》、《园艺日历》和《沙拉》等都是以散文形式出现的清单列表。在《林木志》中这一点处处可见，从目录到文本本身皆是如此；目录是树木清单，整本书是由一系列加了编号的段落而不是作为一个整体来呈现的。这本书在标题和结语中都指向了培根式的先例；标题让人联想到培根的《木林集》，结语则由一系列警句组成，进一步说明伊夫林倾向于将《林木志》描绘成不同个体元素的集合。多重声音也是该文本的一大特点。《林木志》在内容上遵循着普通书籍的惯例，其大部分内容是从其他作者那里收集来的。《波摩娜》收录了六篇由不同皇家学会成员写的文章，并在排版上相互衬托，这强化了一种混合文本的印象。[34]

伊夫林并未将《林木志》作为一个完整个体来呈现，而是将注意力置于其碎片化特点上。其实，伊夫林为他所描述的“无规则方法”进行过辩护，他声称“这种粗糙的、不完美的草稿，与为了追求完美而装点得华丽和铺张的排场相比，（根据培根爵士的说法）更能赢得他们（皇家学会成员）的尊重”。[35]通过采用这种箴言式和片段式的写作风格，伊夫

33 Nicholas Cox, *The Gentleman's Recreation* (London, 1674); Richard Blome, *The Gentleman's Recreation* (London, 1686); Stephen Switzer, *The Nobleman, Gentleman, and Gardener's Recreation* (London, 1715); Stephen Switzer, *Ichnographia Rustica, or, The Nobleman, Gentleman, and Gardener's Recreation* (London, 1718); Gervase Markham, *The English Husbandman* (London, 1613); Gervase Markham, *Country Contentments* (London, 1615); Gervase Markham, *The Compleat Husband-man and Gentleman's Recreation* (London, 1695).

34 一种视觉化的策略，让人想起塞缪尔·哈特利布早期的农业杂集。

35 Evelyn, *Sylva*, 115.

林希望其他人能受到启发，加入他们自己零星的观察来为这个项目做贡献，而《林木志》也将成为一部“辛勤园丁本身通过他自己的观察和经验不断改进的作品”。[36]作为一部从内容和形式上都体现了培根自然史观点的作品，碎片化的《林木志》促进了森林景观的创造，而这又将反映出森林景观自身的构成就是一个个离散部分的组合。

1679年的《林木志》第三版加入了新的章节，指导土地所有者从事林地园艺技术，为植树造林以及在由此形成的树林中修建人行道和林间空地提供精确的指导。1706年，也就是伊夫林去世的那一年，图文并茂的第四版（首次单独以《林木志》为书名）问世，书中加入了一些精美的插图，旨在将伊夫林理想的林地花园以视觉的形式呈现出来。图76显示了种植树木的几个备选设计，有简单排列的，有梅花状的，还有一些复杂的几何形的。为了阐明理想的林地花园在实际中的外观和功能，伊夫林还附上了一幅插图，该图描绘了“柯克先生的林地”的平面图（图77）。托马斯·柯克是古文物收藏家、地形学家、数学家以及皇家学会成员，他创建的莫斯利林地坐落于库里奇，距离约克郡利兹市以北几英里。这片点缀着空地和辐射小径的观赏性小树林是林地美学的一个例证，而伊夫林在创造并鼓励林地美学方面发挥了重要作用。[37]根 196 据柯克先生的朋友、远亲以及皇家学会成员拉尔夫·索雷斯比的说法，莫斯利林地吸引了“几乎所有的外国人以及我们自己国家满怀好奇心的绅士”的关注，他们特意来到库里奇，参观这座“最令人惊奇的迷宫”，这里的道路纵横交错，共有65个十字路口以及306处不同的景观。[38]

在这片小树林的平面图下面有一个表格，它通过将十字路口的数量乘以每个十字路口辐射出的路径的数量来计算景观的数量。小树林

36 Evelyn, *Sylva*, 57.

37 “Mr. Kirke’s Wood at Mosely, Yorkshire at Cookeridge” in Evelyn, *Silva* [4th ed.] (London, 1706), 307.

38 Clare Jackson, “Kirke, Thomas”, in *Dictionary of National Biography* online.

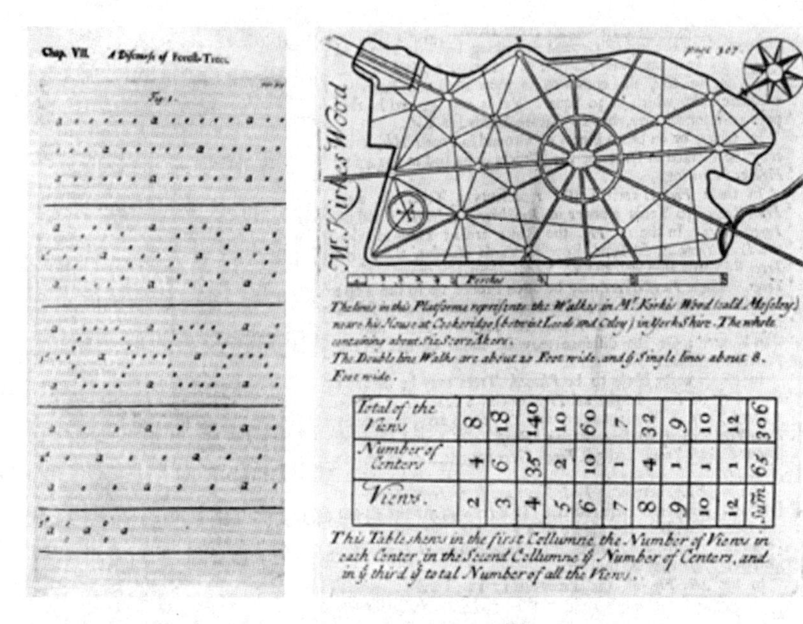

图76. 植树设计。约翰·伊夫林：《林木志》第四版（伦敦，1706）。

图77. "位于约克郡库里奇的柯克先生的莫斯利林地"。约翰·伊夫林：《林木志》第四版（伦敦，1706）。

平面图和下面的表格可以理解为两个对应的表示方法，二者都记录了一种特殊的视觉体验。利用排列组合的数学原理，莫斯利林地的设计图及其附表证明了数学方法和美学词汇惊人的重合，而乘法和排列本身就是美学目标。莫斯利林地所提供的视觉体验，与本章开篇所提到的密不透风的森林有天壤之别。尽管森林的原型概念——如在斯宾塞、皮查姆和曼伍德那里所表现的——强调了其神圣性，但是我们眼前的这一人造林却旨在提供尽可能多的路径，开放林地以供视觉渗透、数学计算和金融投资。

197

《林木志》第四版新增的最后一章名为"保护和改善林地的法律法规"，包含了伊夫林对土地所有者的强烈劝诫，他希望通过在庄园里新建林地花园来帮助恢复国家的木材储备。他问道:“对贵族绅士来说,有什么比用树木来装饰漂亮的府邸和领地更愉悦的呢?这树木可提供珍贵的绿荫和有利可图的木材。按一切可以想象的规则和方法,将那些面积巨大的圈地分割、处理成草地和马道,是为了锻炼身体、保持健康和展望未来吗?”[39]“致力于植树,以修复我们的‘木墙’、城堡以及庄园,这样一种普遍的精神和决心应该能真正激发我们的活力,”伊夫林宣称,“那就让我们来植树吧,在没有修复野蛮敌人所造成的创伤之前,我们不能放弃:啊,热爱祖国的人啊,如果这种热情使我激动不已,请原谅我!我向诸位王子、公爵、伯爵、贵族、骑士和绅士,以及(在我看来最值得)尊敬的爱国者们致辞,是为了鼓舞和激励一项如此光荣且必要的工作。”[40]为了表扬那些遵守他早期指令的人,伊夫林还列出了一长串以树木闻名的庄园,按字母顺序排列:从奥德利恩德、奥尔索普和奥克兰开始,到威尔顿、沃本、伍德斯托克和韦斯特结束,这份名单提供了一份绅士-园艺师及其改良的目录,以编年史的方式记录了《林木志》首次出版后国家的庄园所发生的巨大变化,并鼓励其他人争取也将自己的名字加入花名册。 198

对伊夫林来说,解决紧迫的国家森林问题的办法在于对过往经验方法的应用。将景观转换成列表——这种方法总的来说是伊夫林和皇家学会的共同特点——有助于将自然重新定义为资源,将树木重新定义为木材。通过用新种植的树木取代老朽的林地,并将它们排列成整齐的平行线、梅花形以及其他任何规则的图形,森林的景观类型将得以重造,其美学产生于列表的逻辑,后者也可以被理解为部分的集合。人工林不再是密不透风的墙,而是对科学调查和知识之光开放的森林,是可以用来进行金融投资的森林,是去除了恐惧和秘

39 Evelyn, *Silva*[4th ed.], 304.

40 Evelyn, *Silva*[4th ed.], 301.

密的森林，但归根结底，或许这样的森林既失去了神圣性也失去了野性。

森林花园

1676年，卡西奥伯里的埃塞克斯伯爵的园艺师摩西·库克出版了《林木的种植、排列和改良方式》，一部公开感谢伊夫林《林木志》的著作。库克的出版物，包括其中几幅观赏性小树林的基本设计图，帮助推广了种植、设计和照料林地花园的技术（图78）。[41]早在十年前的1666年，库克就在卡西奥伯里创建了17世纪最早的森林花园之一，他在那里种植了大片常绿树和落叶树，并在树林中铺设了人行道，构建了可以欣赏的远景和可以进入的小径。圆形的空地，或铺着草坪，或有喷泉跃动，这标志着方向的改变，并在树木之间提供了开放的飞地（图79）。[42]卡西奥伯里的花园成为一个典范，而库克的专著则成为一部关于新型森林花园的手册；这种新型森林花园是一种用数学术语描述的由分散元素组合而成的景观。对伊夫林来说，由于他在不断增加其论著的新版本，因此库克的专著和卡西奥伯里的花园都成了其重要的参考资料。

41　Moses Cook, *The Manner of Raising, Ordering, and Improving Forrest-Trees*（London, 1676）. 参见Douglas Chambers, *The Planters of the English Landscape Garden: Botany, Trees, and The Georgics*（New Haven：Yale University Press, 1993）, 38—42；Stephen Daniels, "The Political Iconography of Woodland in Later Georgian England", in *The Iconography of Landscape*, ed. Denis Cosgrove and Stephen Daniels（Cambridge：Cambridge University Press, 1988）, 144—161；John Dixon Hunt, *Garden and Grove: The Italian Renaissance Garden in the English Imagination, 1600—1750*（Philadelphia：University of Pennsylvania Press, 1996）；以及Mark Laird, *The Flowering of the Landscape Garden: English Pleasure Grounds*（Philadelphia：University of Pennsylvania Press, 1999）。

42　众所周知，基普和克尼夫的版画通常会包含一些要么还在建造之中，要么在某些情况下从未真正建造过的元素，如在关于卡西奥伯里的插图中的宅邸侧翼。

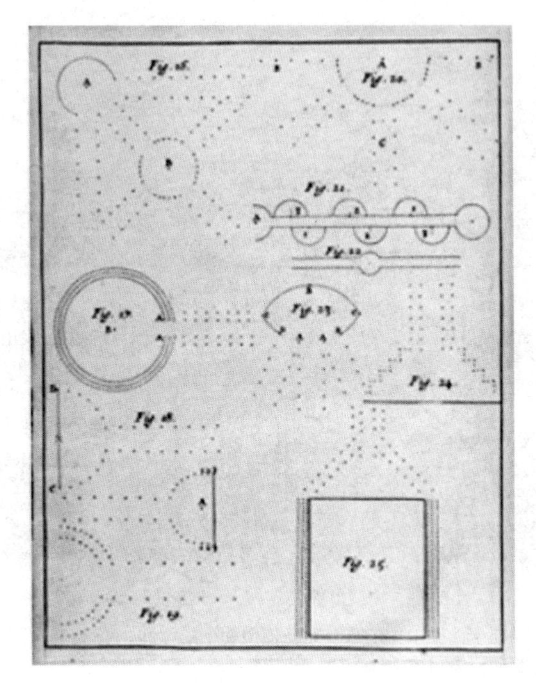

图78. 植树设计。摩西・库克:《林木的种植、排列和改良方式》(伦敦,1676)。

1681年,库克和园艺师乔治・伦敦一起创办了布朗普顿公园苗圃。在大约经营了六年后,伦敦接管了这家公司,并与亨利・怀斯建立了新的合作关系。布朗普顿公园苗圃成为当时最著名、最成功的园林公司,伦敦和怀斯之间的合作也成为园林史上最伟大的合伙关系之一;怀斯负责运营,伦敦负责个体庄园的委托和设计。[43]大约在1692年,罗切斯特伯爵委托伦敦改造他在萨里郡纽帕克的花园。伦敦在房子一侧的斜坡上设计了一个壮观的花坛,并在一片广阔的森林花园内种上了植物,

199

43　参见John Harris, “London, George”, in *Dictionary of National Biography*, http://www.oxforddnb.com/view/printable/37686, accessed 2/10/2012.

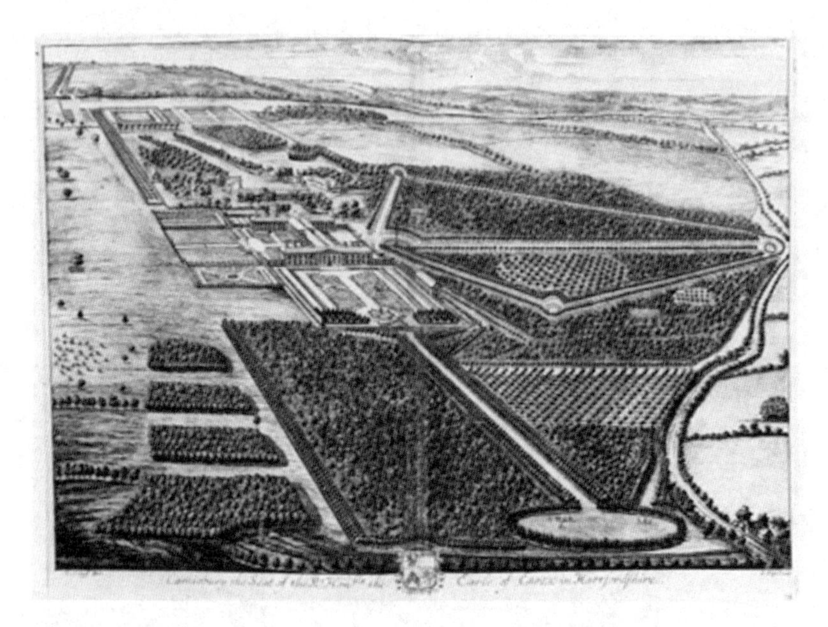

图79. “哈特福德郡卡西奥伯里的埃塞克斯伯爵阁下的宅邸”，伦纳德·克尼夫和简·基普：《不列颠图说》（伦敦，1707）。

一直延伸到周围的山丘上（图80和图81）。纽帕克的花园可以理解为基于卡西奥伯里的花园类型的发展。几英亩的树林，与宽度各不相同的林荫道交织，喷泉、空地和其他出口点缀其间，花园中有漫长的步行道、隐秘的幽深处和阴凉的亭榭。道路、交叉口和空地的组合提供了一种复杂且多变的体验序列。就像在莫斯利林地那样，不同的道路布局配置了不同的景观组合，分岔路，两个；鹅掌形区域，三个；交叉口，四个；大圆形广场，八个。通过改变顺序与重复，一些基本元素（如道路、空地、十字路口、树木）的增加与交替，产生了一种几乎是以无限的多样性和多变性为特征的体验。

200

虽然英格兰森林花园的流行是从实践开始的，但是在1712年，当

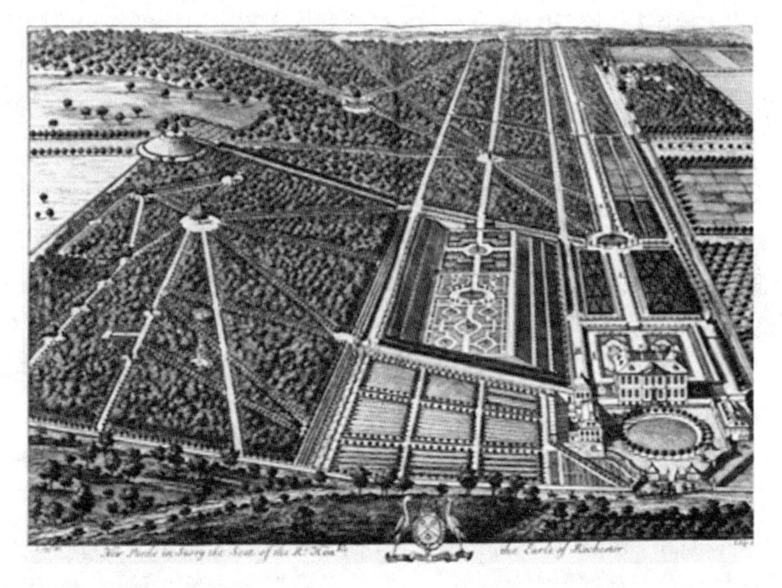

图80.“萨里郡纽帕克的罗切斯特伯爵阁下宅邸”，伦纳德·克尼夫和简·基普：《不列颠图说》(伦敦，1707)。

图81. 18世纪英国的匿名画家：《罗切斯特伯爵的宅邸，位于萨里郡里士满的纽帕克》(1700—1705)。

约翰·詹姆斯将安托万-约瑟夫·德扎利埃·德·阿让维尔法语版的《园艺的理论与实践》翻译为英文版时，这一趋势得到了一些理论上的支持。[44]这部作品的翻译和出版表明，越来越多的英国人对涉及美学和栽培问题的园艺文本产生了兴趣。包括花坛、露台、小路、小树林、小房子、草地滚球区、喷泉和小瀑布在内，以及对场地准备和将设计从纸上转移到现场的指导，这项工作将安德烈·勒诺特开创的法国园艺原理带到了英吉利海峡对岸。树林，作为花园中"最伟大的装饰品"，是一整个章节以及连续十幅插图的主题。[45]这些插图配有大小和高度各不相同的观赏性小树林的平面图，表达了一种逐渐增多的感觉：第一幅插图有两个备选平面图；第二幅有四个；第三幅有六个；第四幅有十个。第三幅插图（图82）展示了六种不同的园林设计。这些都是单一类型的变体：一块大约四英亩的园林，被小径切割开来，空地点缀其间，中心设置了一个用喷泉或雕像装饰的水景。每一例都有一个明确的中心，并使用了对称和重复规则。小径的设计都是圣安德鲁十字标记的变体，入口路径则一律会与形状各异的环形路径相交，包括八边形、正方形、椭圆形和菱形。在这里，我们看到的有限元素——树木、小径、空地、长椅和中央水景——以六种不同的方式组合在一起，形成了六种不同的景观设计。

对重复和乘法的数学练习的喜爱在其文本中也很明显；书中指出，第五种设计有六个入口，还包括"两个鹅掌形区域、八个十字小径和两个带长椅的隐蔽处或凹室"。[46]这种加法的美学在该论著的许多描述中都有体现："一片树林的穿插恰到好处，无论你往哪个方向走，你面前

202

44 阿让维尔的《园艺的理论与实践》于1709年在巴黎首次出版。1690—1697年间，詹姆斯给马修·班克斯当学徒，而班克斯受雇于罗切斯特伯爵，正在负责设计其位于纽帕克的宅邸。

45 John James, *The Theory and Practice of Gardening*（London, 1712）, 48.

46 James, *Theory and Practice*, 54—56.

图82.“园林的树木设计”,约翰·詹姆斯:《园艺的理论与实践》(伦敦,1712)。

至少都有三条小路,形成一个鹅掌形区域,在八个入口处也是如此:再往前一点,你会发现一个小十字路口,有四条小径,而在那些大的十字路口……有六条小路在中心区交会,构成一个星形。”而喷泉同样通过多元化来唤起愉悦:它们“是一道美丽的风景,当你散步时,你会发现每条小径至少有三处水景,有些地方是五处,而在中间那条小径的每一端,你会看到全部七处水景”。[47]就像莫斯利的小树林、卡西奥伯里和纽帕克的花园一样,这些设计运用了加法、乘法、组合和排列等数学运算法则,形成以相互穿透的景观和多重远景为特征的图案,它们由此产生的迷宫特性是过度的千篇一律和重复的产物。通过使用数字的力量来塑

47 James, *Theory and Practice*, 52.

造自然，这种新型的森林花园将营利与享乐这两个目标结合在了一起。

营利与享乐

18世纪初，森林花园的培育继续快速发展，这是由建筑热潮和新作品问世推动的；斯蒂芬·斯维泽的《贵族、绅士和园艺师的娱乐》和约翰·劳伦斯的《牧师的娱乐》均在1715年问世，理查德·布拉德利的《种植和园艺的新改良》在1717年出版。[48]1718年，劳伦斯和布拉德利又推出了其作品的修订版，斯维泽也出版了《贵族、绅士和园艺师的娱乐》的扩充版，并重新命名为《乡村园林设计》。[49]虽然所有这些论著都强调了植树的好处，但是斯维泽的《乡村园林设计》提供了一种新兴的带有理论的风格，展示了森林花园如何在满足利润需求的同时激发艾迪生式“想象力的乐趣”。

斯蒂芬·斯维泽是景观设计师、种子商人和作家，他最初是师从乔治·伦敦的一名学徒，不久后便在布朗普顿公园苗圃中声名鹊起，成为伦敦和怀斯的得力助手。虽然他是一位多产的作家和设计师，他的生活却很少为人所知。[50]在伦敦去世后，他很可能参与了霍华德城堡的沃

---

48 John Laurence, *The Clergyman's Recreation*（London, 1715）; Stephen Switzer, *The Nobleman, Gentleman, and Gardiner's Recreation*（London, 1715）; Richard Bradley, *New Improvements of Planting and Gardening*（London, 1717）.

49 劳伦斯把《牧师的娱乐》和他后来的《绅士的娱乐》结合起来，又重新出版了一本新书：*Gardening Improv'd*（London, 1718）。布拉德利在1718年、1719年、1720年、1724年、1726年和1739年相继出版了《种植和园艺的新改良》的新版本。斯维泽的修订版，参见*Ichnographia Rustica*（London, 1718）。

50 斯维泽的名字一直与花园设计联系在一起，包括布伦海姆、格里姆索普、赛伦塞斯特、纽伯里公园、埃伯斯顿洛奇、布雷莫尔、邓科姆公园、马斯顿、埃克斯顿公园、诺斯特尔修道院、奥德利恩德、罗克比公园和威尔顿庄园等。关于斯维泽的唯一完整的作品仍然存在：William Brogden, “Stephen Switzer and Garden Design in Britain in the Early 18th Century”（PhD thesis, University of Edinburgh, 1973）。也参见J. Finch, “Pallas,（转下页）

雷林地的设计，这个项目将不规则和轴向路径整合起来，是森林花园发展演变的分水岭。但第一个与他的名字联系在一起的重大景观项目，无疑是林肯郡的格里姆索普城堡，这是他为第四代安卡斯特公爵罗伯特·伯蒂设计的景观。

大约在1715年，斯维泽通过修建一片有堤岸和棱堡的小树林扩大了现有的花园，形成了一条绿树成荫的步行道，其尽头是被框起来的延伸到周围景观之中的远景（图83）。他在1718年出版的《乡村园林设计》就收录了他为格里姆索普城堡设计的一个理想化版本，并将其命名

203

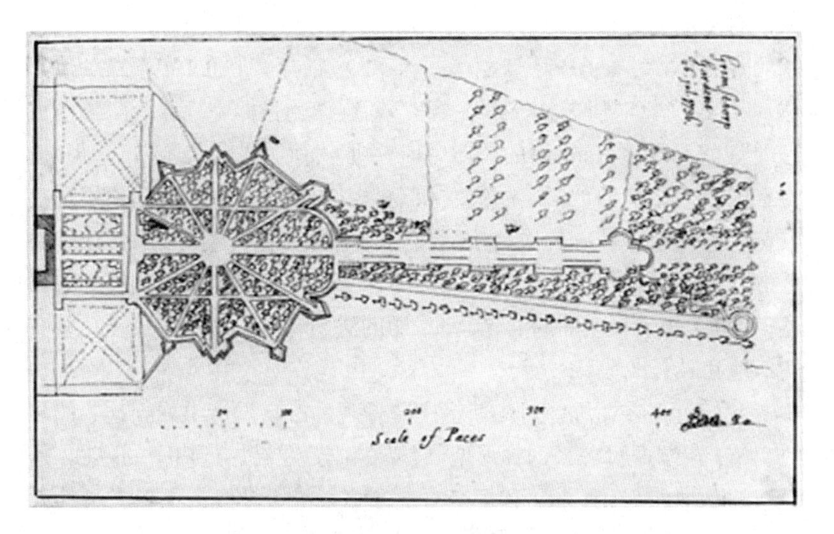

图83. 威廉·斯图克利：《格里姆索普花园，1736年7月26日》。

（接上页）Flora, and Ceres: Landscape Priorities and Improvement on the Castle Howard Estate, 1699—1880", in *Estate Landscapes: Design, Improvement, and Power in the Post-Medieval Landscape*, ed. J. Finch and K. Giles (Woodbridge, Suffolk: Boydell, 2008), 19—37; 以及J. Turner, "Stephen Switzer and the Political Fallacy in Landscape Gardening History", *Eighteenth-Century Studies* 11.4 (1978): 489—496。

为“帕斯顿庄园”，旨在用它来说明勘测和铺设不规则场地的技术（图84和图85）。在图84中，斯维泽描述了在他介入“之前”的帕斯顿庄园的景观：这座庄园被划分为十三个区域，它们的名字，如“黏土田”、“羊羔田”、“风车田”和“井塘田”，都相当平实地提到了它们的特征和用途。其中，一块被围墙和大门围起来、里面种满了树木的区域被命名为“荒野”，庄园四周的田地都是被标为“公地”的空地。

在论著中，斯维泽的目标是推广一种他称之为“粗放的乡村园艺”的景观设计风格。他承认，这种风格并不是他自己发明的，并指出它“已经在这个国家的某些地方开始推广了”，尽管这种风格可能还没有像他希望的那样广泛流行。[51]斯维泽也承认他吸收了很多早期园艺作家的观点，并列举了一系列显赫的名字，包括哈特利布、布莱斯和伊夫林，斯维泽尤其对伊夫林推崇备至。[52]斯维泽的目标是，用他称之为“大管理”（La Grand Manier）的风格（图86）取代荷兰式园艺风格。[53]但是，204 将法国园艺移植到英格兰的气候和土壤之中需要一些调整。斯维泽建议花园应该遵循传统的法国构图，包括中轴的特征，比如运河、房子附近的花坛、与变化的水平面相连接的梯形地、远处广阔的小树林。不过，他也主张进行全面的简化，将华丽的法国花坛重新演绎成一片整齐的草地和砾石地。

我们可以在斯维泽对帕斯顿庄园景观的改良设计中看到这些建议的实施；花园通过一系列梯形地与住宅相连，在最靠近房子的区域，是平坦的草地花坛，其末端有一个水池和喷泉。中轴线由一条长长的人

51 Switzer, *Ichnographia Rustica*, I, xxviii.

52 Switzer, *Ichnographia Rustica*, I, 58—60.

53 Switzer, *Ichnographia Rustica*, I, xiii. 参见 Michel Baridon, “Cross-Cultural Exchanges and the Rise of the Landscape Garden（1700—1815）”, in *“Better in France ?”: The Circulation of Ideas Across the Channel in the Eighteenth Century*（Lewisburg: Bucknell University Press, 2005）。

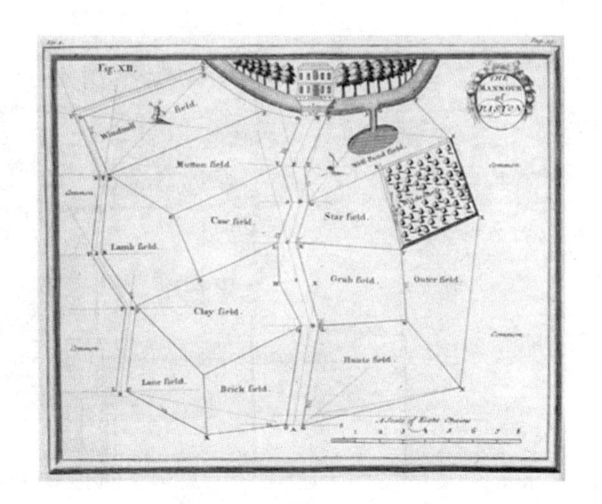

图84.“帕斯顿庄园”，斯蒂芬·斯维泽：《乡村园林设计，贵族、绅士和园艺师的娱乐》（伦敦，1718）。

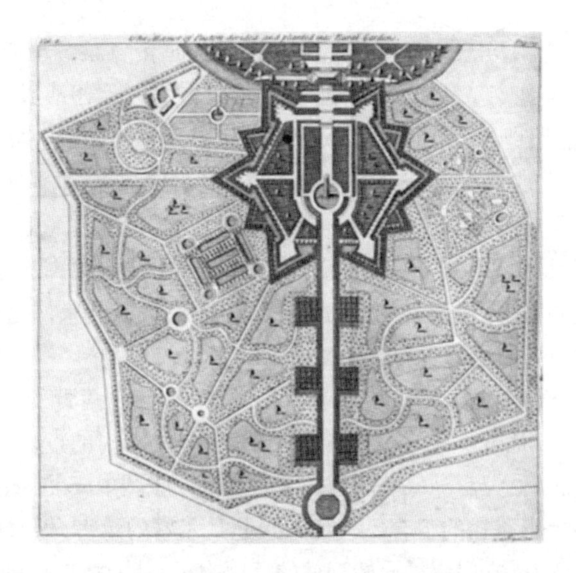

图85.“被分割和建成乡村花园的帕斯顿庄园”，斯蒂芬·斯维泽：《乡村园林设计，贵族、绅士和园艺师的娱乐》（伦敦，1718）。

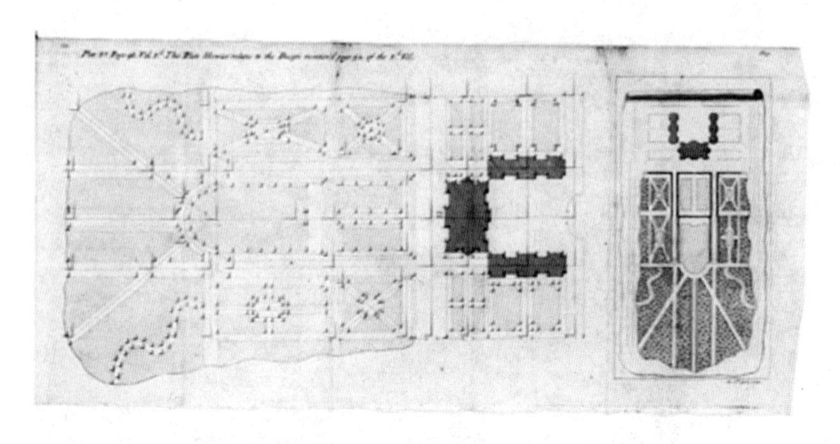

图86.“大管理”。斯蒂芬·斯维泽:《乡村园林设计，贵族、绅士和园艺师的娱乐》(伦敦，1718)。

行道组成，从住宅出发穿过一片有棱堡的装饰性小树林，然后从长方形的树丛中伸向乡间，一直延伸到最远的田野的边缘，尽头是一片草地。然而，农业用地的变化同样引人注目。虽然田地最初的边界线大都被保留了下来，但现在它们被蜿蜒曲折的小径贯穿，这些小径使庄园的不同部分关联起来；田地本身现在是彼此分开的，周围是人工林，水池和树木点缀其间。“风车田”的位置上出现了一个带有中央水池的菜园，而原本应该是“奶牛田”的地方则多出了一系列看起来像是在按照堡垒平面图布局的鱼塘。

在这张设计图中，特别有趣的是对被标记为“荒野”的土地的处理。在这里，荒野不再是耕作空间之外的或与之相对的荒地，而是一个被圈起来的、受控制和保护的区域。它在第二张图中成了一个迷宫，其轴向和不规则路径的组合不禁让人想起凡尔赛的迷宫，通过向人们暗示迷路的恐惧，它保留了原始森林的情感力量，从而将自身转化成一种游戏，而神话中的野兽和龙已经被更仁慈的森林之神的雕像所取代。

206

与森林荒野的原始化身相遇而引起的恐惧，已经变成了一种纯粹的兴奋，为一种安全的休闲娱乐方式增添了刺激。

对于斯维泽来说，在花园的所有元素中最重要的是小树林，“小树林是我们乡间宅邸的所有自然装饰中最美妙的东西”。在关于“森林、小树林、荒野、猎园”的一章中，斯维泽对“主人骑马打猎的开放猎园或森林”和为散步而设计的花园小树林做了区分。在猎园里，长而开阔、规律分布的林荫道是最合适的，而那些不规则的区域则应该设计成花园小树林。斯维泽写道，一小块“由几处平地、山丘和溪谷组成的土地……是大自然为锻炼园艺天才而设计的地方”。他还补充说，树林应该由笔直的或蜿蜒的小径分隔开来，并种上常绿树和落叶树，从而形成“令人愉快的混合和变化”。在溪谷和洼地，可以建造“多种多样”的小花园和密室，并且要注意，通向它们的道路不要拉得太长，“因为这会使人难免对面前稳定出现的事物所产生的差异感到不知所措”。应砍伐树木以勾勒出远景，或留下树木以掩盖难看之物；在树木稀疏的地方，可以清除树木，培植开阔的草坪。最后，斯维泽告诫说，小树林的两边不应该互为镜像，“事实上，这就只是半个花园了；因为无论什么地方，只要两边都一样，人们看完并欣赏了其中的一半，几乎就没必要再看一遍同样的东西”。

只要遵循场地的要求，“自然园丁”将会成功创建一座将艺术装饰与对理想森林景观的模仿结合在一起的花园。这种模仿最好是通过斯维泽描述的“顺应自然”来实现：“设计师一旦用艺术勾画出一些最粗糙、最大胆的笔触，他就应该追求自然，尽可能多地增加旋转和蜿蜒的设计，努力使视角多元化，使它们可以相互混合，以免被一眼望穿；与此同时，也要尽可能多地出现一些新奇有趣的东西，整座花园则应通过在自然的林荫道和曲径中迂回曲折地漫游而关联在一起。”[54]

54　Switzer, *Ichnographia Rustica*, II, 196; II, 200; I, 262, 273; II, 200; II, 188; II, 201; III, 6.

在其论著的最后几章，斯维泽将“自然”花园设计的建议融合成一个统一的愿景，在那里他用语言和视觉的形式呈现了他的理想花园。207 “理想的乡村花园平面图”，可能是斯维泽最著名的一幅设计图，为他的“自然”园艺美学提供了一个例证（图87）。庄园宅邸位于图的下三分之一处，周围是花园、牧场和庄稼地；它们“被林荫道和树篱巧妙地分隔开来”，形成各种形状的地块。整个庄园被一系列水渠和水池形成的中轴线一分为二，而水又会流通到庄园的其他部分，为划船和垂钓提供池塘。小树林、林间空地和庄稼地交织在一起，这不禁让人想起斯维泽的主张：“树篱、天然小矮林、大树林、庄稼地等，它们彼此混杂在一起，就像最美丽的花园一样令人赏心悦目。”一条蜿蜒曲折、绿树成荫的气派小路穿过整个庄园，它的蜿蜒曲折确保了“主人不会一眼看穿所有的景观，而是在不知不觉中从一个地方到另一个地方，从草坪到山丘，或溪谷，直到到了那儿他才意识到自己早已身居其中”；丰富的景观为感官和心灵提供了一场盛宴，因为“在这些弯曲的、蜿蜒的道路上行走时，心灵可以愉悦地享受各种惊喜；在一个地方，一座山谷出现了；而山丘、水池、鱼塘以及为显露小瀑布而被削低的小空地”，也会同样突然地出现在其他地方。

斯维泽的理想乡村花园是景观列表的另一个版本，由一系列独特的地形特征组成，虽然各部分都被区分和分隔开来，但又通过大轴线和蜿蜒曲折的小径相互连接。它是改良后的英格兰乡村的缩影：在一个集中区域内包含了丘陵、山谷、耕地、森林、湖泊、溪流、空地和草地等地形，并用林荫道和树篱将一部分与另一部分隔开。通过创造适用于耕地的美学，缩小乡村和花园之间的区别，斯维泽将盈利与享乐这两个原则统一了起来。然而，花园和耕地之间的这种关系是以两种相互作用的方式在起作用的。不仅斯维泽的“粗犷的乡村”花园为劳动景观注入了花园美学，而且圈围的耕地也在花园的分隔空间中得到了呼应。这样，乡村和花园就通过同样的空间布局和观景实

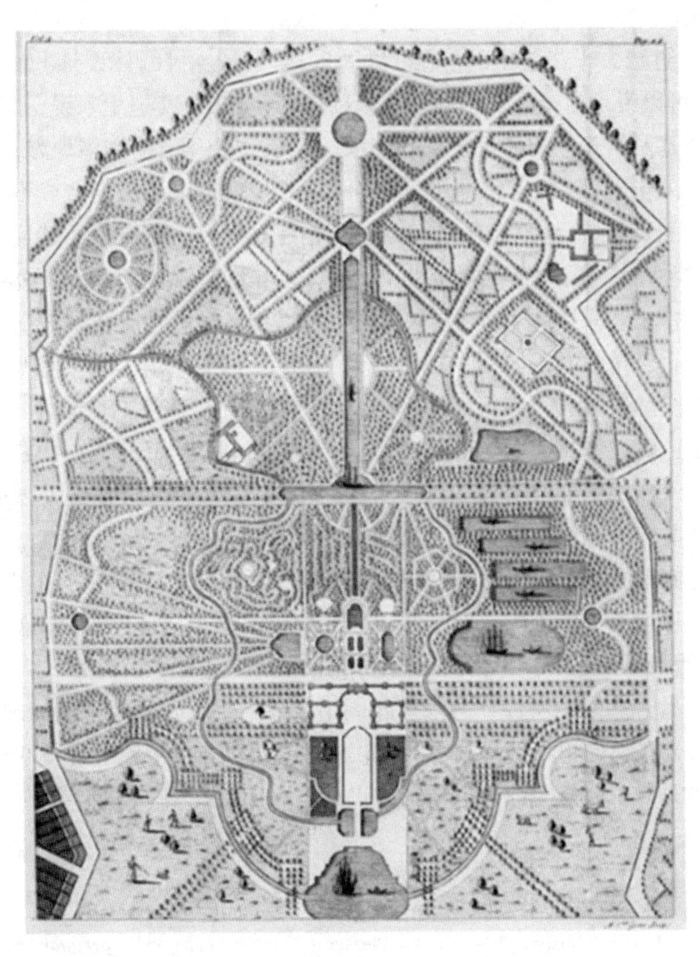

图87. “理想的乡村花园”，斯蒂芬·斯维泽：《乡村园林设计，贵族、绅士和园艺师的娱乐》（伦敦，1718）。

践被统一起来，形成了交替出现的有界限的分隔空间和开阔的轴向景色。[55]

约瑟夫·艾迪生的《论想象的乐趣》被《乡村园林设计》大量引用，可以说是斯维泽文本的理论基础；对约瑟夫·艾迪生来说，景观和财产是紧密相连的。虽然艾迪生承认，“在一个国家的许多地方，将大面积的土地从牧场、耕地中分离出来，对公众来说可能会造成不良影响，而且对个人也没有什么好处”，但他还是建议，“为什么不能通过频繁的种植将整个庄园改良成花园呢？这样既可以给主人带来收益，也可以带来欢乐”。自然与艺术的结合可以创造出一种既体现美学考量又符合经济效益的景观。他劝告说：“杨柳丛生的沼泽，橡树掩映的高山，比起光秃秃、不加修饰的时候，不仅更加美丽，而且更有价值。庄稼地能造就很美的景观：如果能稍微装饰一下田间地头的步道，如果草地上的天然刺绣能够通过一些小小的艺术补充得到帮助和改进，再加上土壤所能够容纳的树木和鲜花组成的几排树篱，那么一个人就可以将自己拥有的地产变成一幅美丽的风景。”[56]因此，出于视觉愉悦的考虑，将大片土地从传统的农业和牧业模式中分离出来是合理的，而这种行为所固有的经济利益又因美学上的无私性而得到缓和。[57]

208

尽管在斯维泽设计的众多花园中没有一个完全实现了他的理想，但白金汉郡的里斯金斯（Riskins）[或里钦斯（Richins）]花园和贝德福德郡的韦斯特猎园都与他出版的设计图有明显的相似之处。[58]斯维泽

55 Switzer, *Ichnographia Rustica*, III, 45, 46, 107—108.

56 Joseph Addison, “Essay on the Pleasures of the Imagination”, *Spectator*, no. 414 (June 25, 1712).

57 John Macarthur, *The Picturesque: Architecture, Disgust, and other Irregularities* (London: Routledge, 2007), 75—76.

58 道格拉斯·钱伯斯在其书中将“里斯金斯花园”定义为“理想的乡村花园”。参见Douglas Chambers, *The Planters of the English Landscape Garden*, 10.

在《乡村园林设计》中称赞韦斯特猎园，并将其与霍华德城堡的旺斯特德和沃雷林地归为一类，他在书中写道："正是在那里，大自然即使不能被超越，也能被真正模仿，天才设计师可以从中画出自然和乡村园艺方面的最佳设计图：正是在那里，它被一种偶然的行为所驱使，穿过所有错综复杂的迷宫，甚至学会在天然线条以及更自然、更混杂的美丽气质中超越自己。"[59]通过将艾迪生的美学作为其新风格的基础，并贴上"粗犷"、"乡村"和"自然"的标签，斯维泽将由于圈地运动的倡导和推进而出现的全新景观自然化，将圈围起来的私有化的乡村打造成了英国人的理想。

模仿与改良：韦斯特猎园

韦斯特猎园是亨利·格雷的主要地产，他在1702年成为第一代肯特公爵。从他继承遗产的那一年到他于1740年去世，在将近四十年的时间里，肯特公爵不断翻修和重新设计他的花园，这使韦斯特猎园成为一项持续变化的工程。在18世纪的前三分之一的时间里，一系列异常丰富的平面图和风景画使得我们能够描绘出这个庄园在相当长一段时间内不断变化的面貌。[60]1707年，简·基普和伦纳德·克尼夫在《不列颠图说》中发表了关于韦斯特猎园的两幅鸟瞰图（图88和图89），当然它们很可能是数年之前绘制的，而贝德福德郡档案局的档案中保存的

59　Switzer, *Ichnographia Rustica*, I, 85, 87.

60　参见Linda Cabe Halpern, "The Duke of Kent's Garden at Wrest Park", *Journal of Garden History* V, 15, no. 3 (July—September 1995): 149—178; Joyce Godber, *Wrest Park and the Duke of Kent, Henry Grey (1671—1740)* (Elstow Moot Hall, Lea et 7, 1963); 以及Eileen Harris, *Thomas Wright, Arbours & Grottos* (London, 1979)。关于公爵对建筑的投入，参见Terry Friedman, "Lord Harrold in Italy, 1715—1716: Four frustrated commissions to Leoni, Juvarra, Chiari, and Soldoni", *Burlington Magazine* CXXX (1988): 36—45; 以及Timothy Hudson, "A Ducal Patron of Architects", *Country Life* CLV (1974), 78—81。

210 平面图手稿可以追溯到18世纪20年代（图90）。此外，18世纪30年代，地志学者约翰·罗克绘制了两份平面图：一份绘于1735年（图92），另一份绘于1737年，随后由罗克和托马斯·巴德斯雷德收入《不列颠维特鲁威（第四卷）》（*Vitruvius Britannicus, Volume the Fourth*），并于1739年出版。[61]

基普和克尼夫所创作的韦斯特猎园远景图（见图88）显示，庄园及其花园位于一大片绵延起伏的田野地区中间，其独特之处在于东面有一座小山，西南面有两片树林。一条占支配地位的中轴线从庄园大门入口处向北延伸，经过两侧种有树木的宽阔大道，穿过住宅并沿着一条水渠向地平线方向延伸。一座大型鹿园占用了大部分的土地。近景鸟瞰图（见图89）可以让我们更详细地看到住宅附近的花园。根据庄园记录，紧靠南边的花园建于1687年至1702年间，被分为两个长方形和
212 两个正方形的区域。那个大约在1700年完工的长方形区域又被细分为四块草地，中间是一个有喷泉的水池，周围点缀着盆栽的矮常绿树。正方形区域安置了两座不同设计的树篱迷宫（在庄园记述中都被称为“荒野”），一个是紫杉做的，另一个是黑刺李做的，建于1692年到1698年间。花园四周的围墙支撑着墙式果树，房子东边的果园也是如此；庄园账户记载了在1697年和1698年从亨利·怀斯和布朗普顿公园苗圃那里购买的物品。东面有一个装饰性的花坛、两条斜向的水渠、更多的果园以及看起来像是一座种着蔬菜和香草的菜园。在被围起来的花园之外，那条由两排树木点缀着的长水渠，继续沿着南北走向的主轴线进入鹿园。[62]

亨利·格雷继任公爵后，这座花园几乎被夷为平地。贝德福德

61 Eileen Harris and Nicholas Savage, *British Architectural Books and Writers, 1556—1785*（Cambridge：Cambridge University Press，1990），467.

62 参见Bedfordshire County Record Office CRO 131/288；CRO L31/295—296。

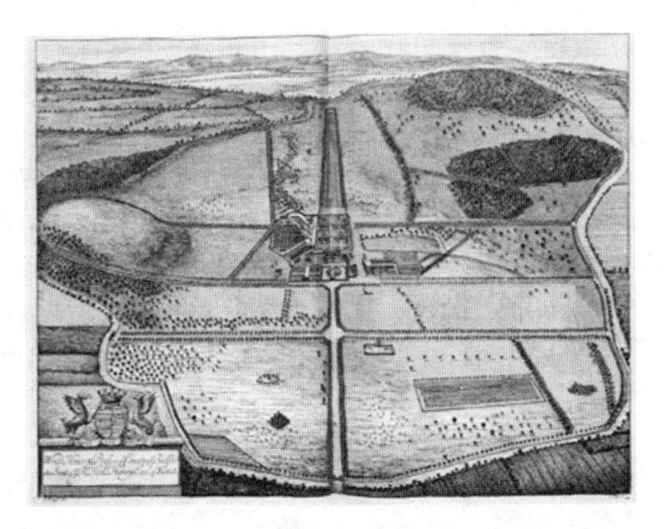

图88.“肯特伯爵亨利阁下位于贝德福德郡的韦斯特宅邸和猎园”，伦纳德·克尼夫和简·基普:《不列颠图说》(伦敦,1707)。

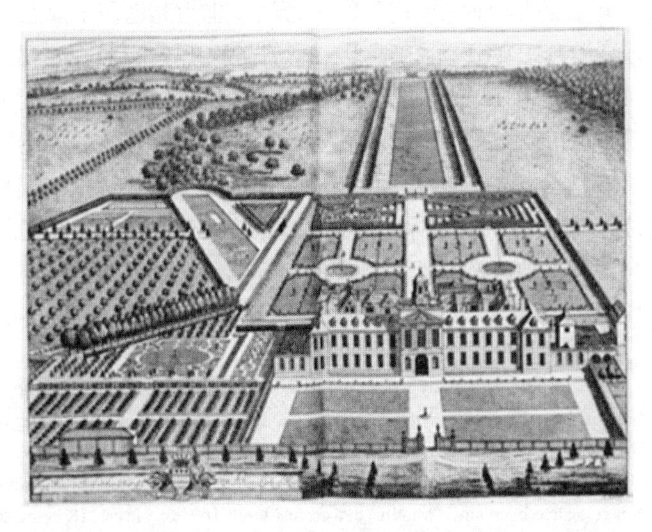

图89.“肯特伯爵亨利阁下位于贝德福德郡的韦斯特宅邸和猎园”，伦纳德·克尼夫和简·基普:《不列颠图说》(伦敦,1707)。

郡档案局保存的一份地产地图，记录了庄园从1702年到大约1720年间的变化（见图90）。虽然庄园的北部似乎没有什么变化，但南部的花园则并非如此。1703年开始进行的一系列新的植树活动，包括在宅邸东侧的该隐山植树；那里的山坡被平整地变成了规则的形状，种植了大量的树木，并使其林荫道呈放射状，顶部是托马斯·艾克尔设计的避暑别墅。1707年，账簿记录紫杉荒野被挖掘开了，黑刺李迷宫很可能也是在这个时候被移除的。然而，最引人注目的是，水渠周围的区域被改造成一片广阔的森林花园。1710年左右开始在水渠两侧植树，由此形成的小树林被笔直的、有棱角的、蜿蜒的小径贯穿，还布满了方形和圆形的小房间。[63]水渠延伸为两条支流，并被设置了一个新的焦点——托马斯·艾克尔于1708年至1711年间建造的凉亭。[64]

213

1721年至1722年间，有两幅匿名的全景水彩画描绘了这座森林花园；1726年后的某个时候，皮尔特·蒂勒曼也为此创作了成系列的九幅水彩画。[65]其中一幅全景画是从凉亭后面的某处绘制的：它描绘了伸向住宅的水渠长轴，以及右边该隐山山顶的避暑别墅。该画展示了被树篱包围、对角线交叉其间的新的小树林，同时记录了艾克尔的凉亭及避暑别墅成为焦点的方式；它们有多个朝向，分别对准了从它们那里辐射出来的多条小径。从树林里切割出的小空地和小房间提供了封闭的空间，与水渠主轴以及其他主要大道的开阔性形成了鲜明对比。皮尔

63 参见Cassandra Willougby's description of 1710："An Account of ye journeys I have taken & where I have been since March 1695/from March 1695 to May 1718 being in all 23 years"，The Shakespeare Birthplace Trust，DR 18/20/21/1，fols. 31r—32r。

64 参见Cassandra Willougby's description of 1710："An Account of ye journeys I have taken & where I have been since March 1695/from March 1695 to May 1718 being in all 23 years"，The Shakespeare Birthplace Trust，DR 18/20/21/1，fols. 31r。

65 Bedfordshire CRO L33/127—128 and L33/129—137.

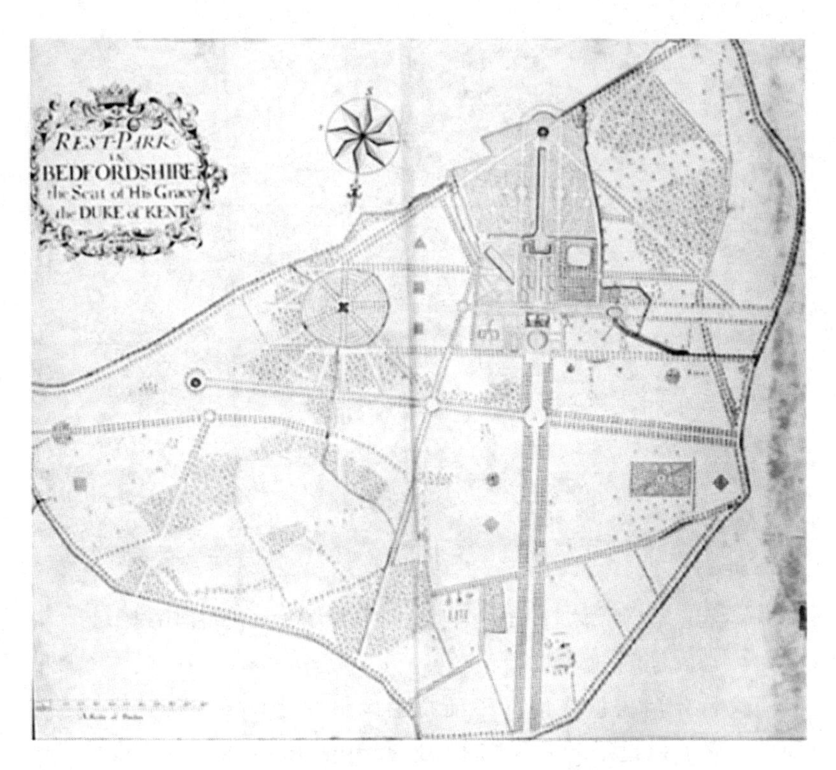

图90. “肯特公爵大人位于贝德福德郡的宅邸”（爱德华·劳伦斯，测量员）。收录于《韦斯特猎园图集》（ca. 1719）。

特·蒂勒曼创作的南部花园风景画从四个轮流交替的角度描绘了韦斯特猎园的一个角落，这代表了一个尚未在任何现存平面图中出现过的建筑阶段，而小树林中的小房间的封闭性则通过他的《公爵夫人广场》风景画形象生动地展现了出来（图91）。在所有这些图像中，树木繁茂的树林提供的美学可能性从多个角度被展现出来。林间小道的不同宽度、不同形状和不同阴暗程度，以及被林间小路分割成各种形状的小树林，都展现出了多样性的乐趣。

图91. 皮尔特 · 蒂勒曼（1684—1734）：《公爵夫人广场》（未注明日期）。

肯特公爵去世之前的韦斯特猎园最后建设阶段的情形，在约翰 · 罗克于18世纪30年代创作的两幅画中得到了说明。1735年的画（见图92）展示了花园的平面图，地图四周是花园内主要建筑元素的小插图，包括宅邸的正面视角，凉亭的正面视角、俯视角以及平面方案规划，山顶别墅的正面视角和平面方案规划，草地滚球区的正面视角、侧面视角以及平面方案规划，"公爵夫人步道"上的凉亭，"戴安娜神庙"以及坐落在花园外部田野里的方尖碑。该图显示，小树林里已经添加了一些狭窄蜿蜒的小径，其中一些取代了早期的轴向路径。罗克的计划是，通过在平面图中加入单个物体（如树木、天鹅和纪念碑）的透视效果图，以及用于说明花园建筑的小插图，鼓励观众从精神上进入图像的空间，想象自己在它的小径上漫步。同时包含正面视角和俯视角的立体图，传达了一种多样性的印象，强调任何单一的视角都不能提供全面

214

的认知。虽然部分是由于构图习惯，但这些图片的效果激发了观众的一种感觉，即漫游韦斯特猎园的体验是一种连续的体验，是一连串的经历和各种各样景色的体验，但这一系列景色的顺序并不重要，因为它们具有一定程度的随机性。[66]

韦斯特猎园是改良后的经验主义景观的巧妙化身。它由一系列元素组成，目的是作为一系列分散且顺序不同的景观被人们体验，是一种列表式的花园。小树林中封闭式的以树篱为界的小房间，反映了乡村新的被圈围空间：它们是改良思想在平行空间的体现。对角线的过道是奥格尔比地图上描绘的新式道路的完美版本，这些直线轮廓提供的视野能给人一种无拘无束的错觉。此外，花园以模仿和审美化的形式呈现出荒原的三种主要类型。沼泽已经变成了矩形的水渠，山脉变成了圆锥形的山，森林变成了分隔的小树林；这是伊夫林在“不列颠极乐世界”中讨论过的花园的基本特征，也是他位于德特福德的私人花园赛耶斯庭院的重要组成部分。按照培根的说法，如果模仿是精通的最可靠的证明，那么韦斯特猎园对新的、改良后的圈地景观的理想化再现，就证实了这个国家已经将荒原成功地转变成了“英国式极乐世界”（British Elysium）。

215

在罗克所作的1735年韦斯特猎园图的底部，有两幅草地滚球区的景观图，这是巴蒂·兰利在18世纪30年代设计的。1728年，兰利出版了两本讨论植树问题的著作，即《园艺或铺设和种植花坛、小树林、荒野、迷宫、大道、公园等的新准则》（下文将简称为《园艺新准则》）以及《种植橡树、榆树、白蜡等改良庄园的可靠方法》（下文将简称为《改良庄园的可靠方法》）。虽然这两部论著很明显都要归功于《林木志》，但值得一提的是，伊夫林在一部论著中综合讨论了植树的收益和乐趣，

66　Vittoria Di Palma, “The School in the Garden: Science, Aesthetics, and Perceptions of Landscape in England, 1640—1740” (PhD diss., Columbia University, 1999).

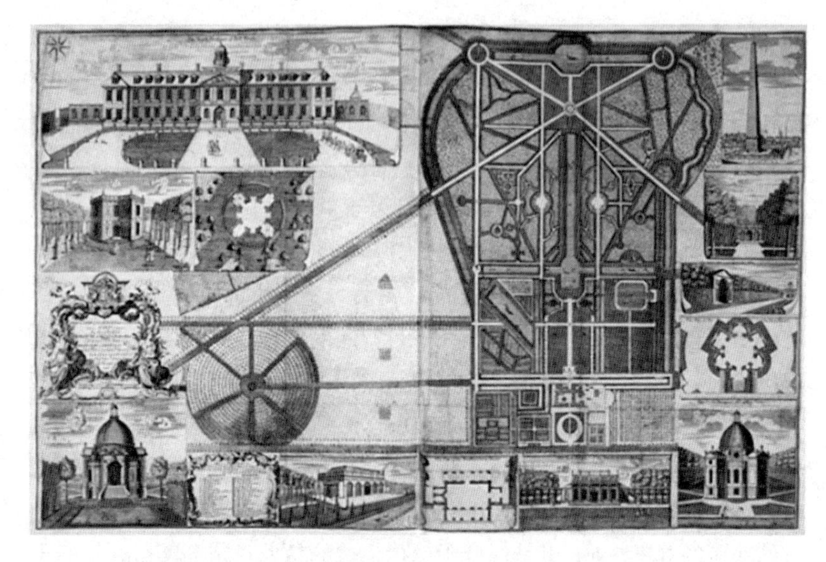

图92. 约翰·罗克:《贝德福德郡韦斯特猎园平面图》(1735)。

兰利却将它们一分为二。和《林木志》一样,《改良庄园的可靠方法》也是根据树种来组织关于树木栽培之讨论的论著。尽管如此,有几种树,如七叶树、酸橙树和枫树,可以既作为木材又作为观赏性树种来考虑;其他的树,如橡树、榆树、白蜡树和山毛榉主要作为木材加以讨论(图93)。[67]兰利的《园艺新准则》同样以植物标本列表的形式呈现,包括果树、林木、常绿植物、花卉、菜园蔬菜和草药的章节,但除了关于植216物的照料和种植的指导,兰利还谈到了设计问题。在名为"园林总体布局"的章节中,他提供了一份规划"宏伟的""乡村的"花园的指南,用一系列特别的插图来阐明他对"艺术自然风格"的构想(图94)。兰利赞同艾迪生的观点,声称"一座好花园的设计宗旨,是既有利可图又赏

67 Batty Langley, *A Sure Method of Improving Estates*(London, 1728).

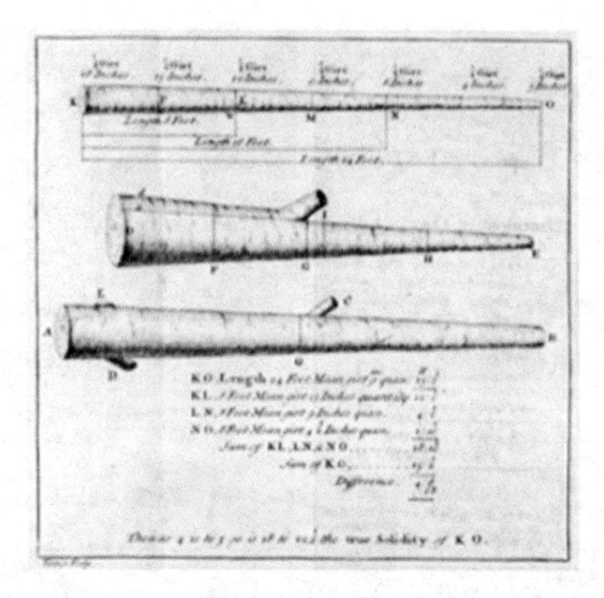

图93. 作为木材的树。巴蒂·兰利:《改良庄园的可靠方法》(伦敦,1728)。

心悦目”;强调“花园各部分应该总是呈现新鲜事物,这是一种持续的视觉享受,并能引起想象的乐趣”。[68]兰利对小树林的设计进一步发展了约翰·詹姆斯和斯维泽的观点(兰利认为,他们的那两本书是园艺方 217 面最好的书籍)。他将轴向布局与同心、不规则甚至看似随机的布局并列,建议“在种植小树林时必须注意到常规的不规则性;不按常见的方法植树(像果园里那样,各个方向的树木都呈直线排列),而是采用一种乡村的方式种植,仿佛它们自然天成,各安其位”。[69]

虽然兰利不是一个伟大的理论家,但他确实喜欢列清单。例如,“荒野”,他的描述是有蜿蜒的小路穿过,里面装饰着“令人愉快的娱乐

68　Batty Langley, *New Principles of Gardening*(London, 1728), 193.

69　Batty Langley, *New Principles of Gardening*, 202.

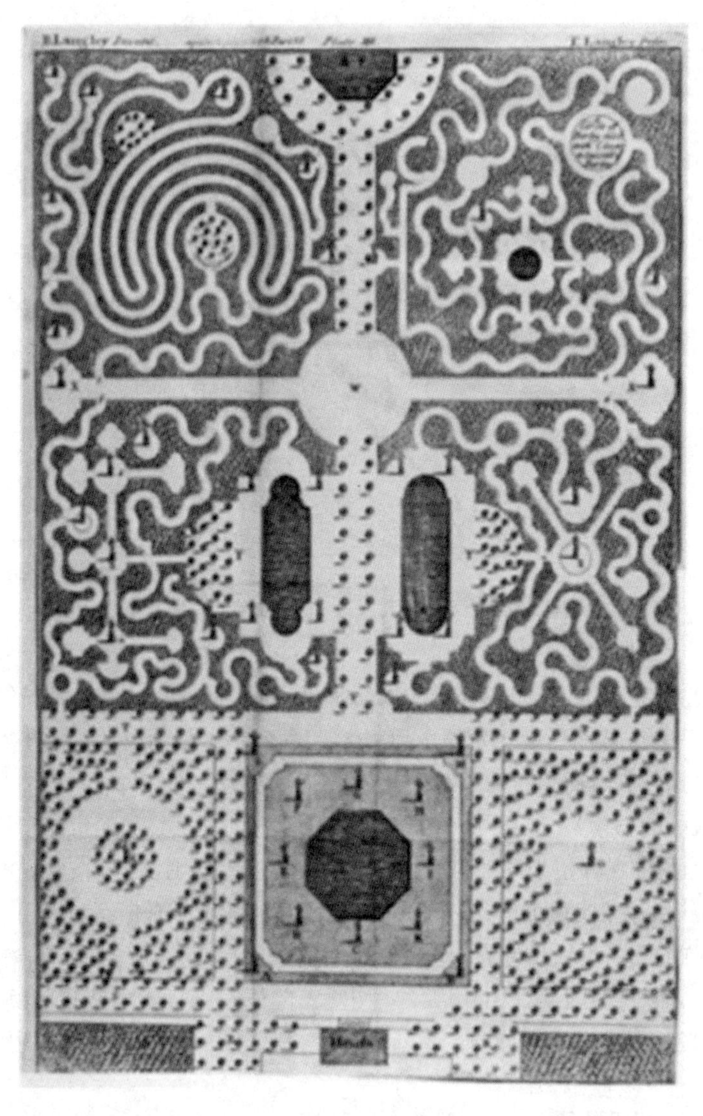

图94. 有荒野和小树林的花园的平面图。巴蒂 · 兰利:《园艺新准则》(伦敦，1728)。

设施，如花园、果园、橘园、种满森林树木和常绿植物的小树林、开阔平原、菜园、药用植物园，以及羊、鹿和奶牛的围场等；葡萄园，种植谷物、草和苜蓿的圈围地等；果树、森林树木、常绿植物、开花灌木、水池、喷泉、水渠、瀑布、洞窟、养兔场、鸟舍、野生动物园、草地滚球区等；还有那些乡下的东西，比如干草垛和木头堆，就像在乡下的农家院子里一样"。乍一看，这份清单有些让人诧异：在"荒野"中，干草垛、谷地、奶牛场或菜园有什么用？此外，这份清单与兰利同样详尽（或冗长）的"美丽乡村花园"所包括的要素清单惊人地相似。[70]就像"中国套盒"一样，该花园由一系列元素组成，每个元素也由另一组元素组成。但更重要的是，现在对荒野和花园的定义重叠程度如此之高，以至于很难将它们区分开来：人工荒野变成了整个国家乡村的理想化版本。将所有这些特征和装饰都囊括到荒野之中，其预期效果是丰富多样的：每个部分都要以"这样的一种方式和距离来处理，当人们看到第一个景观时，并不会看到或者知晓下一个景观的模样；这样，每走一步都会不断地被新的、意想不到的景观所惊艳；因为进入内部景观的入口变得很复杂，人们永远无法得知什么时候能看到整体景观。这才是（如果我没弄错的话）"，兰利总结道，"规划快乐花园的真正目的和设计意图所在。"[71]

兰利对荒野特别感兴趣；其书中的插图包括"凡尔赛迷宫的改良"，以及他自己设计的许多荒野。在巴蒂·兰利、理查德·布拉德利和菲利普·米勒的共同影响下，马克·莱德在《景观园林的繁荣》中追溯了人们所设计的荒野的极富吸引力的发展。米勒的《园丁辞典》于1731年首次出版，并成为18世纪最具影响力的园艺文本之一。其中关于"荒野"主题的长篇条目清晰地表明，森林花园的概念正在发生转变。正如莱德所言，像韦斯特猎园这样的森林花园的高树篱，正在被低 218

70　Batty Langley, *New Principles of Gardening*, 195—196.

71　Batty Langley, *New Principles of Gardening*, x—xi.

得多的围栏和一种分级种植的新形式所取代，即将高大的树木种植在园林的中央，并在它们周围种植逐渐变矮的灌木。因此，这些新荒野的蜿蜒小径与玫瑰、金银花等小型开花植物接壤，创造了与早期森林花园完全不同的视觉体验；现在，视线可以从落叶树和常绿树的树干之间的空隙穿过，而不再局限于高高的围墙之内。[72]

追踪这些变化的荒野观念，让我们注意到一个重要的主题。对于18世纪上半叶的园林设计师而言，荒野不是遥远且危险的景观，也不是野兽出没的地方，而是更接近于人造的伊甸园，里面有大量的水果和鲜花，居住着温顺的动物，堆放着谷物、干草和木材。对荒野这个词的原始含义及其新化身来说，剩下的关联仅在于树木的存在，以及通过蜿蜒曲折的道路所增强的迷宫般的质感（正如米勒和兰利都建议的那样）。人造荒野的目的是提供一些"想象的乐趣"，这些乐趣来自新颖性、多样性以及总是由局部、零碎和不完整的知识所引起的惊奇感。这样，它们代表了最充分展开的经验主义与加法美学的化身。在成功模仿（并因此掌握）这种原始景观类型的过程中，他们将原始的**森林树木**或野生森林重新定义为花园。虽然兰利的设计可以直接追溯到哈特利布及其圈子成员所拥护的观点，但他们也对新兴的不规则景观设计的兴趣充满期待，希望后者能在风景如画的美学中找到最充分的表达。

与韦斯特猎园一样，大多数由约翰·伊夫林和皇家学会发起的植树活动所创造的花园，都汇入了与"能人布朗"这一名字相关的新一波"改良"浪潮中。在18世纪中叶，这位极为成功的景观设计师成功抹去了仅仅在几十年前还被大量种植的观赏性小树林的大部分痕迹。在不断变化的品味潮流的驱使下，土地所有者将林间小径和迷宫换成了宽阔的草坪，草坪四周环绕着细细的树木带，偶尔还会有一小丛树木点缀

72 Laird, *Flowering of the Landscape Garden*, 27—59.

其间。[73]森林花园的时代已经结束，但森林的主题并没有完结。在18世纪下半叶，它经历了一次重大的复兴，一方面是由于绘画的新发展，另一方面是来自风景如画的支持。　219

庚斯博罗的森林

托马斯·庚斯博罗的名作《康纳德森林》或《庚斯博罗的森林》是他早期的一幅作品；据庚斯博罗本人说，他在13岁即1740年离开家乡之前就开始创作这幅画，当然很可能直到1748年才完成（图95）。[74]尽管如此，它包含的主题将贯穿这位艺术家的整个职业生涯。这幅画的主题是树木繁茂的景观，一条小路贯穿其中；道路两侧平缓起伏的地面上覆盖着灌木和低矮的灌木丛，图的右侧是一个池塘，池塘边点缀着牛蒡和长茎草，水面映照出昏暗的天空。这条路将视线引向远景，正好在中心的左侧，以远景中的教堂的尖塔为焦点，这已被确认（尽管没有确切的证据）是大康纳德村的教堂，位于庚斯博罗的出生地萨德伯里附近。　220 在路上我们可以看到两个旅行者：一个人披着斗篷骑在马上，另一个人则有狗陪伴；后者是步行来的，这说明他的地位比较卑微。

73　尽管能人布朗在18世纪50年代受雇于该庄园，但韦斯特森林花园幸存了下来。

74　1788年3月11日写给亨利·贝特的信，参见 *The Letters of Thomas Gainsborough*, ed. Mary Woodall (Greenwich, CT: New York Graphic Society, 1963), 35, cited in Ann Bermingham, *Landscape and Ideology: The English Rustic Tradition, 1740—1860* (Berkeley: University of California Press, 1986), 33, note 54。更多关于庚斯博罗的信息，参见 John Barrell, *The Dark Side of the Landscape: The Rural Poor in English Painting, 1730—1840* (Cambridge: Cambridge University Press, 1980); John T. Hayes, *The Landscape Paintings of Thomas Gainsborough: A Critical Text and Catalogue Raisonné* (Ithaca, NY: Cornell University Press, 1982); Sir Joshua Reynolds, *Discourses on Art*, ed. Robert R. Wark (New Haven: Yale University Press, 1975); Michael Rosenthal, *The Art of Thomas Gainsborough: "A Little Business for the Eye"* (New Haven: Yale University Press, 1999); 以及 Ellis Kirkham Waterhouse, *Gainsborough* (London: E. Hulton, 1958)。

图95. 托马斯 · 庚斯博罗:《萨福克郡萨德伯里附近的康纳德森林》(或《庚斯博罗的森林》,1748)。

在整个森林景观中分散着其他人物,他们承担着各种各样的任务。在前景中,我们看到一个人跪在一堆树枝上,将它们整齐地捆成一捆;他的两边是一堆堆的大树枝,这些树枝已被锯成圆木。他大概是在规整这些木头好把它们带回家,这符合他对木材等必需品的共用权。再往后,一个年轻人站在一堆土上,手里拿着铲子,这表明他正在行使泥炭采掘权或土壤共用权;一个年轻的女子带着狗陪伴在他左右。树林之间,到处都是驴和牛,这显然是其主人正依据牧场共用权而在林中放牧。与庚斯博罗的《有村舍和牧羊人的森林景观》(见图8)一样,这幅画描绘了当地居民在根据古老的权利使用和享受当地的景观,创造了一种森林教区的怀旧景象；在这幅画创作的时代，该教区的生活方式正遭受圈地运动日益严重的威胁。

根据学院建立的等级制度，风景画在所有画派中所处的地位较低。众所周知(甚至部分是因为这种劣势)，这也是庚斯博罗的激情所在。在写给朋友威廉·杰克逊的一封信中，庚斯博罗幽默地为自己对风景画的喜爱进行了辩护，他将完成一幅历史画作所需的工作量与“我画运煤马车和蠢驴以及诸如此类的肮脏的小题材”所需的工作量进行了对比。[75]通过将风景画的元素描述为“肮脏的小题材”，庚斯博罗用“厌恶”的词汇表达了这些“下层生活”所展现的模棱两可的吸引力。

风景画，以及其他等级较低的静物画和“小画派”，或者农民和乡村生活的场景，通常都与荷兰人联系在一起。尽管《庚斯博罗的森林》的主题是地方性的，但在构图和配色方案上仍体现出了它受惠于荷兰绘画，尤其是雅各布·范·雷斯达尔的森林景观。但庚斯博罗在很多重要方面诠释了他自己的绘画惯例。正如安·伯明翰在《景观与意识形态》中提到的那样，在庚斯博罗的这幅画中，树木沿着平行线条排列，模仿了某座森林花园的小径结构。而中央开口，与蜿蜒进入背景的道路对齐，提供了指向教堂尖塔的视野，其他平行分布的一排排树木则完全通向森林深处：它们虽然提供了轴线，但没有相应的视野。正如伯明翰指出的：“这些树木屏障和小径在早期的景观中提供了一致的组织原则。然而，与雷斯达尔风景画中的屏障不同的是，它们使构图失去了焦点。它们并没有引导视线直接穿过景观，而是将其包含在内，从而延迟或实际上阻碍了它到达地平线的旅程。”通过把风景中的元素集中起来，并压缩到前景中，庚斯博罗将景观描述为“事物的集合，而不是空间的扩展；是一个封闭的地方，而不是一片景色”。[76]

221

75 Woodall, *Letters*, 99, cited in Bermingham, *Landscape and Ideology*, 44, note 81.

76 Bermingham, *Landscape and Ideology*, 33—39.

正如我们所看到的，这种碎片化是森林花园的主要特征。如同森林花园在空间划分中呼应了圈地的空间结构一样，在庚斯博罗的森林绘画中也可以发现同样的逻辑在起作用；在这里，就像伯明翰所认为的那样，“这些景观的有限且破碎的空间，加上树木的遮挡，将圈围现象重新置于观众的视觉感知中。当代将公地和荒地分割成一片片私人财产的现象虽然在主题上遭到了否定，但同时又以零碎的乡村感知形式得到了恢复……尽管庚斯博罗的乡村景观实际上并没有描绘18世纪的圈地，但是其画作强化了一种深刻适应这种圈地的感知模式”。[77]因此，庚斯博罗的绘画采用了森林花园中为人工景观精心设计的空间结构，并将它叠加到原始森林上。

但是《庚斯博罗的森林》也展现出一幅正在迅速消失的社会图景。它描绘的是一片开放的可自由行使公共权利和特权的森林，提供了一种树木繁茂的景观结构，与那些被创造出来作为森林替代品的私人人工种植园相去甚远。这部作品以及庚斯博罗的许多其他作品表现的怀旧情结，是对一种正在消失的生活方式的怀念。然而，这种怀旧情结是通过压制一切有争议的历史而实现的；这些争议从一开始就是森林历史的特征。而庚斯博罗的观点，即在怀旧中将森林交付给历史，将成为新兴的风景如画的景观美学的关键。

回归森林

1791年，当威廉·吉尔平发表《论森林景观和其他林地景观》（下文将简称为《论森林景观》）时，他已是如画美学的著名提倡者，因关于怀伊河、湖区和苏格兰高地等如画风景的著作而闻名（图96）。他还有其他一些作品，是基于他在1768年至1776年间几乎每个暑期都要进行

---

77 Bermingham, *Landscape and Ideology*, 40.

图96.“手稿页”，出自威廉·吉尔平:《论森林景观》(伦敦，1791)。

的旅行完成的；当时他正担任奇姆男校的校长。然而，与那些作品不同，《论森林景观》是他从奇姆搬到新森林的博尔德尔后创作的一部作品，彼时他正担任牧师职务。[78] 222

78　这本书出版于1791年，但吉尔平指出，其手稿在十多年前就完成了。William Gilpin, *Remarks on Forest Scenery and other Woodland Views (Relative chiefly to Picturesque Beauty) Illustrated by the Scenes of the New-Forest in Hampshire* (London, 1791), I, v.

像18世纪英格兰出版的其他每一部关于树木主题的书籍一样，223《论森林景观》也以《林木志》为试金石。然而，尽管它常常提到伊夫林的奠基工作，但吉尔平的这部著作却采取了完全不同的观点。《论森林景观》由三部分组成：第一册以树木为单一对象，考察了它们一般的如画品质以及特定物种的具体特征，叙述了个别远近驰名的名树的历史。第二册对树木从丛林发展成森林（图97）进行了综合性描述，简要概述了森林的历史，以及大不列颠岛的森林状况，其内容主要引自约翰·圣·约翰于1787年出版的《论王室土地收入》。[79]第三册完全致力于介绍新森林，并从三个角度展开描写：通过对特定场景的描写，以及对其特色动物的讨论，探究其总体地形和情况。因此，主要是第一册，对树木种类的讨论以及对名树的独特历史的叙述，大大受惠于《林木志》。但伊夫林关注的重点是人工林，而吉尔平因其对如画风景的偏好，则将现存的森林作为他的主题。

吉尔平对灌木丛和公园景观不屑一顾，告诫读者不要去关注“艺术场景”，“快去寻找我们追求的主要目标，大自然的野生场景——树林——矮林——峡谷——和开阔的小树林”。吉尔平对“森林”一词的使用并不局限于从森林法继承而来的法律定义；相反，他把“自然状态下的森林-树木的每一种广泛组合”都纳入他的森林景观范畴。对吉尔平而言，森林在各方面都与人工林相反；森林“不是新种植的，而是天然形成的，专门用来遮蔽和保护猎物”。它们不是由相同树龄和同时种植的树木组成的，而是包括“所有年龄和大小的树木，从森林的祖先到幼小的树苗，应有尽有；它们均按照自然所规定的狂野无序的方式生长”。就人为设计的森林花园或公园来说，其景观“都在艺术的范围之内”，全都是改良的对象；与之相比，森林“蔑

79 St. John, *Observations*, in *Report of the Commissioners appointed to enquire into the State and Condition of the Woods, Forests, and Land Revenues of the Crown*（London, 1787）.

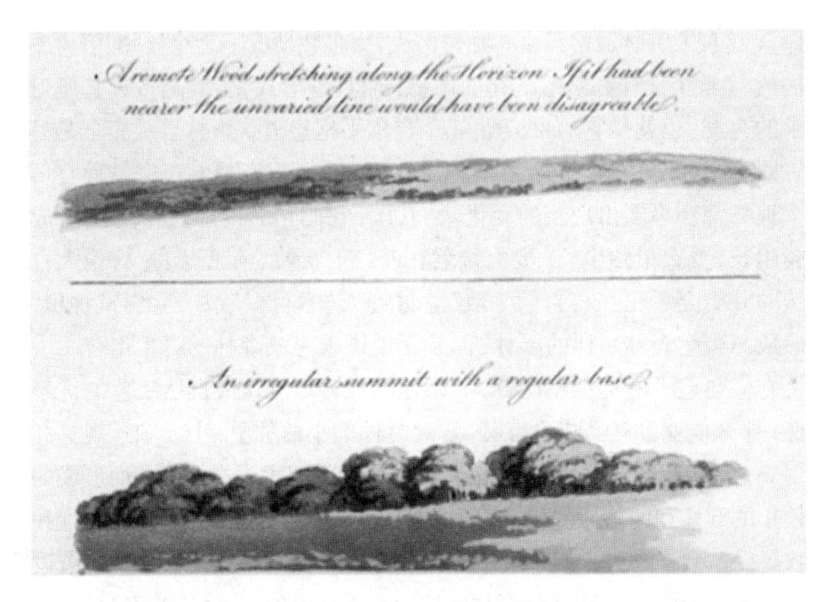

图97.“远处树林的轮廓”。威廉·吉尔平:《论森林景观》(伦敦,1791)。

视一切人类文化。在这里,只有自然之手给人留下了深刻的印象。森林就像美丽的风景,令人赏心悦目;但它的巨大作用在于**激发想象力**”。[80]

吉尔平从两个角度来看待森林:从近处看,如**前景中的景色**;从远处看,是一个物体。他写道:“当我们说到作为一个前景的森林时,我们指的是当我们接近它们的边缘或进入它们的深处时,森林所呈现的外观。”一旦进入森林,最能产生如画效果的场景之一就是森林的狭长美景,它比那些“由艺术之手塑造的平淡景观”要好得多。在人工景观,也即人工林的产物中,“所有的树都是同一树龄的,而且生长得很有规

80 William Gilpin, *Remarks on Forest Scenery*, I, 191; 209—212.

律”；这种人工林通常只由一种树构成，大多数情况下是冷杉、酸橙树或224榆树。“整个设计都是形式化的产物；而且越形式化，就越接近它所追求的完美，也就是它的目标所在。”吉尔平抱怨道。森林景观完全是另一回事。首先，树木大小不一，种类各异，灌木丛生，矮林茂密，“而且每个地方都在不断出现新的变化”。其次，它们是随机排列的，要么“成簇生长，要么单独生长；要么蜷缩在前景上，或从前景退去；好像大自然的狂野之手正在将它们驱散”。尽管“艺术可以欣赏，并尝试种植，形成与野生森林一样的园林，但是无论谁来考察森林的野生组合……将它们与艺术的尝试相比较，如果他不惊讶地承认大自然工艺的优越性，那么他就没有品味可言”。在观赏性的小树林里，小径和景观整齐划一；在森林里则不是这样，较大的景色会因树木不规则生长而形成的较小的开口和凹陷而变化，它们也被草坪和牧场破坏，因为这些草坪和牧场经常会横穿过它们。最后，与平坦的人工园林（这是它在纸上被设计成平面图的结果）不同，森林的地面是不平整的，虽然这并不明显，但225也足以扰乱人们的视野。所有这些特征都有助于赋予“森林景观一种与人工园林截然不同的气氛，使其组成部分尽可能多样化，用眼睛观察它们不会出现审美疲劳；而整个景观又呈现出一种宏伟、崇高的感觉。就像陈列着精美画作的大画廊，人们可以充分感受到它的伟大；而且每一幅画作都在不断地变化，每走一步都能感受到一种新的愉悦”。[81]

吉尔平对野生森林的偏爱超过了人工的小树林，他对树木美学的强调，也意味着他不喜欢在森林场景中出现任何实用性的迹象。伊夫林、斯维泽和兰利试图将享乐和收益统一起来，将树木既当作有利可图的木材，又当作视觉上的赏心悦目之物，而吉尔平却煞费苦心地将两者加以区分。他写道：“在我们英格兰的森林里，橡树、白蜡树和榆树通常226因为可以用作木材而作为一个独特的类别显得尤其高贵。但是，如画

81 William Gilpin, *Remarks on Forest Scenery*, I, 211; II, 65—68.

美学之眼蔑视木材商人的狭隘观念。”[82]一棵倒下的树也可以是一个美丽的物体，“当我们看到树木被砍掉美丽的枝丫，被平整地锯成长条，即便它有时候仍会和以前一样继续躺在森林里，但它已经变成一个畸形的物体，我们会哀叹它曾经的样子，不会从它目前的状况中获取任何等价的东西”。[83]其实，树木的实用性与大多数风景如画的观念是对立的，因为它与如画美学之眼无关，后者从不“考虑效用问题，也与犁和铁锹之事无关，只是将自然的面貌当作美丽的物体来审视”。[84]而且，正是将树木视为木材的做法导致了森林的退化。“木材的价值是树木不幸之所在，”吉尔平悲叹道，“当它适于使用时，树木很少能存活下来；在一个文明开化的国度，树林就如同大片的庄稼地，一成熟就收割。”（图98）[85]

吉尔平对成熟树木的经济用途漠不关心甚至持敌视态度，他坚信，即使是一棵枯萎的树也能在景观中产生“良好的效果”（图99）。吉尔平问道：“当单调的灌木丛生的荒野展现在眼前，人们需要一种野性和荒凉的感觉时，还能想到什么比一棵枯萎的橡树更合适的呢？这棵树的表面凹凸不平，浑身伤痕累累，叶子全部脱落；而脱了皮的白色树枝从渐渐上升的黑影中伸了出来。”这种对荒凉美学的敏感，就像一股潜流，贯穿于吉尔平的文本之中。当他调查这个王国的森林状况时，他看到的不是有利可图的木材商店，而是一幅令人沮丧的衰败景象。吉尔平写道：“目前，甚至我们英格兰的大部分森林遗迹也都消失了。我们在其中几处发现了旧地图上标出的地点；至于它们的森林的荣誉，几乎没有一个留下了什么值得夸耀的东西。有些树林在肆虐的年代遭到破坏，还有一些树林仅仅因为疏忽而荒废——被不诚实的邻居掠夺。”虽然森林曾一度覆盖了英国的大部分地区，“但是在今天，没有一处拥有

82 William Gilpin, *Remarks on Forest Scenery*, I, 42.

83 William Gilpin, *Remarks on Forest Scenery*, II, 154.

84 William Gilpin, *Remarks on Forest Scenery*, I, 298.

85 William Gilpin, *Remarks on Forest Scenery*, I, 42; II, 154, 298, 305.

图98. “18世纪的英国学校”,《公园景观与男孩》(1780)。

图99. “灌木丛生的荒野上的一棵枯萎的树”,威廉·吉尔平:《论森林景观》(伦敦,1791)。

原始森林的宏伟气势。少数地区保留了一点小景观，但大部分地区都是荒芜之地”。毁坏森林的元凶，首先是“北方蛮族”，而后是诺曼人，然后是每一个砍伐树木的人及其后代，这就是林地的命运。

虽然吉尔平并不支持森林法传统，并将其描述为“以最专制的精神构思并以最严厉的报复性暴政执行”的法理学的一部分，但他对随之而来的功利精神，以及由此导致的对林地动植物保护的缺失更加感到惋惜。因此，吉尔平表达的情感基调是保护主义，其根源可追溯到曼伍德对“绿意盎然、赏心悦目的森林”的“美丽优雅”的赞美。但是，吉尔 227 平从这种衰落景象中只产生了一种忧郁的情感，他试图带着一种绝望的感觉“去记录那些曾经存在，现在却已消失的景致”。[86]

从很早开始，森林就被认为是一种需要保护其野生品质的景观。来自人类工业的破坏，无论是与建筑、燃料、采矿、战争还是与金融投机有关，都导致曾经是森林的地方变成了荒原。在森林环境中，驯化、建筑和农业活动被视为是对景观现状的妥协，而不是改良。但就森林而言，如果将荒原视为人类创造而非自然或上帝赐予的某种东西，那么，在17世纪晚期到18世纪早期，人类也曾一度认为，人类可以拯救这些荒废的景观。改良的意识形态不仅适用于在原始状态下被视为荒地的土地，也适用于因人类活动而被荒废的土地，科学方法则被视为一种可以弥补不法行为的工具。在这种背景下，园艺被定位为一种补偿性活动。伊夫林和他的追随者通过推广人工园林，将森林类型转变成了由 228 与经验主义方法论相联系的实践衍生出来的花园模式。在这一过程中，他们以科学和私有财产原则为基础，将国家景观塑造成了伊甸园一般的理想化愿景。

然而，到18世纪末，人们对改良力量的信念已经减弱，“荒野”一词的含义已经从威胁转变为受到威胁。对吉尔平来说，改良不再与进步

86　William Gilpin, *Remarks on Forest Scenery*, I, 14, 297; II, 1, 10—11, 306.

联系在一起，也不再与从无用到有用的有益转变联系在一起，改良即是破坏；它破坏了风景如画的效果，更严重的是破坏了森林的原始野性。因此，就森林而言，厌恶在其道德层面上表现为对人类文化的谴责。但是，这种厌恶也导致人们意识到自然环境的脆弱性，并意识到自然环境需要加以保护；而自相矛盾的是，正是这些文化的活动对自然环境的存在构成了最严重的威胁。因此，正是在森林类型学的历史中，我们看到了道德层面上的厌恶如何导致了荒野和荒原这两个术语之间的差异：荒野被理解为脆弱的、未受影响的、荒无人迹的景观，荒原则被理解为229 因肆无忌惮的文化的有害活动而遭蹂躏和破坏的景观。

第六章

荒野、荒原和花园

1772年，建筑师威廉·钱伯斯出版了名为《东方造园论》的专著，并将其献给赞助人乔治三世。钱伯斯对中国园林的描述充满了浪漫想象，并旨在批评能人布朗及其追随者的作品，认为他们是“虚假品味”的倡导者。这些人在“改良”的战斗口号的号召下摧毁了这片国度的林地花园：“斧头常常在一天之内摧毁了几个时代的努力；成千上万棵珍贵的植物，有时甚至是整片树林都被摧毁，只是为了给小片草地和一些美洲杂草腾出空间。”根据钱伯斯的说法，这些所谓艺术家“从这片国土的尽头到特威德河几乎没有留下一英亩的树荫，也没有留下长成一排的三棵树；如果他们对破坏的迎合继续持续下去，那么整个王国连一棵树木都将不复存在”。[1]

钱伯斯的批评及其整部专著的目的，是展示如何设计花园才能激发艾迪生式“想象的乐趣”。与布朗式景观的平淡统一形成鲜明对比，钱伯斯描绘的是由不同类型诗歌激发想象的花园景观，他将其分为三大类：愉悦、骇人和惊奇。尽管仍以艾迪生的优美、崇高和非凡三大类为蓝本，但钱伯斯巧妙地修改了用词，他笔下的三个词不再指物体的性

1 William Chambers, *A Dissertation on Oriental Gardening*(London, 1772), x.

质，而是指它们对观众的影响。

森林花园式荒野是钱伯斯“甜蜜荒野”的典型模板，也是其快乐花园的核心特征。他对弥尔顿的这个短语的全新解读，将荒野重新想象成充满异国情调的欢乐花园；在那里，野生动物变成了美丽的风尘女子，她们住在亭子里，亭子内部摆着“床、沙发和椅子，有各种各样的结构，可以以不同的姿势坐着和躺着”。出人意料或超自然的场景，“充满了奇妙的魔法；用它们来刺激观众的思想，快速产生一连串相反的强烈感觉”。这些景观几乎就是培根的本萨利姆岛的迷幻版本，里面有岩石裂缝，旅行者可能会受到雷电的伏击、人工降雨的洗礼、狂风和爆炸的考验；高大的树林里满是五颜六色的蛇、蜥蜴、鹦鹉和美丽的“地狱少女”，她们穿着“宽松透明的长袍，在空中飘动”，为来访者提供“丰盛的葡萄酒、芒果、菠萝和广西水果”。空气被用来制造回声，模拟脚步声、衣服沙沙作响的声音以及人的声音，绘画和马赛克被用来呈现视觉上的变化，即它们的形状随着观众的位置而变化。这里有敏感植物定植的种植园，有怪异鸟类、爬行动物以及其他动物栖息的动物园，而在其他地区，奇珍异宝柜里陈列着“动物、植物和矿物王国的所有非凡作品”，以及制作精巧的高雅机械艺术品。

230

那有着可怕特征的花园，“由阴郁的树林、阳光无法照射的深谷、悬空的贫瘠岩石、黑暗的洞穴以及从四面八方奔泻而下的急促的瀑布组成”。在这些荒凉的场景中，“树木背离其自然生长方向，变得畸形，仿佛被狂烈的暴风雨撕成碎片：有些被冲倒，拦截了激流；其他的看起来像是被闪电击中而炸得粉碎：建筑物成了废墟；或被火烧毁，或被汹涌的洪水冲走：除了散布在山中的几间可怜的小屋，什么也没有留下，这些场景表明了山中居民的存在及其惨状”。栖息在树林里的动物有猫头鹰、秃鹫、狼、老虎和豺；这些半饥半饱的野兽在平原上游荡。道路两旁都是酷刑刑具，包括绞刑架、十字架和车轮，而“在森林最阴暗的深处，道路崎岖不平，杂草丛生，所有的东西都透露出人烟稀少的痕迹，那里有供奉复仇之王的神殿”。在其他地方，靠近岩石深处的洞穴有一些石柱，上面刻着不法分子和强盗犯下的恶劣罪行。最后，“为了增加这些场景的恐怖性和崇高性”，铸造厂、石灰窑和玻璃厂之类的工业物体被囊括进来，它们“喷出大量的火焰和持续不断的浓烟，使这些山看起来像火山”。[2]

公众误解了这些描述的夸张特质，为了尽量减少对其声誉的损害，钱伯斯在1773年出版了更新后的第二版，其中添加了据说作者是广东雕刻家陈哲卦（Tan Chet-qua）的解释性论述；艾琳·哈里斯曾指出，此人“在英格兰呆了四年后，于1772年适时地离开了那里”。[3]

231

崇高美学的发展，使得钱伯斯在工业厂房和火山喷发之间建立联系成为可能。我们可以在德比郡的约瑟夫·赖特当时的作品——维苏威火山的喷发和圣安杰洛城堡每年一度的烟火——中看到同样的对应关系，“一个（展示的）是自然的最大效果，另一个我认为可能是艺术的效果”。（图100和图101）。[4]以力量为中心的崇高可以将自然和技术统一在同一个主题下，像德比郡的赖特和菲利普·詹姆斯·德·卢戴尔布格这样的画家，就认为对烟花和工厂的描绘具有同样崇高的审美效果。但是，如果技术——尤其是技术的力量——能够成为崇高的源泉，

2　Chambers, *Dissertation*（1772），27，38—43，36—37.

3　Eileen Harris and Nicholas Savage, “Chambers, Sir William（1723—1796）”, in *British Architectural Books and Writers, 1556—1785*（Cambridge: Cambridge University Press, 1990），155—164.［“陈哲卦”这一中译名参照了邱博舜译注的《东方造园论》（联经出版事业股份有限公司2012年版）中的译法；也有人将其译为“谭谦嘉”，参见龚蓉：《自然与自由：北美森林林木热与十八世纪中期不列颠帝国政治》（《外国文学评论》2020年第2期，第39页）。——译注］

4　Wright to his sister, Derby, January 15, 1776, cited in Benedict Nicolson, *Joseph Wright of Derby: Painter of Light*, vol. 1（London: Routledge, 1968），279, note 2. 德比郡的赖特画过这两种题材的无数个版本，普希金博物馆中收藏着关于维苏威火山的画作原件。

图100. 德比郡的约瑟夫·赖特:《波蒂奇的维苏威火山》(ca. 1774—1776)。

那么我们也就可以想象，技术不仅仅是进步的工具，还可能成为一种威胁。将工厂变成崇高的物体意味着，那些原本被视为人类聪明才智的佐证，也可能成为我们无法控制的东西。掌握自然的幻想可能变成梦魇般的景象：人类的创造物疯狂运转，释放出混乱和毁灭的启示。技术不再只是预示进步的工具，它现在也可以被看作能产生它原本想要救赎的东西：它不仅可以将荒原变成花园，而且可以将花园变成荒原。[5]

5 参见 Stephen Daniels, *Fields of Vision: Landscape Imagery and National Identity in England and the United States* (Princeton: Princeton University Press, 1993), 43—79.

图101. 德比郡的约瑟夫·赖特:《罗马圣安杰洛城堡的烟花表演》(1779)。

然而，正如我们所见，后世界末日的景观也有其自身的美学情趣。钱伯斯在《东方造园论》第二版中将讨论扩展到了荒原主题上，钱伯斯写道:“英格兰到处都是公地和荒野，单调和贫瘠只会给乡村带来一种未开垦的景象，特别是在大都市附近，要想将这片辽阔的土地变得优美几乎是不可能的。”相反，他建议将这些无定形的景观转换成“骇人的场景”，或者“最崇高的画面，通过巧妙的对比，加强欢乐、华丽的前景效果”。他设想，在其中一些场景中，“可以看到绞刑架，上面挂着恐怖的可怜人；在其他地方，散布着锻造厂、煤矿场、矿井、煤田、砖窑、石灰窑、玻璃厂和各种令人厌恶的东西”。关于植物群和动物群，“令人失望的是那里只有一点点植被；以这些植物为食的动物，在艺术家的手上已处于半饥饿状态；而那些住在茅草屋里的村民，也不需要额外的装饰来表现他们的痛苦”。最后，他建议：“将一些粗陋的树木，一些废墟、洞穴、岩石、激流，部分被火吞噬的废弃村庄，孤独的修道院以及其他类似232的东西巧妙引入并与阴暗的人工园林混合在一起，不仅可以使荒芜的一面更加完整，而且可以填补感官无法满足的内心空白。”钱伯斯认为，采石场、白垩矿坑和矿井可以“很容易地形成巨大的露天剧场、乡村拱廊、围墙、广阔的地下室、石窟、拱形道路和通道”，而“通过用部分结垢的石头，巧妙地与草皮、蕨类植物、野生灌木和森林树木混合，可以把小山改造成巨大的岩石”。砾石坑和其他类似的发掘物“可以被改造成最浪漫的风景，通过添加一些人工植被，与废墟、碎片雕塑、铭文或任何其他小装饰品混杂在一起，如此，这里将不再只是单调的庄园；相反，整个王国都会成为“一个仅以海洋为界的华丽宏伟的花园”。[6]

在这一精彩的段落中，我们发现，钱伯斯梦想的花园可以积极地利用荒原的边缘、可怕、令人厌恶的特性，作为其各种景观的原材料。钱伯斯认为，虽然感官通常会被森林、群山、洞穴、急流、废墟和工厂、隐士和平民、废弃的村庄和杂草等物体所排斥，但当这些物体成为景观的特征时，它们就能引发愉悦。美学有能力改变物体的令人厌恶的特质，在荒凉和痛苦中创造出一种视觉奇观（并为拉斯金后来谴责“风景如画的无情”提供了一个教科书般的案例）。[7]

---

6 William Chambers, *A Dissertation on Oriental Gardening*, 2nd ed.（London, 1773），130—132.

7 John Ruskin, “Of the Turnerian Picturesque”, in *Modern Painters*, *The Works of John Ruskin*, ed. E. T. Cook and Alexander Wedderburn, 39 vols.（London：George Allen, 1903—1912），vol. 4（6：19—20）. 也参见 John Macarthur, “The Heartlessness of the Picturesque：Sympathy and Disgust in Ruskin’s Aesthetics”, *Assemblage* 32（April 1997）：126—141；John Macarthur, *The Picturesque: Architecture, Disgust, and Other Irregularities*（London：Routledge, 2007），96—103；以及 Alessandra Ponte, *Desert Testing*（Hamburg：Hochschule für bildende Künste/material-verlag, 2003），14—15。

钱伯斯是第一位以花园为主题阐述一种工业荒原美学的理论家。在他的笔下，采石场、白垩矿坑、砾石坑、矿山、锻造厂、煤矿、煤田、玻璃厂或砖窑和石灰窑不再是进步和改良的标志；相反，它们成为"可怕的东西"，产生了排斥和诱惑的综合反应，这是崇高的特征。当1757年钱伯斯在《中国建筑设计》中加入对中式园林的讨论时，他首次撰写了关于景观的文章。[8]埃德蒙·伯克认为这篇文章是"关于这一主题的最佳作品"，并将其收录在他创办的政治期刊《年鉴》的第一卷中。同年也是伯克的《论崇高与优美概念起源的哲学探究》问世的年份，两位作家观点的一致性是一个明显的迹象，这表明实用主义作为审美美德的中心地位正在衰落，取而代之的是效果。

在《论崇高与优美概念起源的哲学探究》中，伯克挑战了一个既有的概念，即"效用的观念，或者说某个部分很好地满足了它的目的，是产生美的原因，抑或是美本身"。伯克认为，如果实用是美的原因，那么"猪的楔形鼻子末端有坚硬的软骨，其目的是为了更好地拱地和觅食， 234 因其实用性，猪鼻子将是非常优美的。挂在鹈鹕喙上的大袋子，对鹈鹕非常有用，在我们眼中也同样优美"。至于人体，尽管内部器官，如胃、肺和肝，都具有"不可取代的功能"，但它们"没有任何优美可言"。伯克将解剖学家"发现肌肉和皮肤的用途"与普通人"将目光停留在身体'细腻光滑的皮肤'上"的满足感做了对比。尽管对光滑皮肤的审美鉴赏力使"普通人"对其"巧妙设计"视而不见，但在解剖学家眼中，必须抑制解剖身体的"厌恶感"，他才能欣赏身体的内部运作。伯克不是解剖学家，对他来说，"细腻光滑的皮肤"，对隐藏"令人反感的"肌肉和器官具有关键作用。[9]通过隐藏令人作呕的内脏，皮肤让人误以为身体

---

8 William Chambers, *Designs of Chinese Buildings* (London, 1757).

9 Edmund Burke, *A Philosophical Enquiry into the Origin of Our Ideas of the Sublime and Beautiful*, ed. James T. Boulton (Notre Dame: University of Notre Dame Press, 1968), 104—108.

好像没有内部结构，这就是赫尔德理想中“轻轻鼓起的肉体”的典范。[10] 因此，伯克对效用概念的定位在于，突然危险地转向了接近厌恶的领域：要让人觉得一个物体是优美的，就必须抑制对其功能的认识。

钱伯斯和伯克关于效用的新的态度，对景观评价和感知的转变，尤其是对“风景如画美学”的发展至关重要。依据“风景如画美学”，景观的价值不在于每英亩的产量，而在于它能够产生刺激性的感觉，这引起了一些人广泛而持续的批评，那些人认为这种美学准则是不道德的（就像拉斯金一样，但他只是众多批评家中最能言善辩的一个）。[11] 威廉·吉尔平习惯性地对改良的迹象持厌恶态度：他不喜欢乡村里一排排的耕地，也不喜欢城市里的工业家具。他蔑视那些失去“乡村理念”的村庄，它们没有“绿色的树木和篱笆，田野和草地也没有用来畜牧；

---

10 Winfried Menninghaus, *Disgust: Theory and History of a Strong Sensation*, trans. Howard Eiland and Joel Golb（Albany: State University of New York Press, 2003）, 52.

11 关于风景如画，参见 William Gilpin, *Three essays: on picturesque beauty; on picturesque travel; and on sketching landscape: to which is added a poem, on landscape painting*（London, 1792）; Richard Payne Knight, *An Analytical Inquiry into the Principles of Taste*（London, 1805）; Richard Payne Knight, *The Landscape, a didactic poem, in three books. Addressed to Uvedale Price, Esq.*, 2nd ed.（London, 1795）; Uvedale Price, *Essays on the Picturesque, as compared with the sublime and the beautiful; and on the use of studying pictures, for the purpose of improving real landscape*, 3 vols.（London, 1810）; Humphry Repton, *Sketches and Hints on Landscape Gardening*（London, 1795）。其他二手资料参见 Malcolm Andrews, *The Search for the Picturesque: Landscape Aesthetics and Tourism in Britain, 1760—1800*（Stanford: Stanford University Press, 1989）; Walter J. Hipple, *The Beautiful, the Sublime, and the Picturesque in Eighteenth-Century British Aesthetic Theory*（Carbondale: Southern Illinois University Press, 1957）; John Dixon Hunt, *Gardens and the Picturesque: Studies in the History of Landscape Architecture*（Cambridge, MA: MIT Press, 1992）; Christopher Hussey, *The Picturesque: Studies in a Point of View*（London: E. T. Putnam's, 1927）; John Macarthur, *The Picturesque: Architecture, Disgust, and Other Irregularities*（London: Routledge, 2007）; Sidney K. Robinson, *Inquiry into the Picturesque*（Chicago: University of Chicago Press, 1991）。

在那里，哞哞叫的公牛挤成一团，等着被屠宰；奶牛像猪一样被圈养起来，以谷物为食”。即便是这些令人厌恶的景象，但与大都市的景象相比也相形见绌。伦敦被“这些令人厌恶的想法弄得颜面扫地，宽阔的街道上到处是——浓烟呛人的砖窑——臭气熏天的下水道和沟渠——成堆的泥土和各种各样的臭气——尘土的云团从颠簸的车轮中升起又消失，它们急速地追逐着彼此——或是悬浮在道路上，环绕在一些笨重的、缓慢移动的马车周围”。因遭到“一连串有害物质的袭击，它们轮番对感官造成伤害”，吉尔平再现了人类对令人厌恶的事物的经典反应：他逃离了都市，回到了他在奇姆的家，回到了“萨里郡的宁静小巷”。[12] 235

将约翰·沃里奇1669年出版的《农业系统》中关于圈地和改良农村设想的卷首插图（图20），与汉弗莱·雷普顿1816年的《风景园林理论与实践片段》中讽刺性的题为《改良》的画作（图102）予以比较，能够进一步说明这些不断变化的改良之间的相互联系。尽管雷普顿非常乐意利用议会的圈地法案来获得好处，但他仍旧对圈地给英国景观带来的影响痛心疾首。[13]在《改良》这幅画中，雷普顿讽刺性地使用了其标志性的设计，即“之前”与“之后”的对比，描绘了一幅他曾横跨十年时间探访过两次的乡村的场景，其中第二次去的时候该地已被人买下。

在明显位于下方（这与他通常会将改良后的画面放在下方的做法相矛盾）的关于过去的风景画中，我们可以看到一条小路平缓蜿蜒地通过了一座猎园；在那里，鹿在古老的橡树树荫下嬉戏跳跃，而雷普顿也将其界定为“森林、荒地或公地”。猎园围栏的腐烂状态和倾斜的梯子表明，土地所有者容忍了大众对公共权利的行使，而位于公地或荒地边缘的优质长椅则为疲惫的旅行者提供了休息场所。在被雷普顿置于

12　Gilpin, *Observations on Several Parts of England, particularly the Mountains and Lakes of Cumberland and Westmoreland*（London, 1786）, II: 267—268.

13　Humphry Repton, *Fragments on the Theory and Practice of Landscape Gardening*（London, 1816）, 74—77, 232—238.

上方的名为“改良”的场景中，摇摇欲坠的猎园围栏已经被高高的栅栏所取代，高高的栅栏和密集的木板拒绝了“凝视的权利”，顶部还有一个通过陷阱和弹簧枪警告潜在非法闯入者的标识。古老的橡树被砍倒了，取而代之的是快速生长的针叶树——正如斯蒂芬·丹尼尔斯令人信服地指出的那样，这是暴发户的象征——而左侧的公共区域则被圈围起来，变成了耕地。闲暇已被劳动所取代：我们看到一个农业工人与他的队伍在耕地；他不是在自己的土地上劳作，而是在另一个人的土地上劳作，这一点可以从远景中站在路边的那个人伸出的命令式手臂动作上看出来。[14]正如雷普顿尖刻地评论的那样，这位新主人肯定“改良了[他的庄园]；因为他砍倒了树木，在获得一项圈地法案的支持后，还把所有的租金翻了一番”，与此同时他放弃了“优美的景色，希望借助田产发家致富。这是对财富的渴望所追求的唯一改良”。[15]虽然对雷普顿来说，“改良”在这种情况下已破坏了风景，但他将最初的风景置于新风景之下的做法表明，他希望存在另一种版本的改良，亦即将审美感受力置于粗鄙的经济利益动机之上的改良，也许有一天这种改良会被用

14 Repton, *Fragments*, 191—194. 参见 Stephen Daniels, “The Political Iconography of Woodland in Later Georgian England”, *The Iconography of Landscape*, ed. Denis Cosgrove and Stephen Daniels (Cambridge: Cambridge University Press, 1988), 67—73; Stephen Daniels, *Humphry Repton: Landscape Gardening and the Geography of Georgian England* (New Haven: Yale University Press, 1999); Stephen Daniels, *Fields of Vision*, 80—111; Stephen Daniels and Susanne Seymour, “Landscape Design and the Idea of Improvement, 1730—1900”, *An Historical Geography of England and Wales*, ed. R. A. Dodgson and R. A. Butlin, 2nd ed. (London: Academic Press, 1990), 487—520; G. Carter, P. Goode, K. Laurie, *Humphry Repton: Landscape Gardener, 1752—1818* (Norwich: Sainsbury Centre for the Visual Arts, 1982); Dorothy Stroud, *Humphry Repton* (London: Country Life, 1961); David Worrall, “Agrarians against the Picturesque: Ultra-radicalism and the Revolutionary Politics of Land”, in *The Politics of the Picturesque: Literature, Landscape, and Aesthetics since 1770*, ed. Stephen Copley and Peter Garside (Cambridge: Cambridge University Press, 1994), 240—260。

15 Repton, *Fragments*, 192.

图102. 汉弗莱 · 雷普顿:《改良》,收录于《风景园林理论与实践片段》(伦敦,1816)。

来在一定程度上恢复景观的古老魅力。

与吉尔平和雷普顿相比，尤维达尔·普莱斯对景观中的效用并未236 感到困惑。农业景观并不令人厌恶，但与此同时，它们也称不上风景如画。相反，厌恶被保留在能人布朗的景观中。布朗式风景画中的“丛林、带状绿植、人工喷泉以及没完没了的光滑性与一致性”，会让任何以画家眼光看它的人感到厌恶，尽管对布朗这样的“改良者”来说，它们是“最完美的装饰，是大自然从艺术中得到的最后的点睛之笔”。

但普莱斯对风景画的构想之所以特别重要，是因为他的构想直接涉及厌恶的审美可能性，他在“如画的丑陋”这一新范畴下进行了讨论。尽管“如画的丑陋”与畸形之间的界限模棱两可，但“如画的丑陋”不仅仅是令人厌恶，它的特点是一种令人愉悦的痛快感。普莱斯嘱咐他的读者逐一地去想象一个女人的脸部特征，当脸从平淡无奇到令人厌恶的放大过程中，她的眉毛变得“可笑的粗大”，她的眼睛眯成一条缝，脸上满是天花的痘印，痣也肿成了瘤子；此举的目的在于将“美丽和平淡、如画和畸形之间的关系，以及‘如何划分它们之间的界限’等问题弄清楚”。为了说明他这一景观奇想的适用性，普莱斯将布朗式平淡无奇的风格与“改良者”的风格进行了对比，后者“以一种风景如画的方式”鼓励进行一系列改变，“成为景观”意味着“在他家周围开辟荒地、挖出深坑、修建采石场；除了荆豆、野蔷薇和蓟，什么也不种；在河岸堆上大量的粗石；或者像肯特先生那样，种上枯树”。普莱斯指出，“我相信，人们通常会认可这种畸形的地方”，他补充说，“而其他平庸的地方可能就不会那么容易得到认可了”。

尽管普莱斯宣称，对于这片被采石场弄得伤痕累累、杂草丛生、树木参差不齐的畸形景观，只有“腐坏和残缺的味蕾才能忍受”，但人们还是在某种程度上感觉到了他的含糊其辞。厌恶与快乐之间的分界线，既体现在平淡与美丽上，也体现在如画与畸形上；但它不是一堵厚墙，而是一层“薄壁”。通过让人们注意到这些区别的脆弱性，以及可以从愉悦滑向厌恶的方式，普莱斯还提出了一种反向运动的可能性，以及这种越轨行为可能带来的快感。[16]

温弗里德·门宁豪斯用以下术语描述了从18世纪到现在，厌恶观念的发展轨迹：

> 18世纪对厌恶持肯定态度，将其视为一项完全“正确”和健康的工作，而宣传培养厌恶是对人性和文明进步的鞭策，同时也颂扬对审美身体（aesthetic body）的规范化，试图使其摆脱一切可能令人厌恶的东西；自19世纪至20世纪初，人们发现了培养这种审美的代价，也发现了（被禁止的）厌恶的吸引力；自20世纪末以来，厌恶感的培养本身变得脆弱，与此同时，似乎厌恶的（压抑性）障碍比以前更具决定性了。这些被抛弃的领域，实际上以一种程式化的方式，成为人们对艺术、政治和学术作品中的厌恶进行激烈重估的应许之地。[17]

238

沿着这条诱人的线索走过19世纪和20世纪，要将对厌恶（从内在的、美学的和社会道德的层面）和景观的思考延续到今天，需要的不仅仅是一个章节，而是一本书。很遗憾，这样的研究超出了本书目前的范围，但这种分析的可能性具有深刻的启发性。[18]

16　Uvedale Price, *An Essay on the Picturesque, As Compared with the Sublime and the Beautiful*, 2nd ed.（London, 1796）, 16—17, 219—228, 247—248, 326—327. 关于普莱斯，参见Macarthur, *The Picturesque*, chapter 3。

17　Menninghaus, *Disgust*, 15—16.

18　一些作品已开始涉猎这些领域，包括David Gissen, *Subnature: Architecture's Other Environments*（New York: Princeton Architectural Press, 2009）; Ben Campkin, *Remaking London: Decline and Regeneration in Urban Culture*（London: I. B. Tauris, 2013）; David Gissen, *Manha an Atmospheres: Architecture, the Interior Environment, and Urban Crisis*（Minneapolis: University of Minnesota Press, 2014）。

荒野与荒原

在18世纪90年代，关于如画风景的争论可以理解为怀疑某个进步叙事之版本的症候。这种怀疑导致人们对艺术（广义上也包括工业和技术）和自然各自角色的态度发生了变化，从而对荒原观念产生了深远的影响。[19]这些新思想是由出生于英国的托马斯·科尔带到大西洋彼岸的，他的系列作品《帝国兴衰》描绘了文明进程的负面轨迹，与启蒙运动的幻想，即对自然的控制可能促使伊甸园再生这一想法背道而驰。[20]他在1834年至1836年间创作的五幅画描绘了文明的兴衰。最初的一幅是《蛮荒状态》（见图103），描绘了早期人类（这里想象为美洲原住民）在荒野中狩猎和捕鱼的情形（这幅画让人想起约翰·洛克的名言："最初，全世界就是美洲"）；后来发展到《田园生活》，描绘了农业的起源和艺术及科学的发明；继而是《帝国之巅》，他构思了一幅在金碧辉煌、大理石覆盖的城市里狂欢的场景，来代表文明的巅峰；然后是《毁灭》，画中显示整座城市遭到攻击，居民被屠杀，雕像被推倒，桥梁坍塌，建筑被大火烧毁；最后在《荒芜》中结束，图中的荒原见证了一个过度扩张的社会惨遭毁灭的命运（见图104）。在这幅画中，一根孤独的柱

19　在本书所涵盖的时期之后，改良概念的转变是欧洲和美国城市公园发展的核心。关于改良概念的转变，详见Stephen Daniels and Susanne Seymour，"Landscape Design and the Idea of Improvement，1730—1900"。

20　关于科尔和美国绘画的崇高性，参见Tim Barringer and Andrew Wilton，*American Sublime：Landscape Painting in the United States，1820—1880*（London：Tate，2002），38—65；Daniels，*Fields of Vision*，146—173；Ellwood C. Parry，*Thomas Cole：Ambition and Imagination*（London：Associated University Presses，1988）；*Thomas Cole：Landscape into History*，ed. William H. Truettner and Alan Wallach（New Haven：Yale University Press，1994）；Barbara Novak，*Nature and Culture：American Landscape and Painting，1825—1875*（New York：Oxford University Press，1980）。

图103. 托马斯·科尔:《帝国兴衰:蛮荒状态》(系列画的第一幅,1834)。

图104. 托马斯·科尔:《帝国兴衰:荒芜》(系列画的第五幅,1836)。

239 子俯瞰着一片满目疮痍的景象，那座曾经繁华的城市如今已被废弃，只剩藤蔓丛生。《帝国兴衰》生动地描述了荒野和荒原的对立：荒野，就如同《蛮荒状态》中所描述的一样；荒原，就如同《荒芜》中所描述的一样，二者是直接对立的；最初是人类与原始自然和谐相处的荒野，最后则是荒原，这是文明进程的直接且不可避免的结果。

虽然乍一看，我们可能倾向于认为《帝国兴衰》只是将荒野和荒原定位为在时间轨迹两端的截然相反的东西，但事情并非那么简单，因为这个系列并不处于同一条时间线上，而是根据图105所示配置而成的。这种安排在《蛮荒状态》与《荒芜》之间建立了一种更为复杂的关系，因为科尔的衰败主义情节本身也包含着对历史的周期性理解。那片荒原可能是古代社会的命运，也可能是科尔自己的命运。但是，如果这次是一个更好、更谦逊的社会，那么它可能会逃脱前人的命运，继而可能会有一种新的文明从废墟中崛起。因此，《荒芜》的废墟映射着双重信息。一方面，废墟的形象包含道德层面的想法。另一方面，正是因为它的不完整、不规则和不完美，导致其内部也蕴含着成长和变化的潜力。240 如果这场灾难象征着一个时代的结束，那么它也预示着一个复兴和重生的机会。科尔暗示了重生的可能性，且在此情况下这种重生更像是一种救赎——通过“自然”的肆意光临：藤蔓沿着立柱向上爬升，而鹳鸟在柱顶筑巢。

在当代许多景观管理策略中，都潜藏着这种对荒原和荒野关系的阐述，这些策略必须应对以前的垃圾填埋场，废弃的矿山和采石场，过时的城市基础设施，废弃的工厂、发电厂和军事设施所带来的挑战。当遇到像落基山阿森纳国家野生动物保护区，或别克斯岛“荒野地区”那样有问题的地方时，人们希望它们能符合托马斯·科尔在绘画中生 241 动呈现的故事。在别克斯岛，海军撤离之后，该地区就被封锁了，人们本以为速生的热带植物会快速生长起来，盖住战争和炸弹在岛上留下的疤痕，濒临灭绝的海龟也会爬到岸边筑巢繁殖。正如故事所说，“人

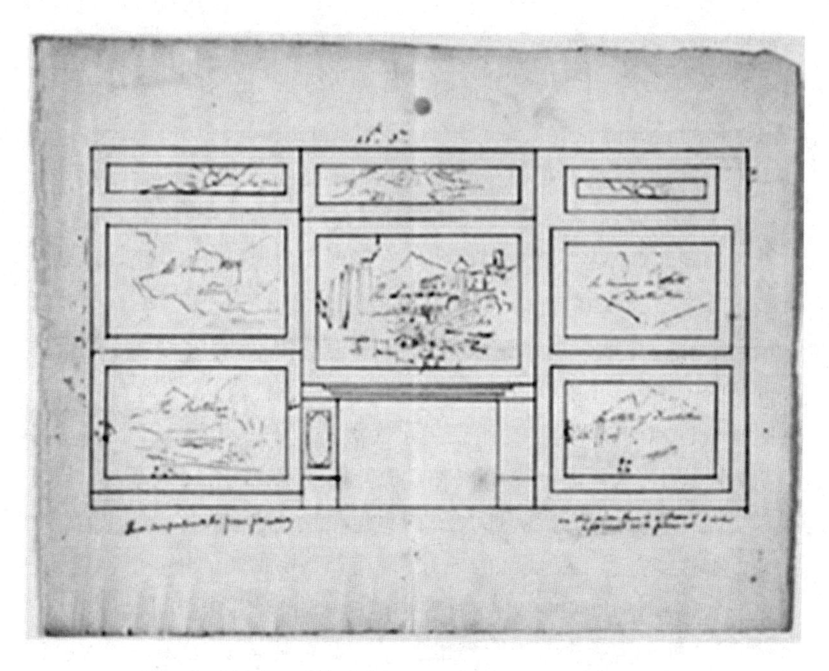

图105. 托马斯·科尔为《帝国兴衰》创作的规划图(1833)。

类”(以军工复合体的形式)退出之后,暴力和战争所造成的破坏就会逐渐淡出人们的视野,荒野就能重新夺回它的领地。诸如此类的故事之所以备受追捧,既是因为它们为人所熟知——它们渴望成为永恒的神话——也因为它们与关于自然和人类在自然中的地位的普遍假设产生了共鸣。发现一个被废弃的地方因自然的改造而再生,就相当于打破了人类对支配和统治自然的狂妄幻想(虽然如何定义“自然”和“再生”,它们包含什么、不包含什么,是高度意识形态化的)。这是为了看到弱者(以被破坏的景观,濒危物种的形式)获胜。因为,当我们看到一只玳瑁海龟繁衍生息时,尽管我们已经对它的栖息地造成了种种损害,但我们又可以开始相信,我们所造成的破坏也许并没有我们预想的那么严重，这会让我们松一口气。所以，如果我们相信这个故事，看到荒原似乎又一次变成了荒野，就像时光倒流一般，一切都将重新开始。但242 是像这样的故事很少这么简单。

部分问题在于，相信这个故事意味着接受荒野概念所固有的假设，如威廉·克罗农所说，荒野概念是一种假设自然和人类文化之间存在两极分化问题的结构，只有在自然没有受到人类存在或干扰的情况下，才能将其定义为真实和纯洁。但正如克罗农及其同行罗德里克·弗雷泽·纳什和马克斯·奥尔施莱格等荒野史学家所展示的那样，荒野并非自然的创造物：它是人类的发明。[21]荒野是一种概念，是在特定历史时期被设计和使用的景观，用来满足人类特定的文化需求。如果在最早期的形式中，荒野是一个可以和荒原互换的术语，用来特指野生且具有威胁性和攻击性的景观，那么到19世纪早期，荒野概念已经发生了变化。荒野曾经是恐怖和混乱的地方，现在却是伊甸园的化身。但是，正如克罗农清晰认识到的那样，人为构建的荒野概念，其“问题”在于它“表达了一种人类完全脱离自然的二元对立的观点”。如果我们说服自己相信自然是真实的，也是野性的，那么我们在自然中的存在就意味着它的堕落。人类所在的地方就是自然不存在的地方。[22]

荒野的复原留下了未被救赎的荒原，但也使它的定义有了新的转变。这一堕落的景观不再是大自然赐予的，也不再是上帝创造的；相反，它是经过人类肮脏的手触碰后产生的。不过，这个浪漫的寓言掩盖了一个事实：荒原和荒野都是我们创造的。要么毒坏它们，要么隔离它

21 Roderick Frazier Nash, *Wilderness and the American Mind*(New Haven: Yale University Press, 1967); Max Oelschlaeger, *The Idea of Wilderness from Prehistory to the Age of Ecology*(New Haven: Yale University Press, 1991); William Cronon, “The Trouble with Wilderness, or, Getting Back to the Wrong Nature”, in *Uncommon Ground: Rethinking the Human Place in Nature*, ed. William Cronon(New York: W. W. Norton, 1995), 69—90.

22 Cronon, “The Trouble with Wilderness”, 80—81.

们；我们通过这种方式创造了荒原和荒野的概念，就像创造了那样的景观一样。如果我们认为荒野在某种意义上代表了荒原的解决方案，并且相信只要限制人类接近一个受污染的地区，“自然”将会自行其道、自我疗愈，并将荒原“变回”荒野，我们就会有风险地陷入“逃避责任的虚假希望之中，幻想着我们可以以某种方式抹掉我们过去的污点，回归我们在这个世界上留下印记之前所存在的那种空白状态”。[23]但这不是解决办法，因为根本没有逃避历史的余地，也没有完全清白的状态，更没有自然之外的人类生存空间。

近年来，后工业化景观带来的挑战和机遇越来越引起人们的关注。伊格纳西·德索拉-莫拉莱斯的“模糊地带”(terrain vague)、安托万·皮康的“焦虑景观”(anxious landscapes)、艾伦·伯格的“废料景观”(drosscapes)、米拉·恩格勒的“荒地景观”(waste landscapes)以及尼尔·柯克伍德的“人造景观”(manufactured landscapes)都是当代荒原的不同版本。[24]北杜伊斯堡景观公园、多伦多唐士维公园、纽约高线公园和弗莱士河公园景观等备受瞩目的项目都面临着以下问题：荒原

23　Cronon, “The Trouble with Wilderness”, 80.

24　Ignaci de Solà-Morales Rubió, “Terrain Vague”, in *ANYplace*(Cambridge, MA: MIT Press, 1995), 118—123; Antoine Picon, “Anxious Landscapes: From the Ruin to Rust”, *Grey Room* 1(Fall 2000): 64—83; Alan Berger, *Drosscape: Wasting Land in Urban America*(New York: Princeton Architectural Press, 2006); Mira Engler, *Designing America's Waste Landscapes*(Baltimore: Johns Hopkins University Press, 2004); Niall Kirkwood, *Manufactured Landscapes: Rethinking the Post-Industrial Landscape*(London: Taylor and Francis, 2001)。也参见Linda Pollack, “Sublime Matters: Fresh Kills”, *Praxis Journal of Writing and Building* 4: *Landscape*, ed. Amanda Reeser and Ashley Schafer(2002): 40—47; *The Landscape Urbanism Reader*, ed. Charles Waldheim(New York: Princeton Architectural Press, 2006); *Large Parks*, ed. Julia Czerniak, George Hargreaves, and John Beardsley(New York: Princeton Architectural Press, 2007); 以及一部极好的电影, Vik Muniz, *Waste Land*(2010)。

如何才能变成休闲娱乐的空间，以及，如何让人们反思因天真地相信科243技进步会带来无限完美的未来所造成的损失。毫无疑问，今天的挑战与过去不同。启蒙运动的进步信念的崩溃，让我们对人类在这个世界的地位有了完全不同的理解。正如乌尔里希·贝克令人信服地指出的，由环境引发的各种恐惧在结构上已经与过去不同了：它们现在是无形的，无处不在的，而且是由我们自己的技术制造出来的。[25] 如今，我们恐惧的根源是文化，而不是自然。然而，荒原概念中蕴含的各种联想，会继续影响和指导我们的态度和行动。只有认识到这些联系，我们才能获得必要的批判视角，进而形成一种新的方法论。

与荒野概念不同，荒原提供了一种更负责任地理解我们在环境中所处位置的可能性。荒原概念并没有将“自然”局限在无人存在的区域，而是将人类视为自然的一部分，它假定我们的行为只是一系列活动，以及一系列反应和回应，与环绕在我们周围并与我们互动的岩石、植物、动物和大气层的活动、反应和回应相互关联。荒原“那边”没有留下未被人类触及的地方，它设想所有的地方、所有的类别都相互联系着：无论驯化的还是野生的，城市的还是乡村的，地方的还是全球的，莫不如此。对于荒原，说不定会同时出现厌恶它和把它看成理想的完美乌托邦的情况，这正是其最大的潜力所在。而我们的行为——无论是好是坏——都是一部历史，都会留下痕迹：我们不可能指望它们消失不见。荒原见证了这些行为；它是我们的良知所在，也是我们争论的领域。荒原，作为一个存在抵抗和挑战，根本上说也存在着契机和变化的244空间，有可能成为我们这个不确定且令人不安的时代的景观范式。

25 *Ulrich Beck, Risk Society: Towards a New Modernity*（London：Sage，1992），以及其他作品。参见Giuseppe Di Palma，*The Modern State Subverted：Risk and the Deconstruction of Solidarity*（Colchester：ECPR，2013）。

索　引

（条目后的数字为原书页码，见本书边码）

译后记

2018年8月20日上午，彭刚教授发来信息，推介帕尔玛的《荒原》一书，说译林出版社已买下此书版权，问我是否有意翻译，或者身边是否有合适的人选承担这项工作。其时，我正在铺开已立项一年多的国家社科基金重大项目《环境史及其对史学的创新研究》工作，感觉《荒原》可以作为某类环境史著作添入阅读书目之中。于是，我考虑接受彭刚教授的提议。不久，在他的帮助之下，经一番了解和交流，我与译林出版社的编辑协商并确定了翻译工作方案：由我带着两位博士生一同承担这项译事。[1]

参与该书翻译工作的两位博士生是刘黛军和颜蕾，她们俩于2018年9月入读清华大学历史系世界史专业，有志于英国环境史学习和研究。入学伊始，我便推荐她们阅读并尝试翻译帕尔玛的这部著作，主要出于几方面考虑。首先，这是一部英国历史专题性著作，阅读并翻译它，可以让两位对英国历史已有一定基础的博士生系统地拓展、深化对英国历史与文化专门知识的了解；其次，这也可以算是一部环境史著

1 本译著最终成为清华大学历史系梅雪芹教授主持的2016年度国家社会科学基金重大项目《环境史及其对史学的创新研究》(16ZDA122)的一项成果。

作，精读这部著作，反复琢磨作者的主旨和观点，领会其研究与叙事的方法，可能有助于她们尽快走进英国环境史研究的大门，进而更好地开展具体的史学实践；再次，作为修习英国史的博士生，较强的英文阅读和理解能力是最为基础的必要条件，而翻译英文学术著作是一个提高英文能力的好机会。两位同学十分理解我的初衷，因而欣然接受了我的这一安排。

本书翻译，零零总总加起来有四年多的时间，整个过程充满了艰辛，这主要是由于原书作者学识深厚、宽广，而我们自己的文化知识尤其是语言文化方面的不足造成的。这部著作内容繁复，研究对象虽聚焦于英国的荒原，但广泛涉及法律、宗教、科学、绘画、园艺、美学等多学科知识，作者所用史料语言也很丰富，涉及拉丁语、中世纪英语等，她所书写的荒原之史并不仅仅停留于荒原的历史表象，而是进一步求问表象背后的理论和文化内涵。因此，我们在阅读文本时，不仅要读懂词语原本的意思，而且要体会作者真正的深意，这对于对此领域相对陌生的两位同学和我自己来说，都是一个很大的挑战。我们知难而上，勉力推进这项工作。在翻译过程中，我们经常通过微信群或线上会议的形式反复琢磨、沟通探讨，对每个重要语词的意思和每句话的内涵，都细致地推敲、商定。遇到著作中所涉及的一些拉丁语和法语词汇，我们还特别请教了清华大学历史系的张绪山教授、张弢副教授，以及北京师范大学历史学院的江天岳博士。在此，特别感谢他们施以援手，为我们答疑解惑。

这本书的翻译过程与两位同学的博士学位攻读岁月相伴而行，也是我与她们共同研习与交流的浓墨重彩的印记。两位同学曾对我说，当她们完成翻译初稿时，心里既感到一丝的喜悦，也心怀惭愧之意。在她们看来，喜悦在于，译本像是一座已经可以宣告竣工的建筑，终于有机会呈现于读者面前；惭愧在于，入学之初我所期待的阅读翻译该著作的三个初衷，她们自认为尚未完全实现，需要再加努力。借此机会，我想再次对两位同学说，学术著作的精读与翻译，是史学训练尤其是世界史学习和研究中必不可少的环节，需要不断练习、不断思考，才有可能逐步提高；参与这项翻译工作，是她们向优秀史学家学习、交流的良机，她们在这一过程中得到了训练，磨练了毅力。而在她们日后漫长的学术生涯中，阅读乃至翻译学术专著，将成为她们研究生活的一部分，相信她们会做得越来越好。

在修改、打磨译文的过程中，我曾跟两位同学提到启蒙思想家严复在《天演论》中讲到的“译事三难”——“信、达、雅”；告诉她们，要达到这三重境界，需要学者自身深厚的学识与常年深耕研究领域的积累。在这三重境界中，“信”即“不悖原文”，这是第一层要求，也是翻译的根基，我们要本着实事求是的精神，尊重史学论著的原意，切不可做投机取巧之事。而我在修改、校订她们的译稿的过程中，不仅力图确保史实的准确还原，尽可能不留硬伤，而且勉力做到文字通顺、晓畅和雅致。

在译稿发排之前，我还特别邀请毕业于清华大学世界史专业的仇振武博士为拙译勘校。振武接到这项任务后，立即着手通读原著，并认真、细致地校对译稿，从而为译文质量的提升贡献了他的力量与智慧。这期间，振武还协助我修改、充实了译者序的内容。

最后特别需要提及的是，对于如何翻译作为全书主词的“wasteland”，我一直很纠结，为此还多次跟北京大学历史系侯深教授交换过看法。侯深教授明确说到，她对将“wasteland”译为“荒原”一直持保留意见。她认为，赵萝蕤将艾略特之诗的标题译为“荒原”，是对其诗的误读，因为彼处的“wasteland”完全指的是城市废地。她也很清楚，在本书中，“wasteland”的含义要比艾略特的诗中的含义丰富得多。其最初的含义可被译为“荒地”，与耕地相对，符合农业文明时代人们对土地的认识；工业文明时代的“wasteland”应译为“废地”，以凸显其被浪费、被破坏的特性。其实，我非常认同侯深教授的看法，因为“wasteland”一词的含义的确很丰富，并且经历了历史的变迁，而该书作者着力讨论的也即是“wasteland”的二重性问题。但通盘考虑作者在书中各处所用的wasteland，我又觉得“废地”译词难以完全关照其意，而且它与“荒原”比起来似乎也缺少了意境。后来，在与另一位朋友的讨论中，我们还想到，是否可以锻造“废原”一词来表达wasteland的多重意思，包括作为农业时代的“荒地”、工业时代的“废地”以及后工业时代的“荒废之后的复原之地”等含义。但冷静一想，又觉得“废原”一词略显生硬，并且这个新词本身也缺乏历史感。所以，我还是保留了“荒原”译词。这样处理，当然也难免会以词害意。而这样的问题，在拙译中可能还有不少，这只能留待读者诸君去批评指正了。

梅雪芹

于清华大学照澜院公寓

2024年3月

人文与社会译丛

第一批书目

1.《政治自由主义》(增订版),[美]J. 罗尔斯著,万俊人译　118.00元
2.《文化的解释》,[美]C. 格尔茨著,韩莉译　89.00元
3.《技术与时间:1. 爱比米修斯的过失》,[法]B. 斯蒂格勒著,裴程译　62.00元
4.《依附性积累与不发达》,[德]A. G. 弗兰克著,高铦等译　13.60元
5.《身处欧美的波兰农民》,[美]F. 兹纳涅茨基、W. I. 托马斯著,张友云译　9.20元
6.《现代性的后果》,[英]A. 吉登斯著,田禾译　45.00元
7.《消费文化与后现代主义》,[英]M. 费瑟斯通著,刘精明译　14.20元
8.《英国工人阶级的形成》(上、下册),[英]E. P. 汤普森著,钱乘旦等译　168.00元
9.《知识人的社会角色》,[美]F. 兹纳涅茨基著,郏斌祥译　49.00元

第二批书目

10.《文化生产:媒体与都市艺术》,[美]D. 克兰著,赵国新译　49.00元
11.《现代社会中的法律》,[美]R. M. 昂格尔著,吴玉章等译　39.00元
12.《后形而上学思想》,[德]J. 哈贝马斯著,曹卫东等译　58.00元
13.《自由主义与正义的局限》,[美]M. 桑德尔著,万俊人等译　30.00元

14.《临床医学的诞生》,[法]M. 福柯著,刘北成译 55.00 元
15.《农民的道义经济学》,[美]J. C. 斯科特著,程立显等译 42.00 元
16.《俄国思想家》,[英]I. 伯林著,彭淮栋译 35.00 元
17.《自我的根源:现代认同的形成》,[加]C. 泰勒著,韩震等译 128.00 元
18.《霍布斯的政治哲学》,[美]L. 施特劳斯著,申彤译 49.00 元
19.《现代性与大屠杀》,[英]Z. 鲍曼著,杨渝东等译 59.00 元

第三批书目

20.《新功能主义及其后》,[美]J. C. 亚历山大著,彭牧等译 15.80 元
21.《自由史论》,[英]J. 阿克顿著,胡传胜等译 89.00 元
22.《伯林谈话录》,[伊朗]R. 贾汉贝格鲁等著,杨祯钦译 48.00 元
23.《阶级斗争》,[法]R. 阿隆著,周以光译 13.50 元
24.《正义诸领域:为多元主义与平等一辩》,[美]M. 沃尔泽著,褚松燕等译 24.80 元
25.《大萧条的孩子们》,[美]G. H. 埃尔德著,田禾等译 27.30 元
26.《黑格尔》,[加]C. 泰勒著,张国清等译 135.00 元
27.《反潮流》,[英]I. 伯林著,冯克利译 48.00 元
28.《统治阶级》,[意]G. 莫斯卡著,贾鹤鹏译 98.00 元
29.《现代性的哲学话语》,[德]J. 哈贝马斯著,曹卫东等译 78.00 元

第四批书目

30.《自由论》(修订版),[英]I. 伯林著,胡传胜译 69.00 元
31.《保守主义》,[德]K. 曼海姆著,李朝晖、牟建君译 58.00 元
32.《科学的反革命》(修订版),[英]F. 哈耶克著,冯克利译 68.00 元

33.《实践感》,[法]P. 布迪厄著,蒋梓骅译 75.00元
34.《风险社会:新的现代性之路》,[德]U. 贝克著,张文杰等译 58.00元
35.《社会行动的结构》,[美]T. 帕森斯著,彭刚等译 80.00元
36.《个体的社会》,[德]N. 埃利亚斯著,翟三江、陆兴华译 15.30元
37.《传统的发明》,[英]E. 霍布斯鲍姆等著,顾杭、庞冠群译 68.00元
38.《关于马基雅维里的思考》,[美]L. 施特劳斯著,申彤译 78.00元
39.《追寻美德》,[美]A. 麦金太尔著,宋继杰译 68.00元

第五批书目

40.《现实感》,[英]I. 伯林著,潘荣荣、林茂、魏钊凌译 78.00元
41.《启蒙的时代》,[英]I. 伯林著,孙尚扬、杨深译 35.00元
42.《元史学》,[美]H. 怀特著,陈新译 89.00元
43.《意识形态与现代文化》,[英]J. B. 汤普森著,高铦等译 68.00元
44.《美国大城市的死与生》,[加]J. 雅各布斯著,金衡山译 78.00元
45.《社会理论和社会结构》,[美]R. K. 默顿著,唐少杰等译 128.00元
46.《黑皮肤,白面具》,[法]F. 法农著,万冰译 58.00元
47.《德国的历史观》,[美]G. 伊格尔斯著,彭刚、顾杭译 58.00元
48.《全世界受苦的人》,[法]F. 法农著,万冰译 17.80元
49.《知识分子的鸦片》,[法]R. 阿隆著,吕一民、顾杭译 59.00元

第六批书目

50.《驯化君主》,[美]H. C. 曼斯菲尔德著,冯克利译 88.00元
51.《黑格尔导读》,[法]A. 科耶夫著,姜志辉译 98.00元
52.《象征交换与死亡》,[法]J. 波德里亚著,车槿山译 68.00元
53.《自由及其背叛》,[英]I. 伯林著,赵国新译 48.00元

54.《启蒙的三个批评者》,[英]I. 伯林著,马寅卯、郑想译 48.00元
55.《运动中的力量》,[美]S. 塔罗著,吴庆宏译 23.50元
56.《斗争的动力》,[美]D. 麦克亚当、S. 塔罗、C. 蒂利著,李义中等译 31.50元
57.《善的脆弱性》,[美]M. 纳斯鲍姆著,徐向东、陆萌译 55.00元
58.《弱者的武器》,[美]J. C. 斯科特著,郑广怀等译 82.00元
59.《图绘》,[美]S. 弗里德曼著,陈丽译 49.00元

第七批书目

60.《现代悲剧》,[英]R. 威廉斯著,丁尔苏译 45.00元
61.《论革命》,[美]H. 阿伦特著,陈周旺译 59.00元
62.《美国精神的封闭》,[美]A. 布卢姆著,战旭英译,冯克利校 89.00元
63.《浪漫主义的根源》,[英]I. 伯林著,吕梁等译 49.00元
64.《扭曲的人性之材》,[英]I. 伯林著,岳秀坤译 69.00元
65.《民族主义思想与殖民地世界》,[美]P. 查特吉著,范慕尤、杨曦译 18.00元
66.《现代性社会学》,[法]D. 马尔图切利著,姜志辉译 32.00元
67.《社会政治理论的重构》,[美]R. J. 伯恩斯坦著,黄瑞祺译 72.00元
68.《以色列与启示》,[美]E. 沃格林著,霍伟岸、叶颖译 128.00元
69.《城邦的世界》,[美]E. 沃格林著,陈周旺译 85.00元
70.《历史主义的兴起》,[德]F. 梅尼克著,陆月宏译 48.00元

第八批书目

71.《环境与历史》,[英]W. 贝纳特、P. 科茨著,包茂红译 25.00元
72.《人类与自然世界》,[英]K. 托马斯著,宋丽丽译 35.00元

73.《卢梭问题》,[德]E. 卡西勒著,王春华译　39.00 元
74.《男性气概》,[美]H. C. 曼斯菲尔德著,刘玮译　28.00 元
75.《战争与和平的权利》,[美]R. 塔克著,罗炯等译　25.00 元
76.《谁统治美国》,[美]W. 多姆霍夫著,吕鹏、闻翔译　35.00 元
77.《健康与社会》,[法]M. 德吕勒著,王鲲译　35.00 元
78.《读柏拉图》,[德]T. A. 斯勒扎克著,程炜译　68.00 元
79.《苏联的心灵》,[英]I. 伯林著,潘永强、刘北成译　59.00 元
80.《个人印象》,[英]I. 伯林著,覃学岚译　88.00 元

第九批书目

81.《技术与时间:2. 迷失方向》,[法]B. 斯蒂格勒著,
赵和平、印螺译　59.00 元
82.《抗争政治》,[美]C. 蒂利、S. 塔罗著,李义中译　28.00 元
83.《亚当·斯密的政治学》,[英]D. 温奇著,褚平译　21.00 元
84.《怀旧的未来》,[美]S. 博伊姆著,杨德友译　85.00 元
85.《妇女在经济发展中的角色》,[丹]E. 博斯拉普著,陈慧平译 30.00 元
86.《风景与认同》,[美]W. J. 达比著,张箭飞、赵红英译　68.00 元
87.《过去与未来之间》,[美]H. 阿伦特著,王寅丽、张立立译　58.00 元
88.《大西洋的跨越》,[美]D. T. 罗杰斯著,吴万伟译　108.00 元
89.《资本主义的新精神》,[法]L. 博尔坦斯基、E. 希亚佩洛著,
高铦译　58.00 元
90.《比较的幽灵》,[美]B. 安德森著,甘会斌译　79.00 元

第十批书目

91.《灾异手记》,[美]E. 科尔伯特著,何恬译　25.00 元

92.《技术与时间:3. 电影的时间与存在之痛的问题》,
[法]B. 斯蒂格勒著,方尔平译 65.00 元
93.《马克思主义与历史学》,[英]S. H. 里格比著,吴英译 78.00 元
94.《学做工》,[英]P. 威利斯著,秘舒、凌旻华译 68.00 元
95.《哲学与治术:1572—1651》,[美]R. 塔克著,韩潮译 45.00 元
96.《认同伦理学》,[美]K. A. 阿皮亚著,张容南译 45.00 元
97.《风景与记忆》,[英]S. 沙玛著,胡淑陈、冯樨译 78.00 元
98.《马基雅维里时刻》,[英]J. G. A. 波考克著,冯克利、傅乾译 108.00 元
99.《未完的对话》,[英]I. 伯林、[波]B. P. -塞古尔斯卡著,
杨德友译 65.00 元
100.《后殖民理性批判》,[印]G. C. 斯皮瓦克著,严蓓雯译 79.00 元

第十一批书目

101.《现代社会想象》,[加]C. 泰勒著,林曼红译 45.00 元
102.《柏拉图与亚里士多德》,[美]E. 沃格林著,刘曙辉译 78.00 元
103.《论个体主义》,[法]L. 迪蒙著,桂裕芳译 30.00 元
104.《根本恶》,[美]R. J. 伯恩斯坦著,王钦、朱康译 78.00 元
105.《这受难的国度》,[美]D. G. 福斯特著,孙宏哲、张聚国译 39.00 元
106.《公民的激情》,[美]S. 克劳斯著,谭安奎译 49.00 元
107.《美国生活中的同化》,[美]M. M. 戈登著,马戎译 58.00 元
108.《风景与权力》,[美]W. J. T. 米切尔著,杨丽、万信琼译 78.00 元
109.《第二人称观点》,[美]S. 达沃尔著,章晟译 69.00 元
110.《性的起源》,[英] F. 达伯霍瓦拉著,杨朗译 85.00 元

第十二批书目

111.《希腊民主的问题》,[法]J. 罗米伊著,高煜译　48.00 元
112.《论人权》,[英]J. 格里芬著,徐向东、刘明译　75.00 元
113.《柏拉图的伦理学》,[英]T. 埃尔文著,陈玮、刘玮译　118.00 元
114.《自由主义与荣誉》,[美]S. 克劳斯著,林垚译　62.00 元
115.《法国大革命的文化起源》,[法]R. 夏蒂埃著,洪庆明译　38.00 元
116.《对知识的恐惧》,[美]P. 博格西昂著,刘鹏博译　38.00 元
117.《修辞术的诞生》,[英]R. 沃迪著,何博超译　48.00 元
118.《历史表现中的真理、意义和指称》,[荷]F. 安克斯密特著,周建漳译　58.00 元
119.《天下时代》,[美]E. 沃格林著,叶颖译　78.00 元
120.《求索秩序》,[美]E. 沃格林著,徐志跃译　48.00 元

第十三批书目

121.《美德伦理学》,[新西兰]R. 赫斯特豪斯著,李义天译　68.00 元
122.《同情的启蒙》,[美]M. 弗雷泽著,胡靖译　48.00 元
123.《图绘暹罗》,[美]T. 威尼差恭著,袁剑译　58.00 元
124.《道德的演化》,[新西兰]R. 乔伊斯著,刘鹏博、黄素珍译65.00 元
125.《大屠杀与集体记忆》,[美]P. 诺维克著,王志华译　78.00 元
126.《帝国之眼》,[美]M. L. 普拉特著,方杰、方宸译　68.00 元
127.《帝国之河》,[美]D. 沃斯特著,侯深译　76.00 元
128.《从道德到美德》,[美]M. 斯洛特著,周亮译　58.00 元
129.《源自动机的道德》,[美]M. 斯洛特著,韩辰锴译　58.00 元
130.《理解海德格尔:范式的转变》,[美]T. 希恩著,邓定译　89.00 元

第十四批书目

131.《城邦与灵魂:费拉里〈理想国〉论集》,[美]G. R. F. 费拉里著,刘玮编译 58.00 元
132.《人民主权与德国宪法危机》,[美]P. C. 考威尔著,曹晗蓉、虞维华译 58.00 元
133.《16 和 17 世纪英格兰大众信仰研究》,[英]K. 托马斯著,芮传明、梅剑华译 168.00 元
134.《民族认同》,[英]A. D. 史密斯著,王娟译 55.00 元
135.《世俗主义之乐:我们当下如何生活》,[英]G. 莱文编,赵元译 58.00 元
136.《国王或人民》,[美]R. 本迪克斯著,褚平译(即出)
137.《自由意志、能动性与生命的意义》,[美] D. 佩里布姆著,张可译 68.00 元
138.《自由与多元论:以赛亚·伯林思想研究》,[英]G. 克劳德著,应奇等译 58.00 元
139.《暴力:思无所限》,[美]R. J. 伯恩斯坦著,李元来译 59.00 元
140.《中心与边缘:宏观社会学论集》,[美]E. 希尔斯著,甘会斌、余昕译 88.00 元

第十五批书目

141.《自足的世俗社会》,[美]P. 朱克曼著,杨靖译 58.00 元
142.《历史与记忆》,[英]G. 丘比特著,王晨凤译 59.00 元
143.《媒体、国家与民族》,[英]P. 施莱辛格著,林玮译 68.00 元
144.《道德错误论:历史、批判、辩护》,

[瑞典]J. 奥尔松著,周奕李译 58.00 元

145.《废墟上的未来:联合国教科文组织、世界遗产与和平之梦》,[澳]L. 梅斯克尔著,王丹阳、胡牧译 88.00 元

146.《为历史而战》,[法]L. 费弗尔著,高煜译 98.00 元

147.《康德与现代政治哲学》,[英]K. 弗利克舒著,徐向东译 58.00 元

148.《我们中的我:承认理论研究》,[德]A. 霍耐特著,张曦、孙逸凡译 62.00 元

149.《人文学科与公共生活》,[美]P. 布鲁克斯、H. 杰维特编,余婉卉译 52.00 元

150.《美国生活中的反智主义》,[美]R. 霍夫施塔特著,何博超译 68.00 元

第十六批书目

151.《关怀伦理与移情》,[美]M. 斯洛特著,韩玉胜译 48.00 元

152.《形象与象征》,[罗]M. 伊利亚德著,沈珂译 48.00 元

153.《艾希曼审判》,[美]D. 利普斯塔特著,刘颖洁译 49.00 元

154.《现代主义观念论:黑格尔式变奏》,[美]R. B. 皮平著,郭东辉译(即出)

155.《文化绝望的政治:日耳曼意识形态崛起研究》,[美]F. R. 斯特恩著,杨靖译 98.00 元

156.《作为文化现实的未来:全球现状论集》,[印]A. 阿帕杜莱著,周云水、马建福译(即出)

157.《一种思想及其时代:以赛亚·伯林政治思想的发展》,[美]J. L. 彻尼斯著,寿天艺、宋文佳译 88.00 元

158.《人类的领土性:理论与历史》,[美]R. B. 萨克著,袁剑译(即出)

159.《理想的暴政:多元社会中的正义》,[美]G. 高斯著,范震亚译(即出)
160.《荒原:一部历史》,[美]V. D. 帕尔马著,梅雪芹译 88.00 元

第十七批书目

161.《浪漫派为什么重要》,[美]P. 盖伊著,王燕秋译 49.00 元
162.《欧美思想中的自治》,[美]J. T. 克洛彭伯格著,褚平译(即出)
163.《冲突中的族群》,[美]D. 霍洛维茨著,魏英杰、段海燕译(即出)
164.《八个欧洲中心主义历史学家》,[美]J. M. 布劳特著,杨卫东译(即出)
165.《记忆之地,悼念之地》,[美]J. 温特著,王红利译(即出)
166.《20 世纪的战争与纪念》,[美]J. 温特著,吴霞译(即出)
167.《病态社会》,[美]R. B. 埃杰顿著,杨靖、杨依依译(即出)
168.《种族与文化的少数群体》,[美]G. E. 辛普森、J. M. 英格尔著,马戎、王凡妹等译(即出)
169.《美国城市新主张》,R. H. 普拉特著,周允程译(即出)
170.《五种官能》,[美]M. 塞尔著,徐明译(即出)